建设美丽中国的
探索实践

——国家生态文明试验区
改革成果案例汇编

JIANSHE MEILI ZHONGGUO DE
TANSUO SHIJIAN
—— GUOJIA SHENGTAI WENMING SHIYANQU
GAIGE CHENGGUO ANLI HUIBIAN

国家发展和改革委员会资源节约和环境保护司 编

 中国计划出版社

北　京

图书在版编目（ＣＩＰ）数据

建设美丽中国的探索实践 ： 国家生态文明试验区改
革成果案例汇编 ／ 国家发展和改革委员会资源节约和环
境保护司编. -- 北京 ： 中国计划出版社，2023.2
ISBN 978-7-5182-1504-1

Ⅰ．①建… Ⅱ．①国… Ⅲ．①生态环境建设－实验区
－建设－案例－汇编－中国 Ⅳ．①X321.2

中国版本图书馆CIP数据核字(2022)第244712号

策划编辑：朱　冰　　　　　　封面设计：韩可斌
责任编辑：赵超霖　　　　　　责任校对：杨奇志　谭佳艺
责任印制：李　晨　王亚军

中国计划出版社出版发行
网址：www.jhpress.com
地址：北京市西城区木樨地北里甲11号国宏大厦C座3层
邮政编码：100038　电话：（010）63906433（发行部）
北京汇瑞嘉合文化发展有限公司印刷

787mm×1092mm　1/16　33.25印张　455千字
2023年2月第1版　2023年2月第1次印刷

定价：118.00元

本书编委会

主　　编：刘德春

副 主 编：刘　琼　　任献光　　张福寿　　刘　兵　　彭显华
　　　　　伍晓红　　许　兰

成　　员：陆冬森　　王静波　　马维晨　　熊　哲　　王　浩
　　　　　张雨宇　　姜　南　　林　栋　　王莉莉　　肖礼圣
　　　　　林绪强　　王代良　　何秋艺　　向　玲　　马立峰
　　　　　尹　蓉　　杨　阳　　马淑杰　　苏利阳　　谢海燕
　　　　　孟小燕

前　　言

　　党的十八大以来，以习近平同志为核心的党中央以前所未有的力度抓生态文明建设，谋划开展了一系列根本性、开创性、长远性工作。2016年以来，党中央、国务院设立福建、江西、贵州、海南为国家生态文明试验区，开展生态文明体制改革综合试验，为完善生态文明制度体系探索路径，为建设天蓝、地绿、水清的美丽中国积累经验。试验区以制度建设、体制创新、模式探索为重点，推动生态文明体制改革从局部探索、破冰突围向系统集成、全面深化转变，取得重要阶段性成果。

　　为深入贯彻落实党的二十大精神，认真做好国家生态文明试验区改革成果总结和经验推广，国家发展和改革委员会资源节约和环境保护司征集遴选了一批试验区改革成果典型案例，编写出版了《建设美丽中国的探索实践——国家生态文明试验区改革成果案例汇编》。本书收录了自然资源资产产权、国土空间开发保护和空间规划体系、绿色低碳循环发展、资源有偿使用和生态补偿、环境治理体系、生态保护修复、生态文明绩效评价考核和责任追究、碳达峰碳中和工作八方面共计127项改革成果典型案例，供全国各地区开展生态文明体制改革和制度建设时借鉴参考。

本书编委会

2023年2月

目 录

第一章

健全自然资源资产产权制度

———

  国家生态文明试验区大力推进全民所有和集体所有自然资源资产产权制度改革，坚持以问题为导向、以改革为路径、以"归属清晰、权责明确、权能完整、流转顺畅、监管有效"为目标，努力厘清自然资源资产产权属性，对森林、草原、荒地等多种自然资源统一确权登记，丰富交易、质押、兑现等自然资源资产权权能，有效提升资源管理和经营水平，有力解决自然资源所有者不到位、所有权边界模糊等问题，在确权登记的技术规范、形成统一登记信息系统、林权资本化、闲置宅基地综合利用方面破题布局，为全国性自然资源资产管理制度探索和经验积累奠定基础。

福建省建立权属与分类标准并存的
自然资源统一确权登记制度

一、总体情况

由于我国长期实行自然资源分散管理和登记，不同自然资源的登记方法、技术、规程、内容不一致，导致自然资源权属界限不清、权利归属不明、交叉重叠等问题突出，不利于山水林田湖草沙整体保护修复。为解决这一问题，福建省按照国家生态文明试验区改革要求，2016年10月积极开展自然资源统一确权登记试点，在无先例可循、无经验可取、无具体操作规范可依的条件下，选择厦门市、武夷山国家公园、晋江市为试点区域，出台省级自然资源统一确权登记办法，探索形成可复制可借鉴的经验。

二、具体做法

（一）以土地为基础，解决自然资源体系难统一问题

试点区域依托最新土地利用现状调查成果，结合各类自然资源普查或调查成果，通过实地调查，查清登记单元内各类自然资源的类型、边界、面积、数量和质量等，建立自然资源类型与土地利用现状分类的对应关系，将国土空间范围内各类自然资源统一到土地利用现状"一张图"上，完整、清晰、准确界定自然资源的位置、分布、范围，形成自然资源调查图件和相关调查成果。

（二）以所有权为核心，解决自然资源类型认定不一致问题

以所有权为核心，先根据不动产登记成果，划清土地所有权的范围和边界，作为确定自然资源所有权的重要依据，然后在自然资源统一确权登记数据库中，用不同图层记载和描述各资源管理部门对自然资源分类的内容。既划清权属边界，又保持不同资源分类标准并存，确保自然资源统一确权登记顺利推进。

（三）以生态保护为导向，解决生态要求不落实问题

坚持将生态保护要求与自然资源统一确权登记相结合，一方面，以生态功能相对完整、集中连片为标准，划定重点自然资源单元，予以特殊保护；另一方面，积极拓展自然资源登记簿内容，在明晰产权基础上，将空间规划、生态红线、用途管制、特殊保护等相关要求，在自然资源登记簿上加以记载，明确自然资源的保护性、限制性、禁止性条件，为自然资源科学保护与合理开发利用提供依据。

（四）以不动产登记为基础，解决自然资源与不动产登记的关联问题

试点区域基于不动产登记信息管理基础平台，实现了自然资源调查成果的管理和确权登记业务的全流程办理。自然资源调查成果入库，自动调取不动产登记的权属界线进行空间拓扑分析，并提取登记单元范围内的不动产权利信息，在自然资源登簿时，记载于自然资源电子登记簿"关联不动产权利"内，确保自然资源登记簿信息的时效性和准确性。

三、主要创新

（一）探索跨行政区域的自然资源确权登记模式

武夷山国家公园是独立的生态功能区，在福建区域跨武夷山市、邵武市、建阳区、光泽县四个县（市、区）。在试点工作中，探索由共同的上一级登记机构办理的模式，在跨行政区域自然资源统一确权登记方面，积累了重要经验。

（二）利用高清影像辅助开展自然资源调查

采用优于 0.2 米分辨率的航空影像作为辅助调查资料，对各资源管理部门的资源调查数据进行内业套合处理，完成了绝大部分自然资源的调查工作，对内业难以判读的少量自然资源，组织相关资源管理部门和作业队伍，通过外业调查进行认定。采用新技术手段，有效提高了调查工作的效率和准确度，晋江市在两个月内完成了过去用 1 年时间也难以完成的全域 744.34 平方公里的自然资源调查任务。

（三）引入自然资源最小调查单位

厦门市将单元线、权属线以及类型线、类别线通过叠加处理，对同一单元内同一权属、相同类别和相同属性（特指森林资源中的林木所有权状况及水流资源中的水库名称）的自然资源图斑作为一个"资源"进行命名并调查，便于国有自然资源登记簿的填写和集体自然资源的分类统计。

四、主要成效

(一)明确了自然资源资产产权

通过对水流、森林、山岭、草原、荒地、滩涂等所有自然资源生态空间进行统一确权登记,全面摸清了自然资源权属家底,划清了全民所有和集体所有之间的边界、不同集体所有者之间的边界,有效解决了自然资源登记规则不统一、不完善,各类自然资源权利交叉重叠的问题,提高了登记的准确性和权威性,维护了自然资源资产产权人的合法权利,为建立归属清晰、权责明确、监管有效的自然资源资产产权制度打下良好的基础。

(二)促进了自然资源有效保护和开发利用

通过试点全面摸清了各类自然资源的质量、数量和保护要求,全面落实了自然资源的权利主体,并通过登记的法律手段公示明确其权属、用途及生态保护要求等,为自然资源分类施策、有效保护和开发利用提供了重要支撑,对调动权利主体保护自然资源的积极性、推动自然资源的保护和监管发挥了重要的基础性作用。

(三)提供了可复制可借鉴经验

在晋江市实践探索的基础上,福建省2017年5月制定了省级自然资源统一确权登记办法,经省政府常务会议审议通过,由8个省直单位共同发布实施,成为全省开展自然资源统一确权登记的依据,并为全国兄弟省市开展工作提供了重要参考。

福建省南平市国有自然资源
资产管理体制改革

一、总体情况

南平市践行绿水青山就是金山银山理念，始终坚持以习近平新时代中国特色社会主义思想为指导，全面落实中央和福建省委关于推进生态文明建设的系列决策部署，加快建设"全国绿色发展示范区"，努力推动南平在福建建设践行习近平生态文明思想先行示范区中走前头、作表率。2017年9月，中央编办、国家发展改革委批复《福建省健全国家自然资源资产管理体制试点实施方案》，将南平市设立为试点城市。试点工作以浦城县为突破口，探索发现自然资源管理中存在的问题，形成"一套表、一张图、一个平台、一本证、一套解决思路"的"五个一"工作成果，为自然资源管理工作取得一些可复制可推广的试点经验，为全国改革提供素材、贡献建议性改革思路。

二、具体做法

（一）编制"一套表"，建立自然资源实物账本

创新技术规范，明确了自然资源数据采集的具体内容、统计口径、规范要求等，按照覆盖全面、简明扼要的原则，制定10张国有自然资源"一套表"表单，采用部门逐条统计、县（市）逐块核验、数据库比对校验的方式，最大限度地保证了数据的完整性和准确性，建立起覆

盖土地、矿产、水、森林的自然资源目录清单。

（二）绘就"一张图"，掌握自然资源分布情况

归集国土、林业、水利、农业等部门的自然资源信息数据，生态环境部门生态红线等管制类信息数据，发展改革部门主体功能区划等规划类信息数据，高速公路、工业园区等重大项目现状信息数据，通过分类设计、分层处理，经由数据检查、处理、转换、缩编等技术手段，做到了所有数据图件的合并、图层叠加，实现自然资源分布情况综合展示、国有自然资源管制情况直观展示、自然资源发展开发规划情况形象展示，也为反映资源交叉、探索解决路径及其行政管理提供了依据。

（三）搭建"一个平台"，整合自然资源各类数据库

构建基于大数据和"互联网+"的自然资源管理与服务平台，实现国有自然资源综合展示、决策辅助、确权交互、监管应用四大功能。综合展示功能，根据不同需求，实现市域范围内国有自然资源的分布、种类、数量等情况的全面或专题化展示。辅助决策功能，通过算法对自然资源与生态红线、基本农田红线等多部门管制数据冲突、资源占用情况空间场景以及自然资源资产账户的年度变化等开展原因分析，为资源管理部门制定政策提供有效参考。确权交互功能与不动产统一确权登记系统对接，实现在平台上自然资源确权登记系统业务的办理，实现自然资源与房地产等不动产的边界衔接和权利关联，提高数据利用效率，增强行政管理效能。实时监管功能，可实现对自然资源资产质量与数量的增减变化进行全生命周期动态监管；能客观评价领导干部履行自然资源资产管理和生态环境保护履职情况，为领导干部自然资源资产离任审计提供专业支撑。

（四）编发"一本证"，探索国有自然资源资产登记路径

积极推动国有自然资源确权登记工作，创新"首页汇总、分页详记"的登簿模式，明确登记范围及内容，规范登记程序，调整丰富登记单元及单元号编码规则，将自然资源登记功能加入不动产登记系统。选择产权归属清晰的两处大中型矿产资源和一处水库作为国有自然资源确权登记对象，取得国有自然资源确权登记"一本证"，在全国实现以统一自然资源主管部门为所有权代表行使主体的自然资源确权登记。

（五）探索可复制可推广的"一套解决思路"

针对现有自然资源管理涉及国土、林业、农业等多部门间调查方法各异、规划矛盾冲突、协调机制不健全，特别是试点中发现林地与其他资源数据类型不一、图斑重叠现象比较严重等全省普遍存在的问题，以林地与耕地、林地与园地、林地与建设用地、林地与未利用地等重叠问题为重点，选择各重叠类型中面积较大的图斑进行"解剖麻雀"式分析研究，通过现场踏勘、收集相关历史档案等方式，从划定时间、划定依据、利用现状等方面，探索国土空间"多规合一"、统一各类自然资源调查评价、不同类型自然资源图斑重叠问题的解决途径和办法，形成可复制可推广的"一套解决思路"。

三、主要成效

（一）服务自然资源统一调查

在形成南平市自然资源"一套表"和"一张图"的过程中，校对出各部门数据在资源类型、权属等方面存在冲突的图斑20多万个，原

国土与林业部门的林地权属数据不一致比率超过50%，并在统一资源分类标准、数据格式、调查方法等方面提出了"一套解决思路"。全国第三次国土调查采用了许多试点工作建议，南平市建阳区作为福建省免责审查单位，直接向国务院"三调办"提交成果，成果验收中发现的好经验做法用于指导全国其他地方的调查工作。

（二）服务国土空间统一用途管制

建立国有自然资源综合信息管理"一个平台"，整合六方面规划类数据，集成自然资源综合展示、决策辅助、确权交互、监管应用等功能，实现了国土空间"多规合一"，核查出各类规划冲突图斑10.2万个，生态红线与规划建设区重叠面积占土地总面积比率达27.9%，并就尽快统一规划管理体系以简化审批流程、消除规划冲突提出"一套解决思路"，部分建议被自然资源部向社会征求意见的"多审合一"改革通知所采纳，同时应用于正在开展的国土空间规划编制工作中。

（三）服务所有者权益统一行使

选择浦城县羊角尾萤石矿、九里钼矿、东风水库三宗具有代表性的自然资源登记单元，实现统一所有权主体代表的自然资源确权登记，编发"一本证"，为后续行使所有者权益提供制度基础。南平市配合自然资源部、福建省自然资源厅形成了分级行使全民所有自然资源资产所有者职责的有关研究报告。在中共中央办公厅、国务院办公厅印发的《关于统筹推进自然资源资产产权制度改革的指导意见》中，采纳了多条试点工作建议，并在文件中明确将继续总结自然资源统一确权登记试点经验，在福建、江西、贵州、海南等地继续探索开展全民所有自然资源资产所有权委托代理机制试点。

福建省三明市集体林权制度改革
经验与启示

一、总体情况

集体林权制度改革是生态文明体制改革的一项重要内容。2021年，习近平总书记在福建考察时指出，三明集体林权制度改革探索很有意义，要尊重群众首创精神，积极稳妥推进集体林权制度创新，力争实现新的突破。近年来，三明市递进式推动林权改革，不断深化和丰富改革内容，增加了生态产品供给，带动了乡村产业发展，促进了林农增收，实现了生态效益和经济效益"双赢"。

二、具体做法及成效

（一）林权到户，放活经营权

20世纪80年代初，三明市采取"分股不分山、分利不分林"的办法，组建村林业股东大会，全面推行林业股份制合作改革，村民按照股份大小分红。针对第一阶段改革中出现的利益关系不明、村民和股东会之间矛盾突出等问题，20世纪90年代末，三明市开展了以"明晰产权、分类经营、落实承包、保障权益"为主要内容的集体林经营体制改革，全面落实以家庭承包经营为主、多种形式并存的林业生产责任制。改革后，每个农户都有了林权证，调动了村民造林护林、开展林木经营的积极性。

（二）林权分置，流转经营权

林权确权到户，虽调动了林农的积极性，但林农分散经营难以实现规模效益。2014年，三明市开展林地所有权、承包权、经营权"三权分置"改革试点，引导林农以转包、出租、入股等方式将经营权流转给林业专业合作社、国有林场、林业龙头企业等新型林业经营主体，促进森林资源由单家独户管理向规模化经营集中。据测算，国有林场接管集体林地后，亩均蓄积量可从7立方米提高到12立方米以上，村集体每联营1 000亩年可增收7万元以上。

（三）规模经营，大力发展涉林产业

做强一产，三明市针对70万亩天然林和生态公益林禁伐、限伐的实际，大力发展种苗繁育、造林绿化、森林抚育、木竹生产、林副产品采集等产业，积极发展林下经济，重点推广铁皮石斛、全缘榕等沙县小吃草根炖罐原料种植，建成林下种植示范基地3万亩，年产值5亿元。做优二产，稳步发展人造板、木竹制品、纸浆及纸制品、森林食品等产业，优化产品结构，提高产品附加值，打造千亿林产加工产业集群。做活三产，探索发展森林旅游、森林康养、森林文化创意、林业电子商务等产业，做到"不砍树、也致富"。

（四）金融赋能，盘活森林资源资产

以林业金融创新为突破口，不断创新推出长周期的林权按揭贷款、普惠林业金融"福林贷"、林票、"碳票"、"碳汇开发贷"、"碳汇质押贷"等多种林业金融产品，推动森林资源资产变现，破解林业经营主体资金短缺难题。5年来，三明市林地流转涉及金额近20亿元；办理林权抵押登记1.76万宗，抵押金额98.8亿元。截至2021年底，三明市制发林票总额达1.63亿元，惠及村民1.6万户、6.6万人，带动试点村林农增收4 605万元、村财增收1 055万元。

（五）碳汇增益，探索拓展价值实现渠道

鼓励集体、个人等将林业碳汇开发权委托给生态资源运营公司，统一整合和打包生成林业碳汇项目，实施竹林碳汇中国核证自愿减排量（CCER）项目15万亩，涉及44个村1.2万户。为促进碳达峰碳中和目标的实现，三明市进一步探索发行林业"碳票"，以林木生长增量为基础并测算换算成碳减排量，以"碳票"形式发给林木所有权人，作为碳汇交易、质押、兑现、抵消等权属凭证，进一步拓展了收益渠道。截至2022年4月，全市林业碳汇经济价值逐步显现，林业碳汇产品交易金额达1 912万元。

三、经验及启示

（一）集体林地"三权分置"改革是基础

明晰产权是集体林地流转的前提。三明市集体林权改革始终走在全国前列，在完成集体林地承包确权登记颁证工作以后，创新开展集体林地"三权分置"改革试点，所有权归集体，承包权归农户，经营权归实际经营者，有效保障经营者的合法权益，调动了社会资本参与经营集体林的积极性。

（二）建立林业金融风险防控机制是关键

三明市探索实施了"一评二押三兜底"机制，"一评"即一套评估

体系，评估林木价值和林农信用等级，并引入第三方机构进行测算评估和技术支撑，从源头把控风险；"二押"即林权抵押和基金担保，为林农贷款增信提额；"三兜底"即基金、保险和国有收储公司兜底代偿，解决了银行"评估难、监管难、处置难"问题，让银行敢贷款，使"敲开银行门，盘活万重山"成为现实。

（三）引导林业贷款资金再次投入森林保护与经营是亮点

通过林业金融创新，将森林资源变资产、资产变资金，并规定不得将贷款资金借给他人赚取利差和投资炒房炒股，同时积极争取中央和省级财政在林业方面的支持政策，引导林农将贷款资金投入造林营林、竹山垦复、茶果经营、林下经济等领域，破解了森林管护和涉林产业发展的资金难题，做到取之于"林"、用之于"林"，实现"以林养林""以林富民"。

（四）保护林农权益是根本

以群众利益优先为导向，坚持自愿，依法操作，保障权利，维护公平。在林权流转方面，充分尊重林农和村集体的意愿，允许林农选择适当的模式参与经营，不搞一刀切。在林票制度改革过程中，林农与国有林场合作经营的模式、收益分成比例、林票量化分配方案等，均须通过村民代表大会讨论决定，有效保障了林农的收益权、处置权。普惠林业金融"福林贷"更是将金融引入千家万户，使山林真正变成"摇钱树"，探索出了一条更加侧重广大林农绿色发展的致富之路。

（五）政府统筹协调是保障

从集体林到"林权到户"，再到规模经营，政府坚持因时因地制宜，根据形势变化，不断调整推进机制创新、制度创新和模式创新，充分发挥组织、协调、兜底作用，有效保障了各项制度的落地见效。在推行普惠林业金融改革中，受制于林地分散、林木价值评估能力不足、投资收益周期长等瓶颈问题，政府运用财政支持、简易评估、风险担保等手段，打消金融机构投资顾虑。在"三权分置"改革中，政府"挨家挨户"走访协调，实现将林农分散林地整合规模化经营。

江西省探索建立全要素分类明晰的
自然资源统一确权登记制度

一、总体情况

按照国家关于自然资源统一确权登记试点工作的部署安排，2017年4月，江西省选择在南昌市新建区、庐山市、贵溪市、高安市和抚州市南城县五个县（市、区）开展试点。2018年7月，试点工作顺利通过国家评估验收。自然资源部对试点做法及成果给予充分肯定，"自然保护地自然资源登记单元划定方法"相关内容写入全国《自然资源统一确权登记暂行办法》，为国家全面开展自然资源统一确权登记奉献了"江西智慧"。2019年12月，江西省政府印发《江西省自然资源统一确权登记总体工作方案》，启动省级自然资源统一确权登记工作，目前已开展九岭山国家级自然保护区等5个自然保护地、赣江等9条河流的自然资源调查确权，截至2021年底，共确权调查自然资源登记单元168个（含试点县登记单元154个）。

二、具体做法

（一）强化组织领导

省级层面成立了工作领导小组，由分管省长任组长，相关厅局负责同志为成员，建立了政府主导、自然资源部门牵头、相关部门参与的工作机制，有力推进了自然资源统一确权登记工作，各地相应成立了本地工作领导小组，统筹推进本地自然资源统一确权登记工作，有效解决工作中遇到的问题。

（二）精心编制试点方案

为做好试点工作，江西积极开展调研，按照国家试点要求，结合全省实际，认真组织编制了《江西省自然资源统一确权登记试点方案》，该方案在自然资源部组织的评审会上得到了充分肯定，并要求其他试点省份以江西方案为模板，修改完善本省试点方案。

（三）探索试验研究

组织相关部门和院校专家研究讨论自然资源登记单元划分方法、自然资源多部门管理体制限制、部门数据采集差异、自然资源归类、区域内多个登记单元重叠交叉、国有自然资源比例、自然资源保护与开发利用矛盾冲突、跨行政区自然资源登记方法、与现行不动产衔接等，形成初步调查确权技术路线和方法，在试点实践中不断修改完善。

（四）开展先行试点

选择南昌市新建区、庐山市、贵溪市、高安市、抚州市南城县五个县（市、区）为试点地区，其中新建区以湿地公园、鄱阳湖及滩涂为重点，庐山市、贵溪市以庐山、龙虎山国家地质公园为重点，高安市、南城县以水流、山岭、草地、荒地为重点，开展全要素自然资源统一确权登记试点，探索国家所有权和代表行使国家所有权登记的途径和方式。

（五）精心制作底图

采用地理国情普查0.2米分辨率航空影像制作自然资源调查工作底

图，极大地提高了调查成果精度和工作效率。

（六）划定登记单元

以庐山自然保护地登记单元为例，庐山区域内并存庐山世界地质公园、国家级自然保护区、国家级风景名胜区、世界文化遗产地——江西庐山（世界文化景观）、山南国家森林公园、风景名胜区管理局行政区域等管理或保护审批界线，且多个自然保护地管理或保护审批范围界线交叉或重叠时，取其并集后最大（外围）的管理或保护审批范围界线划定登记单元，同时登记簿栏中备注记载所包含的其他登记单元名称及相关信息，数据库中仍保留其他自然保护地相关范围界线。这样的处理方法既保持了自然资源的生态功能相对完整、集中连片，又做到了自然资源应划尽划、不重不漏。

（七）划分资源类型

鉴于国家层面尚无自然资源类型分类标准，甚至有的自然资源类型尚无明确定义的实际情况，在具体划分、归并自然资源类型时，江西省按照现行的相关法律法规和省情实际，加强与农业农村、林业、水利、环保、测绘局等相关厅局及科研院所、高校专家学者交流研讨，在此基础上，创新编制了《江西省自然资源统一确权资源类型归类细则（试行）》，有效地解决了自然资源类型划分难题。

（八）建立更新机制

针对自然资源统一确权登记工作中涉及不动产登记、国土变更调查等数据关联成果经常发生变化的情况，建立自然资源地籍调查更新和数据关联更新两种模式，有效满足自然资源确权登记实时更新和年度集中更新工作需要。

三、主要成效

（一）摸清了自然资源家底

通过开展自然资源统一确权登记，明确自然资源调查确权以国有自然资源为主体，以国家公园、自然公园、自然保护区等管理或保护审批范围划定自然资源登记单元，摸清了国有自然资源底数。

（二）划清了"四个边界"

通过自然资源统一确权登记，界定了各类自然资源资产的产权主体，划清了全民所有、集体所有、不同层级政府行使所有权、不同类型自然资源之间的"四个边界"，明确了产权主体，落实了保护责任，推动了自然资源有效保护和有序开发。

（三）支撑了产权制度改革

自然资源统一确权登记与生态产品价值实现机制、健全生态保护补偿机制、建立以国家公园为主体的自然保护地体系、全民所有自然资源资产所有权委托代理机制试点、全民所有自然资源资产有偿使用制度改革等工作密不可分，开展自然资源统一确权登记，建立权责明确的产权体系，有力支撑了自然资源资产产权制度改革。

江西省探索重点生态区位商品林赎买机制

一、总体情况

2016年，江西省全面禁止天然林商业性采伐，重点生态区位的商品林受禁伐限制，林权所有者的权益受到影响。为化解资源保护与林农利益之间矛盾，2017年起，江西省围绕"生态得保护，林业得发展，林农得利益"目标，先后在8个县（市、区）开展了重点生态区非国有商品林赎买改革试点，截至2021年底，完成赎买林地面积达到31万亩，探索出一条森林生态保护补偿新路子。

二、具体做法

（一）周密部署，构建赎买格局

一是坚持政府主导。试点县（市、区）政府牵头组织实施，统筹制定实施方案，有序推进赎买工作。二是多渠道筹措资金。除了政策"输血"外，通过构建以信贷资金和社会资金为补充的多渠道筹措机制，为赎买工作"造血"。三是坚持优先原则。针对生态区位、权属、林木等差异，坚持赎买优先原则。优先在国家级自然保护区、五河源头、森林公园等开展赎买；优先赎买成熟林、过熟林林木和起源为人工的林木；优先赎买个人所有或合作投资造林等非国有非集体权属。四是完善监管机制。建立重点生态区非国有商品林赎买试点工作的监督、考核、评估工作机制。规范和公开赎买工作流程，加强赎买资金监督管理，提高资金使用效益。

（二）因地制宜，放活赎买模式

一是直接赎买。按双方约定的价格一次性将林木所有权和林地使用权收归国有，林地所有权仍归村集体所有。二是租赁。通过租赁的形式取得林地和林木的使用权，给予林权所有者适当租金。三是置换。将重点生态区内的商品林与区外零星分散的生态公益林进行等面积置换，解决部分生态公益林不在重点生态区和不集中连片的问题。四是征收。赎买林地全部流转确权为国有林，由国有林场经营管理，一次到位解决问题。五是协议封育。参照生态公益林的补偿办法，与林权所有者协商一致后签订封育保护协议，参照天然林管护补助和公益林补偿标准每年给予经济补偿。

（三）强化经营，提升赎买成效

一是健全商品林管护机制，赎买后就近由生态公益型林场、自然保护区等国有单位负责管护经营，安排护林员对赎买林地进行日常巡山管护。同时将部分重点生态区位商品林列入生态公益林或天然林保护工程储备库。二是提升森林质量。赎买后根据林分状况，制定适宜的经营管理措施，改造提升森林质量，对生态脆弱区域进行生态修复，改善生态功能和景观功能。三是注重资源价值转化。发挥赎买后重点生态区位商品林的生态资源价值，优化森林经营模式，发展生态旅游、森林康养、林下经济产业，发动周边群众参与，实现"不砍树也致富"。

三、主要成效

（一）维护林农利益，促进林区发展稳定

赎买政策既保住了绿水青山，又调动了区域林农发展林业生产的

积极性，对维护林农合法权益发挥重要作用。铜鼓县完成官山国家级自然保护区核心区、缓冲区毛竹林租赁2.3万亩，林农的利益得到保障，林区秩序稳定。遂川县赎买区域位于罗霄山脱贫山区，涉及72户林农个人林权面积4 490亩，赎买金额683万元，其中有31户建档立卡脱贫户，户均获益9万余元。

（二）森林资源优化，改善生态环境

寻乌县通过政府征收方式赎买林地1.6万亩，实施撂荒果园复绿、退果还林、林相改造等工程，对赎买林地采取更替、补植、抚育、封育等营造林措施，加快了城区、库区生态林业建设步伐，农业面源与生活污染得到根本性控制，改善了人居环境。铜鼓县对赎买后的山林统筹规划、科学经营，除部分被列入生态公益林管理外，林分质量较好的培育成大径材基地；林分质量较次的被改造成针阔混交林或以阔叶树为优势树种的林分；林木稀疏地方以彩色树种、红豆杉等珍稀树种作为补种。2017—2021年通过赎买，改造赎买山林600亩，培育大径材基地1 000亩，森林资源质量得到提升。

（三）以"绿"促"利"，推动森林生态价值转化

资溪县林地分散在林农手中，存在资源难以聚集、经营难成规模等问题，以森林赎买试点工作为契机，创新开展"赎买+收储"模式，打造"一平台三中心"（林业生产要素流转平台、林权管理中心、森林资源资产评估中心、林业生产要素流发布中心），有力推动林权制度改革、生态产品价值转化。已采取赎买、租赁、合作等方式赎买林地17万亩，对赎买的森林资源进行造林抚育、集约经营，通过项目收益、抵押贷款、资本运作等方式转化为资金，青山进"银行"，林农变"储户"，实现青山变"金山"、资源变"资金"。

（四）建立长效机制，撬动资金投入

解决赎买资金融资难问题是关键，5年来，省级投入赎买补助资金达1亿元，地方政府以省级投入为支撑，筹措配套资金，引导各方面资金投入，建立起银行贷、财政补、社会投的赎买工作投融资机制。如资溪县积极联合金融机构支持森林赎买，已推动银行发放非国有商品林赎买贷款1.5亿元；寻乌县通过整合项目，集中力量办大事，自筹资金超过2.2亿元。

江西省吉安市创新林权抵押融资模式推进国家储备林基地建设

一、基本情况

2017年以来，吉安市在国家储备林基地建设上先行先试，创新林业投融资机制，充分利用国家开发银行政策性贷款资金，探索出一条适合吉安林情的国家储备林基地经营模式。国家储备林项目以全市33个国有林场为项目实施主体，采取杉木新造、湿地松新造、"杉木+珍贵树种新造"、现有杉木林间伐后套种珍贵树种、珍贵树种新造、现有林改培、中幼林抚育等营造林模式，培育大径材和珍贵树种资源等国家储备林基地面积突破95万亩，实现全市森林覆盖率由67.47%提高到67.7%，活立木总蓄积由9 137万立方米提高到11 475万立方米，单位面积蓄积量由65.7立方米/公顷提高到80.7立方米/公顷，森林质量和效益逐年稳步提升。

二、具体做法

（一）创新驱动抓项目，建设特色国家储备林基地

2017年吉安市同国家开发银行建立战略合作关系，申请国家开发银行贷款政策性资金67亿元，成功破解建设国家储备林"钱从哪里来"的难题。一是采取市场化运作模式。采用"足额林权抵押担保+市级风险准备金+项目林权排他性承诺+林权保险"的林权抵押贷款融资模式，利用金融资本切实加快国家储备林项目建设。二

是因林施策建设特色基地。主要采用五种模式建设特色国家储备林基地，即："杉木新造""湿地松新造"模式培育速生丰产用材林；"珍贵树种新造"培育珍贵用材树种资源；"杉木+珍贵树种新造"培育针阔混交林；"现有杉木林间伐后套种珍贵树种"培育异龄复层混交林；"现有林改培""中幼林抚育"模式培育大径级用材林，着力提高林地综合效益。三是多措并举打造森林景观。着重在昌吉赣高铁沿线、主要高速公路沿线、赣江森林岸线、井冈山等重要风景名胜区周边，通过采取人工新造、景观塑造、抚育改培等技术措施，实施森林绿化美化彩化珍贵化建设，不断推进吉安森林由"绿"向"美"转变。

（二）创新管理增效益，促进森林可持续经营

创新管理机制，对项目实行过程管理，在保持、增强森林生态功能的同时，持续获取珍贵优质木材，实现森林可持续经营。一是复层异龄林培育。为提高林分质量，选择立地指数16以上的连片中近熟林分，通过在林中空地或间伐后在林冠下补植2年生以上楠木、红豆杉等珍贵阔叶树大苗，培育针阔异龄复层混交林，增强森林生态功能。二是耙带式造林整地。推广等高线耙带式造林整地，采取耙带堆积的方式，将杂灌堆放成水平带状，在种植带内开展整地，有效防止造林地水土流失，保护生物多样性，维护林地生产力。三是低产低效林改造。对立地条件较好、具备改造条件的，科学采取更新、补植、抚育、封育等措施，促进森林生态系统正向演替。在低产低效林分更新改造中，重点在林冠下补植阔叶树种或珍贵乡土树种，提高森林综合效益。四是森林近自然经营。将"土层深厚、水分条件好"立地上的林分逐步引导到经营价值高的珍贵阔叶林上，提高林地利用价值。

（三）创新科技强支撑，打造国家储备林基地科技支撑服务体系

坚持以科技为导向，整合科研院所优势科技资源，制定项目建设技术标准，开展项目建设效益监测，建立整套完备的科技支撑服务体系。一是突出良种壮苗。通过严格审查良种来源，确保使用高世代种子园和最优良无性系等良种，提高林木遗传增益，保证种苗质量；提前做好种苗供需分析，科学安排项目区种苗生产基地建设；加强种苗供应管理，确保项目使用优良种苗造林。二是实行全程监测。对国家储备林项目建设管理进行全面考核评定，确保项目建设质量。建设国家储备林项目森林资源监测系统，通过抽样调查、定点观测、检查验收和统计调查等方法对项目投资、建设进度、建设质量等进行全方位监测，确保建设成效。三是培育高品质森林。积极推广杉木林冠下套种珍贵树种培育大径材新模式，营建杉木与珍贵楠木复层异龄混交林，实现"树种珍贵化、木材大径化、结构复层化、经营持续化"目标。

（四）创新机制促发展，探索"两山"转换路径

充分利用国家开发银行贷款国家储备林基地建设项目，带动建档贫困人口直接或间接获得收益。一是探索项目扶贫新模式。在建好基地的同时，探索林业生态扶贫模式，突出"短、中、长"三线协同发展，即实施"生态护林员+扶贫"工程、"劳务+扶贫"工程、"联营+扶贫"工程，进一步巩固脱贫攻坚成果，助力乡村振兴。二是推行专业队造林高水平。各林场充分发挥林业专业合作队在带动贫困户参与林业生产、实现精准脱贫中的重要作用，切实提高国家储备林建设水平。三是着力开发林业碳汇项目。国家储备林基地建设项目为吉安市增加森林碳汇面积达60万亩，按照当前碳汇交易试点相关政策和市场

价格，每年可实现碳汇收益 2.87 亿元。

三、主要成效

（一）国家储备林基地建设成效显著

全市已完成总投资 28.5 亿元，建设国家储备林基地面积突破 95 万亩，其中营造楠木等珍贵树种 7.1 万亩，林冠下套种珍贵树种造林 4.5 万亩，实施森林抚育培育大径材 38.8 万亩。完成重点区域森林绿化美化彩化珍贵化建设面积超 5 万亩，栽植榉树、楠木、枫香、北美橡树等珍贵树种、彩叶树种 300 余万株，不断推进吉安森林由"绿"向"美"转变。

（二）林权抵押贷款融资稳步推进

筹集风险准备金、资本金，全市 12 个县（市、区）财政风险准备金缴纳到位，审计核实全市 33 个国有林场资本金 13.5 亿元。2018 年 8 月完成第一期林权抵押面积 37 万亩，评估值 23.6 亿元，签订第一期长贷合同 12.98 亿元。2020 年完成新增林权抵押调查 10.99 万亩，评估值 8.39 亿元，增加贷款额度 5 亿元，为稳步推进项目建设奠定基础。

（三）项目助力脱贫攻坚成效显著

探索实施"生态护林员+扶贫"工程，选聘贫困户护林员 271 人，每年发放管护工资 250 余万元；实施"劳务+扶贫"工程，安排 2 215 名贫困户在项目建设中就业，获得劳务工资 2 106 万元；实施"联营+扶贫"工程，实现项目联营造林 8.3 万亩，其中 1 766 户贫困户预期可获得联营分成收入 4 700 万元。

贵州省探索建立多类型自然资源
统一确权登记制度

一、总体情况

2016年底，贵州省选择在赤水、绥阳、钟山等10个县（市、区）开展自然资源统一确权登记，在试点县全域调查水流、森林、山岭、草原、荒地、滩涂和探明储量的矿产资源7类自然资源的基础上，重点关注自然保护区、自然公园、省管河流、重要湖泊等重要保护区的资源禀赋与权属状况。在试点基础上，2019年底，制定了《贵州省自然资源统一确权登记总体工作方案》，正式全面启动全省自然资源统一确权登记工作。2020年，按照分级原则，制定了省、市、县分级负责的自然资源统一确权登记重点区域清单，全面开展调查确权工作。截至2021年底，完成了乌江、贵州草海国家级自然保护区等28个贵州省重点区域的自然资源地籍调查工作，调查总面积336 845.14公顷，自然资源总面积299 181公顷。全面查清了上述28个重点区域自然资源的权属状况、自然状况、公共管制要求及相关权利许可，深入调查了各类自然资源分布、质量，做到了权属清楚、数据准确。

二、具体做法

（一）技术创新，统一试点标准

为解决自然资源确什么、怎么确、谁登记等关键问题，在全国出台《贵州省自然资源统一调查确权登记技术办法（试行）》《贵州省自然资源确权登记操作指引》（试行）。

（二）因地制宜，打通路线方法

省、县（市、区）多方收集土地、矿产、水利、农业、森林、生态红线、生态环境、规划等自然资源确权登记基础资料，为自然资源现状、权属、公共管制调查提供最新最权威的数据支撑。因地制宜，以土地利用现状图为基础，结合高清影像，按照相对完整的生态功能、集中连片的原则，在面积1 000亩以上的区域预划登记单元，从而打通自然资源调查确权登记路线方法。

（三）点面结合，强化督查指导

成立省级试点工作领导小组，负责统一督查指导，督促相关部门按照职责，推进工作进度。组织全省统一视频培训、点对点当面培训，帮助试点县（市、区）加深理解，吃透要求。创建工作专刊（月刊），通报试点情况，及时指出问题，跟踪指导试点。严格质检成果把关，由省级质检机构开展第三方质量检查，确保试点成果合法有据、要件齐全、成果统一，并进一步在全面开展时加以应用。

（四）拓展平台，省级入库登簿

推行省级大集中模式，制定《自然资源统一确权登记平台数据库标准》，在省级不动产登记平台上开发贵州省自然资源统一确权登记模块，10个试点县（市、区）及全省所有自然资源登记成果都在省级不动产登记平台上登簿，实现"一张图"登记不动产和自然资源。

三、主要成效

（一）明确了自然资源是什么、有哪些

在出台的《贵州省自然资源统一调查确权登记技术办法（试行）》中，明确了自然资源是天然存在并有利用价值的自然物，包括陆地、海洋、生物等。试点对象为水流、森林、山岭、草原、荒地、滩涂和探明储量的矿产资源7类自然资源。

（二）明确了自然资源确什么、登什么

明确了试点是调查确权自然保护区、风景名胜区、森林公园、国家地质公园、世界自然遗产地、国家湿地公园、水流（省管河流、重要湖泊）等重要保护区域的7类自然资源，明确了跨省域、市域、县域的江河按权属界线划分单元，统一调查确权。

（三）严格保护了自然资源资产权益

通过开展自然资源统一权属调查，基本解决了自然资源所有权边界模糊、自然资源国家所有权不断被蚕食等问题。确权登记成果应用于贵州省自然资源资产评估工作，支撑了自然资源资产清查价格体系构建。利用重点区域权属状况、自然资源状况调查成果，准确计算国有与集体自然资源的碳汇效益。

（四）初步形成了管理集成和综合分析

一方面，在一张图上集成所有自然资源调查确权成果，叠加用途

管制、生态红线、特殊保护要求等范围线，实现了全面集中体现自然资源保护和监管情况；另一方面，自然保护区等独立登记单元的调查确权登记，进一步明确了自然资源保护和监管的重点区域、开发强度、保护效果、权利职责。

（五）打通了国家所有权和代表行使国家所有权登记的途径和方式

在试点和正式确权登记工作中，制定了调查技术规范，探索了自然资源边界划分方法，建立了自然资源统一确权登记体系，摸清了10个试点县（市、区）和28个贵州省重点区域的自然资源家底，真正做到了划清"四个边界"，为下一步建立自然资源资产产权制度，加强自然资源保护与监管打下了坚实基础。

（六）探明储量的矿产资源确权登记的路径和方法研究取得了进展

通过试点，在上表矿产地、市县级发证矿业权、委托核实的国家矿产地整理方面取得进展，以储量数据库为基础，按估算范围、矿权范围划定单元，省级完成首次登记，形成贵州特色的登记路径和方法，并在全面开展确权登记工作中继续应用。

（七）为国家提供了示范标准参考

贵州省于2018年6月全面完成国有自然资源统一确权登记试点工作后，通过总结试点工作中存在的问题和形成的经验，国家随后出台的《自然资源统一确权登记暂行办法》《自然资源确权登记操作指南（试行）》给予了充分采纳和借鉴。贵州省全面开展确权登记工作也得以顺利推进。

贵州省探索建立用水权改革机制

贵州省水资源总量虽然丰富，但仍然存在区域性水资源短缺和工程性缺水问题。近年来，贵州省先行先试，探索建立用水权改革机制，明确用水的权属，用制度倒逼节约用水、推进水资源市场化配置，为建立水资源刚性约束制度、保障国家水安全提供了经验借鉴。

一、总体情况

用水权制度改革是贵州省委、省政府部署推行的水利八大改革之一。2018年以来，贵州省相继出台《贵州省水权交易管理办法（试行）》《贵州省水权交易规则（试行）》《水权、节水量及其未来收益权成为合格抵质押物并降低合规风险的实施方案》等一系列文件，并积极开展水权交易试点，探索建立符合贵州省情和水情特点的用水权改革机制。

二、具体做法

（一）建立严格的用水总量控制指标体系，划定用水权利边界

2013年印发《贵州省水资源管理控制目标分解表》，下达了各市（州）2015年、2020年、2030年阶段性水资源管理控制目标。2017年印发《贵州省"十三五"水资源消耗总量和强度双控行动计划落实方案》，将用水总量、用水效率等水资源管理控制目标分解到了各县（市、区），形成了省、市、县三级水资源管控制指标体系。2019年完

成贵州省行业用水总量分配，将生活、生产、生态用水指标分解到各市（州）。2020—2021年完成14条省管河流、10条跨市州河流水量指标分配及《贵州省地下水管控指标确定方案》编制出台工作，将流域用水指标分解到各行政区。通过建立区域加流域加行业的用水总量管控制度，倒逼缺水地区、缺水行业通过水权交易满足其新增用水需求。

（二）加快推进初始水权分配，明晰水权归属

建立全省取水许可台账信息管理系统，将全省9个市（州）、88个县取水许可全部纳入管理，完成取水工程（设施）核查登记，累计核查26 847个取水工程（设施），登记10 121个取水项目，全面摸清取用水现状并进行清理整治。2021年，全面完成取水许可纸质证转换电子证照工作，全省共核发电子证照8 889张。深化小型水利工程产权制度改革，明晰农村小型水利工程产权、落实工程管护主体。截至2021年底，全省累计明晰小型水利工程产权42.65万处，累计颁发包括所有权、使用权、水权证书45.66万个，为开展水权确权登记、推动水权交易、建立健全用水权改革机制提供基础支撑。

（三）开展水权改革试点，探索节水市场化道路

2016年，在威宁县开展首单水权交易，由威宁县人民政府牵头，以邻近的玉龙镇和牛棚镇为主体，试点区域水权交易，牛棚镇出让邓家营水库富余的46万立方米水资源50年使用权给玉龙镇，采取了群众议定、社会公示、双方洽谈、权属变更的交易流程，明确了交易双方及工程管护方的责任。2017—2018年，相继选取凤冈、息烽、关岭等8个有水权交易需求、工作积极性高、水资源管理基础好的县（市）作为试点开展水权确权登记，探索多种形式的水权交易。2018年，结合贵州绿色金融创新工作，制定《水权、节水量及其未来收益权成为合

格抵质押物并降低合规风险的实施方案》，对水权、节水量如何转化为合格抵质押物进行了大胆探索。水权交易试点的开展，探索了水资源在区域间、流域间、行业间、用水户间的流转，建立了"长期意向"与"短期协议"相结合的水权交易动态调整机制，较好地解决了供需双方利益不同步的问题，为其他地区开展水权交易提供了经验借鉴。

（四）规范水权交易行为，建设交易平台

为鼓励开展多种形式的水权交易，促进水资源的节约、保护和优化配置，2018年，《贵州省水权交易管理办法（试行）》出台，明确了区域水权交易、取水权交易、灌溉用水户水权交易三种交易形式，对水权交易的前置条件、过程管理及监督检查提出了要求，强调了市场在水资源配置中的作用。2020年，《贵州省水权交易规则（试行）》出台，以贵州省公共资源交易中心为依托，搭建省内首个水权交易平台，无偿提供交易服务；明确了"意向登记→公开征集→公开竞价（协议转让）→成交公示"的交易流程，建立政府指导下的市场化运作方式，规范水权交易行为，维护交易参与人合法权益，保障交易依法、有序进行。

三、主要成效

（一）加快脱贫攻坚步伐

贵州省"丰水又缺水"的特殊水情特征导致部分地区群众"因水受困、因水致贫"，长期饱受缺水之痛。2016年以来，威宁县通过区域水权交易，牛棚镇邓家营水库的46万立方米富余水量有效解决了玉龙镇1.53万人饮水安全问题，同时实行"以水养水"的市场化运营模式，通过收取水源工程维修养护费，落实水库的维修养护及水资源保护资

金，扭转了以往水源工程"有人用、无钱修"的格局，有效破解因水致贫的痼疾，加快了地区脱贫攻坚、同步小康的步伐。

（二）推动经济社会发展

工程性缺水、水资源分布与其他资源分布特点不协调一直是贵州省水资源开发利用存在的问题症结。通过开展行业间、用水户间的水权交易，将灌区节余水量有偿转化为工业企业可靠的用水保障，利用市场手段优化配置水资源，盘活区域水资源存量，最大限度发挥水资源效益，为解决水资源短缺问题提供了新手段，缺水地区社会经济发展用水需求通过水权交易的方式解决成为新方向。

（三）促进生态文明建设

截至2021年底，贵州省已有15个县（市、区）探索开展水权交易，实际交易水量1 450万立方米，交易金额733万元，让水"活起来"的同时，改变了水资源使用依靠行政协调和分配的传统模式，强化了市场作用，实现了水的产品价值，提高了节约用水的积极性。政府引导、市场配置、社会运作的用水权交易机制，为解决生态产品"交易难、变现难、抵押难"问题提供了新思路。

贵州省探索建立"矿业权出让+登记" 新机制

一、总体情况

2012年，贵州省在全国率先以省委名义印发《关于矿产资源配置体制改革的意见》，奠定了净矿出让工作的基础；2014年，贵州省人民政府印发《关于全面推行矿业权招拍挂出让制度的通知》和《关于加强砂石土资源开发管理的通知》，基本形成了净矿出让的方法、措施；2018年，按照国家关于矿业权出让制度改革方案的要求，贵州省委、省人民政府印发《贵州省矿业权出让制度改革试点实施方案》，研究制定了"1+5+8"配套改革政策，矿业权出让制度改革国家级试点取得重大突破。2020年，为贯彻落实《自然资源部关于推进矿产资源管理改革若干事项的意见（试行）》（自然资规〔2019〕7号），贵州省自然资源厅出台《关于深入推进矿产资源管理改革若干事项的意见》；2022年，出台《关于进一步加强矿业权监管工作的通知》，构建"监管到位、管理有序"的矿业权监管机制。经过近十年的试点工作，探索建立"矿业权出让+登记"新机制，形成了可复制、易推广、可借鉴的"贵州经验"。

二、具体做法

（一）全面实行矿业权竞争性出让

一是严格规范矿业权竞争性出让。除规定可以协议出让的矿业权外，其他矿业权一律以招标、拍卖、挂牌方式出让。出让前需将矿业权出让基本信息、前期投入情况及处置意见、风险提示、出让合同、成交规则等材料同步在自然资源部门户网站、权限内自然资源主管部门门户网站和政府公共资源交易平台进行公告。二是稀土、放射性矿种勘查开采项目或国务院批准的重点建设项目；已设采矿权深部和上部（除普通建筑用砂石土类矿产外）的同类矿种，需利用原有生产系统进一步勘查开采的，可以协议出让方式向同一主体出让探矿权、采矿权。三是协议出让矿业权，必须集体研究，综合考虑评估价值、市场基准价确定矿业权出让收益（价款），进行结果公示。协议出让矿业权须报同级人民政府同意；由省级协议出让矿业权的，需征求相关市（州）人民政府意见，已设采矿权深部或上部需要协议出让的矿业权除外。

（二）规范矿业权登记

一是矿业权出让合同签订与相应登记事项同时受理，分步办理，矿业权人按矿业权登记要件清单提交申请，签订矿业权出让合同后，登记颁发勘查许可证或采矿许可证。二是探矿权申请延续登记时，扣减首设勘查许可证载明面积的25%（非油气已提交资源量的范围及油气已提交探明地质储量的范围除外，已设采矿权矿区范围垂直投影的上部或深部探矿权除外），如与生态保护红线、永久基本农田、自然保护地、饮用水源保护地、水库淹没区等禁止、限制勘查开采区域重叠的，应优先缩减，超过应缩减面积的，可以在下次延续登记时抵扣。三是变更或增列矿种的，出让合同有约定的按合同约定；出让合同没有约定的，依据评审备案储量报告涉及的矿种提出申请，仅限同一矿区范围的同类矿种（地热、矿泉水相互之间增列的除外）。非煤矿业权原则上不得增列煤矿矿种。砂石土类矿产不得增列其他矿种。

三、主要成效

基本建立了"竞争出让更加全面，有偿使用更加完善，事权划分更加合理，监管服务更加到位，矿群关系更加和谐"的矿业权出让制度。总结起来，主要体现在以下几方面。

（一）坚持一个核心，守好两条底线

以习近平生态文明思想为核心，守好发展和生态两条底线，以绿色勘查和绿色矿山建设为抓手，深入推进矿业领域生态文明建设，统筹山水林田湖草综合整治，按照"源头减量、过程控制、末端再生"方式，着力形成矿业规模化、集约化、基地化绿色发展的矿业产业体系，提高矿产资源产出率，实现资源开发经济效益、生态效益和社会效益协调统一。

（二）统筹融合六项改革试点，纵深推进改革

在矿产资源方面，统筹落实国家生态文明试验区、内陆开放型经济试验区、大数据综合试验区试点任务；将全民所有自然资源资产有偿使用制度改革、自然资源统一确权登记、探明储量的矿产资源融合纳入自然资源统一确权登记试点改革内容，全面考虑、相互融合，将改革向纵深推进。

（三）充分发挥市场作用，积极探索"净矿"出让

紧紧抓住资源配置市场化和矿业产业生态化两个关键环节，以绿色矿业经济健康持续发展为核心、以矿产资源规划为基础、以市场化

为主线、以创新出让方式为重点，按照"建库储备、保障供给，联查联审、政府统筹，平台交易、市场决定，合同管理、部门登记"的原则，大力推行"净矿"出让，建立"政府统筹、平台交易、部门登记"的矿业权出让新机制，改审批登记制为出让合同约定登记制，为促进贵州省矿业转型升级和高质量发展提供了有力支撑。

（四）放管结合，激发市场活力

高度重视"放管服"工作，破解"办证难"的难点，坚持以简政放权放出活力和动力，以创新监管管出公平和秩序，以优化服务服出便利和品质。进一步精简矿业权申请要件，优化矿业权审批流程，逐步完善内部和外部信息共享，对政府部门产生的资料、证明和许可证，不再要求相对人提供，以提高行政效能、增强矿业权人的获得感。对招拍挂出让的采矿权，不再进行划定矿区范围审批，以减少重复审批。自我加压，将矿业权审批登记时限从60个工作日，压缩到21个工作日，实行了"一窗进出、一处主办"。

第二章

建立国土空间开发保护制度和空间规划体系

————

　　国家生态文明试验区进一步建立健全了以空间规划为基础、覆盖全部国土空间、分类管控、一体化审批的国土空间开发保护制度，构建了"整合统一、管理规范、全民公益优先"的国家公园体制，有力保障了生态系统的原真性、完整性，引导构建可持续的产业空间布局。国家生态文明试验区建立健全以三条控制线为基础、有效衔接发展规划的空间规划体系，完善空间规划的传导机制，打造国土空间"一张蓝图"，形成了"生态严格保护、产业聚集高效、城乡布局合理、海陆有序统筹"的绿色发展国土空间发展新格局。

福建省探索"三线一单"生态环境分区管控制度

一、总体情况

福建省扎实开展"三线一单"（即生态保护红线、环境质量底线、资源利用上线和生态环境准入清单）的确定和应用，为科学编制国土空间规划、全方位推进高质量发展提供生态环境基础和支撑。经福建省委常委会、省政府常务会审议通过，2020年12月，省政府印发《关于实施"三线一单"生态环境分区管控的通知》，初步建立覆盖全省九市一区的"三线一单"生态环境分区管控制度体系。

二、具体做法

（一）整体推进

一是党政推动。省委、省政府主要领导多次批示，省政府分管领导具体部署推进，并将"三线一单"工作纳入各地党政领导生态环保目标责任书内容，组织各地党委、政府层层抓落实。二是统一行动。省级统一制定工作方案，统一技术方法、统一工作要求、统一业务团队，面向地方组织7轮培训2 000多人次，全省上下一盘棋整体推进。三是协调联动。实行"周会商、月调度"，各团队、业务单元交叉作业、工序穿插、保障进度，拧成一股绳发力。

（二）统筹兼顾

一是统筹保护与发展。坚持与国土空间规划衔接融合，充分对接各地特别是工业园区发展规划、保护需求和环境承载力，促进发展与保护共赢。二是统筹现状与目标。坚持"环境质量只能更好、不能变坏"，立足"八山一水一分田"省情，对照国家下达的环境质量指标，实事求是、科学确定分阶段改善目标。三是统筹共性与个性。坚持环境质量、区域容量、排污总量"三量协同"，将生态环境差异化分区管控要求细化到具体单元，落实到乡镇、园区级"最后一公里"。

（三）对标先进

一是组建一流团队。公开招标确定国家级技术团队牵头，省内重点科研院所全面参与，优势互补、各展所长。二是强化技术把关。组建水、大气、海洋、土地、资源等13个专题团队同步作业，建立技术包保机制，专家"一对一"帮扶，为质量护航。三是创新研究方法。立足海洋大省定位，将海岸带作为研究重点，创新开展海域生态环境分区管控，研究方法被纳入国家技术规范并推广应用。

（四）夯实基础

一是摸清现状。收集分析近十年各地人口、产业、资源、土地和环境质量情况，并聚焦重点区域、流域、行业，数据量达2T。二是衔接规划。充分吸收运用生态保护红线、国土空间规划、"十四五"相关规划研究成果，累计收集各类资料10万多份。三是凝智聚力。注重凝聚各方智慧，形成共识合力，省直部门紧密沟通，强化成果融合；省、地五轮对接，强化成果落地；省域多次会商，强化成果衔接。

三、主要成效

（一）发挥成果引导作用，构建全域管控体系

省人大修订并于2022年5月1日起实施的《福建省生态环境保护条例》，确立了"三线一单"的法律地位。省政府出台《关于实施"三线一单"生态环境分区管控的通知》，明确要求各地各部门在相关政策规划制定、资源开发利用、重大项目布局、产业优化升级、城镇建设发展、污染防治和生态保护等工作中，严格落实生态环境分区管控要求，加快形成节约资源和保护环境的空间格局。九市一区已全部发布市级实施方案，全省共划定1761个生态环境管控单元，逐一细化明确、全部落图管控，全省生态环境分区管控体系基本形成。

（二）强化规划衔接应用，优化空间开发格局

省政府明确要求，各类规划编制、产业政策制定都要将"三线一单"融入决策和实施过程，用好全省环境承载能力的分析结果及对生态空间的管控要求，协同推进空间保护，优化开发格局。一是融入国土空间规划编制。实行基础数据共享、技术团队对接、管控要求互通，自然资源部门在各级国土空间规划编制中，充分衔接"三线一单"成果，统筹安排生活、生产、生态空间。厦门市建立了"多规合一"协同机制和信息共享平台，推动两者深度融合。二是融入区域开发决策。福建省"十四五"相关规划均充分衔接"三线一单"对重点发展区域、重点产业布局的生态环境保护要求，从决策源头优化了规划方案。福州市优化沿海"三湾一口六段"开发布局，一体推进海岸防护、生物多样性保护的做法，入选生态环境部落地应用推荐案例。三是融入产业发展优化。根据"三线一单"提出的"优化海水养殖布局、结构和

方式"要求，全省养殖水域滩涂规划优化了养殖面积，累计退养2.29万公顷；根据管控要求，全省综合立体交通发展规划优化选线方案，尽可能避让了水源保护区、自然保护地等敏感区。四是融入规划环评指导。2019年"三线一单"初步成果形成后，就将其作为审查规划环评的重要依据，目前已审查139个。古雷石化基地规划环评落实空间布局管控要求，在基地内居民实施整体搬迁的基础上，进一步细化周边区域规划管控要求，目前基地周边3公里范围内已无常住居民。

（三）用好环境准入清单，指导重大项目建设

自成果发布以来，各地自觉将准入清单作为区域准入和产业准入的环保依据，从空间布局约束、污染物排放管控、环境风险防控、资源利用效率等方面，选好、建好、服务好重大项目。一是指导招商选资。各地实施项目预审机制，把"三线一单"管控要求的符合性作为选择项目的条件、列入重点项目的前提。泉州市泉港区、泉惠石化园区将管控要求纳入石化产业投资项目准入评审机制，作为入驻项目的基本条件。2021年以来，全省共劝退不符合管控要求的建设项目131个，投资额约151亿元。二是服务项目选址。根据重点管控单元对应的产业定位，企业可快速匹配，政府可精准引导，便利双向选择。漳州市引导390万吨联盛制浆造纸项目优化选址，向环境容量大、环境风险小的沿海园区布局。三是助力产业提升。根据管控单元确定的污染物排放管控和资源利用效率要求，推动现有企业清洁生产和污染治理水平提升。宁德市推动宁德时代、青拓集团等龙头企业实施绿色循环改造，创建清洁生产、资源综合利用示范企业。

（四）建设信息应用平台，提升环境治理效能

注重成果落地应用的数字赋能增效，推动"三线一单"成果从

"纸面"到"画面"。"三线一单"信息化系统已在"生态云"平台上试运行，基本具备成果展示、清单查询、数据分析、选址判断等功能，可依据行业选址、项目选址等，分析各规划、项目与"三线一单"的符合性，实现成果的数字化、图形化、直观化。积极拓展成果应用场景，正在加快与各类环境业务系统的数据共享和互联互通，充分发挥其顶层指向和底层支撑作用；探索研究与各有关部门业务系统，特别是国土空间基础信息平台的对接，共同推动"一张图"空间管控；开发面向企业、公众的移动端应用，满足多层次、多渠道的需求。

福建省厦门市以"多规合一"为基础协同推进工程建设项目审批制度改革

一、总体情况

作为全国"多规合一"改革试点城市，福建省厦门市紧紧围绕"提升城市治理体系和治理能力现代化、推进'放管服'改革、优化营商环境"等工作思路，持续推进"多规合一"工程建设项目审批制度改革创新，在"多规合一"、审批制度改革等方面创造了可复制、可推广的改革经验，受到中央和福建省领导充分肯定和高度评价，要求各地学习推广"厦门经验"。

二、具体做法

（一）丰富平台内涵，完善"信息共享"

推进"多规合一"，统筹整合分散在各部门的空间规划，协调解决各规划差异，形成全市"一张蓝图"。搭建"多规合一"业务协同平台，以"一张蓝图"统筹多部门协同作业，汇聚了三大板块23个专题75个子专题257个图层的空间现状和规划数据，接入市区两级350个单位。经过多年的运行和提升，已打造成一个权威高效、覆盖全面、应用广泛的市级业务协同平台，打破了部门藩篱，各部门充分利用平台共同生成项目、协调工作、征集意见。

（二）完善生成机制，深化"业务共商"

推行"五年规划→近期建设规划→年度规划"的规划实施传导体系，建立三个层级的项目储备库，实现规划内容的分层落实。创新项目策划生成机制，衔接规划实施与项目落地，变"以项目定规划"为"以规划生项目"。在项目审批前期，建立以发展改革、资源规划等部门为主、多部门协同的工作机制，提前落实投资、预选址、用地指标等条件，促使策划生成的项目可决策、可落地、可实施。条件成熟的项目即可推进到项目审批平台中，实现与审批环节的无缝衔接，推动资源统筹和集约节约利用，并为审批提速创造条件。

（三）拓展成果运用，强化"空间共管"

依托平台搭建招商服务子系统，为招商部门提供医疗、商业、酒店、教育、物流、高端养老、工业园区、文化娱乐及服务办公十大类型的招商地块信息，将"以商选地"转变为"以地选商"，实现规划公开信息引导项目落地的良好效果。扩展国土空间规划监测预警和实施监管平台，通过对空间规划的"体检"和"评估"，及时发现城市发展可能存在的问题并及时纠偏，通过规划动态维护来适应城市的发展需求。接入二维三维、地上地下、室内室外等空间数据，承载地理信息系统（GIS）、建筑信息模型（BIM）、实景现状模型、市政交通等信息，助推城市信息模型库建设，实现"平面蓝图"变"立体蓝图"。

（四）深化审批改革，实现"流程再造"

大力推动"清单制+告知承诺制"，实现更精简审批。推行开展"两书合一""多证合一""多测合一""多验合一"等多项"多审合一"改革举措，推进事项整合融合。开展"多批合一"，实现"一个阶段一个事项一本证"。进一步扩大工程规划许可豁免清单范围，划清审批边界，精简审批手续。推进"互联网＋不动产登记"，不断压缩不动产登记办理时限，将企业办理不动产登记时限全面压缩至3个工作日以内。推动"交地即交证"，实现在出让成交确认后7个工作日内交地与交证"零时差"。通过各项改革举措全面推行审批流程再造，简化审批环节，实现审批手续快速办理。

三、主要成效

（一）大力推动建设项目落地

建设项目部门协同工作机制和平台运行规则确保了"多规合一"业务协同平台持续运行。平台上线以来，截至2021年底，共储备项目9 611个，策划成熟项目7 146个，完成部门意见征集8 857个，有效提高了项目部门业务协同效率，推动了项目快速落地。

（二）项目审批时间大幅缩减

审批主流程申报材料从373份精简到46份。工程建设项目全流程审批时限压减70%以上，一般工程建设项目审批时限从308个工作日压减到90个工作日以内，社会投资简易低风险项目审批时限压减到15个工作日以内。

（三）优化营商环境成效显著

2018年，国家发展改革委对22个城市进行首次营商环境试评价，厦门名列第二。2019年，在普华永道和中国发展基金会联合出版的研究报告中，厦门宜商环境位居副省级城市前列。"厦门经验"还带动促进了全国营商环境的优化，2018年，国务院推进以"厦门经验"为样本的工程建设项目审批制度改革，经过短短半年时间，经世界银行认定，中国营商环境的"建筑许可指标"全球排名由172位提升至121位。

福建省武夷山国家公园打造
人与自然和谐共生典范

一、总体情况

近年来，福建省把开展武夷山国家公园体制试点作为深入贯彻习近平生态文明思想和践行绿水青山就是金山银山理念的重要抓手，作为推进国家生态文明试验区建设的首要任务，坚持保护第一、生态优先，着力打造生态文明体制创新、世界文化与自然遗产保护、自然生态系统保护与社区发展互促共赢的典范。

二、具体做法

（一）以体制创新促进共建共治

一是管理体系化。创新构建"管理局—管理站"两级管理体系，组建由省政府垂直管理的武夷山国家公园管理局，依托区内6个乡镇（街道）分别设立管理站，由乡镇长兼任站长，作为管理局派出机构，履行辖区内公园相关资源保护与管理职责。二是治理规范化。编制《武夷山国家公园总体规划》，对公园空间作出战略性系统安排，同时编制保护、科研监测、科普教育、生态游憩、社区发展5个专项规划，明确管理目标，细化保护利用措施。三是管控科学化。将试点区划分为特别保护、严格控制、生态修复和传统利用四大功能区，实行差别化管理；强化资源监管，开展森林资源二类调查，清晰界定生态保护、永久基本农田和城镇开发边界三条红线，形成公园自然资源"一张图";搭建大数据采集和分析平台,对国家公园范围内生物资源、生态环境实现"天空地"一体化全方位、全天候动态监测。

(二)以系统保护推动生态永续

一是强力整治。强力推进茶山整治和"两违"专项整治,有力遏制毁林种茶、违法占地、违法建设等现象发生。二是系统修复。实施封山育林,全面禁止试点区林木采伐,以自然恢复为主,生物措施和其他保育修复措施为辅,分区分类开展受损自然生态系统修复,因地制宜开展退化林分生态修复,引导生态系统正向演替。三是筑牢防线。坚持生态保护第一,将生态功能重要、具有较高保护价值的资源划入国家公园,做到应保尽保;协同建立重大林业有害生物省、市、县联合检疫执法和区域联防联治机制。

(三)以科学利用满足共享需求

一是绿色发展促共赢。探索开展"生态银行"试点,积极搭建自然资源资产管理、整合、转换、提升的运营平台,在试点区内探索出光泽"水生态银行"、武夷山五夫"文化生态银行"等模式,推动生态产业化、产业生态化。"生态银行"建设获中央改革办肯定,被自然资源部列入《生态产品价值实现典型案例》。二是多元增收促共享。通过落实生态效益补偿、创新森林景观补偿、探索经营管控补偿,建立起以资金补偿为主,技术、实物等补偿为辅的生态补偿机制;支持社区居民参与森林人家、民宿、零售等特许经营,增加经营性收入,同时设置生态管护员、哨卡工作人员等公益岗位,增加工资性收入。

三、主要成效

（一）生态系统原真性、完整性不断加强

试点区重要自然生态系统、自然遗迹、自然景观和生物多样性得到系统性保护，森林植被加快恢复，森林覆盖率达96.7%；野生动植物种群数量增加，新发现雨神角蟾、福建天麻等14个新物种；生态环境质量更加优异，大气、地表水各项指标均达到国标Ⅰ类标准，其中空气负氧离子浓度常年处于"非常清新"水平，水质持续优化，土壤主要重金属含量均下降一半以上。当地群众真正享受到大自然的馈赠，天蓝地绿水净、鸟语花香的美好家园得以实现。

（二）产业体系绿色化、生态化更加凸显

与国家公园生态系统相得益彰的产业体系初步构建，环国家公园文旅融合产业圈初步形成，民宿、乡村旅游、生态茶、毛竹、林下经济等绿色产业加快发展。2019年，核心区的桐木村、坳头村人均收入分别达2.3万元、2.9万元，分别是南平市平均水平的1.35倍和1.7倍。国家林草局评估专家组认为，武夷山国家公园初步实现了绿色产业优、生态环境美，达到了人与自然和谐共存。

（三）生态文明新理念、新风尚加快形成

"尊重自然、顺应自然、保护自然""良好的生态环境是最普惠的民生福祉"等生态文明理念在试点中得到进一步强化，"保护第一、全民共享、世代传承"的国家公园理念深入人心，绿色、低碳、循环的生产生活方式加快形成，公众对国家公园的认同感、归属感不断增强，

并从"要我保护"向"我要保护"转变。森林文化、古越文化、朱子理学、茶文化等武夷山文化遗产得到充分挖掘、保护和弘扬。武夷山从一张旅游名片提升为全民共享的国家公园生态品牌,"清新福建、绿色武夷"在全国得到广泛认知。

(四)管理模式制度化、体系化更趋完善

通过对各级管理机构进一步整合,实现了管理体制由分散、多头、低效管理向统一、垂直、高效管理转变,管理职责由模糊不清、交叉重叠向边界清晰、条块分明转变,资源管理由多层级、多主体向一体管理、联合管护转变,从根本上解决了政出多门、职能交叉、职责分割的管理弊端,构建了管理智能化、管控严格化、修复科学化、责任明晰化的自然生态系统管理新模式,建立起以政府为主导,企业、社会组织和公众多方共同参与的自然保护长效机制,有效提升了管护能力和水平。

江西省"五分法"推进"多规合一"实用性村庄规划

一、总体情况

江西省从实际、实用出发，探索出"五分法"推进实用性村庄规划编制新思路。江西省村庄规划以编管结合、成果简明、村民主体、多版实用为特征，绘制了"共谋、共建、共管、共评、共享"的新时代美丽乡村画卷，为推进全国村庄规划工作提供了"江西智慧"。

二、具体做法

（一）"分级"实现规划管控依据全覆盖

一是探索通则式村庄规划。在乡镇国土空间规划编制时，按行政村形成具体村庄规划图则，重点落实"五线、三指引"，即"永久基本农田控制线、生态保护红线、村庄建设边界、历史文化保护控制线、灾害风险控制线"和"村庄建设管控和风貌指引、公共和基础设施配套指引、国土综合整治与生态修复指引"，满足建设需求较少、资源条件一般的村庄规划建设管理需求，为地方政府编制村庄规划"减负"。二是用好已编村庄规划。按照"多规合一"要求对已编的原村庄规划开展规划评估，经评估可以沿用的，不单独编制村庄规划，尽快组织地方完成村庄规划入库工作；经评估只需对原村庄规划进行局部调整提升的，适时开展规划调整提升，以适应新时期村庄规划管理要求。三是按需确定新编村庄规划。出台《江西省"多规合一"实用性村庄规划专项行动方案（2021—2025年）》，分年度、有重点地推进实用性村庄规划编制，实现有条件有需求的村庄规划应编尽编，为乡村振兴提供规划支撑。截至2021年底，已明确全省应编类村庄9 000余个。

（二）"分类"明确村庄规划编制内容

一是开展村庄规划试点。选取51个行政村开展省级规划编制试点，探索符合江西实际的村庄规划编制路径，分步分类归纳出规划重点内容。二是调查确定村庄分类。完成全省17 138个行政村和158 488个自然村的分类工作，明确了集聚提升类、城郊融合类、特色保护类、搬迁撤并类4类自然村各自数量和暂时看不准类型的自然村数量，全面摸清了全省村庄发展现状。三是菜单式定制编制内容。突出实际需求和资源特色导向，简化不必要的规划内容，明确村庄规划由基本内容、选做内容共同构成内容"菜单"，地方可结合村庄类型，有针对性地明确村庄规划编制重点，做到按需点"菜"。

（三）"分版"满足不同主体规划需求

一是面向大众需求，形成村民公示版。村民公示版主要包括"三图一公约一清单"，即村域综合规划图、主要控制线划定图、自然村（组）规划布局图以及村庄规划管理公约和建设项目清单，让规划内容便于村民理解接受。二是面向管理需求，形成报批备案版。结合村庄建设管理需求，强化规划指标、底线管控、目录清单等重点内容，将村庄规划成果及时纳入国土空间规划"一张图"，便于快速查询规划成果，实施行政管理行为，强力支撑村庄空间治理现代化。

（四）"分步"编制村民参与式规划

一是做好编前动员。各级自然资源主管部门、乡镇政府组织村委会以及村民代表、"乡贤"共同参加规划编制动员会议，向村民介绍规划编制的主要目的、相关工作计划安排，让村民能够理解并积极配合规划编制。二是落实编中参与。充分发挥村民主体作用，尊重村民发言权、分析权、决策权，充分听取村民意愿，回应村庄开发保护诉求。三是强化批后宣传。通过"上墙、上网"等多种方式公告村庄规划成果，下发基于高清影像的规划布局图纸，组织村民委员会和村民代表对永久基本农田控制线、生态保护红线、村庄建设边界等进行现场踏勘，做到"一村一宣讲、一村一踏勘"，确保村民和基层干部懂规划、守规划、用规划。

（五）"分层"明确规划管控要求

一是村域层面严格落实上位规划管控要求。严守粮食安全、生态安全底线，划分用途管制分区，明确各类国土空间用途管制要求，对全域全要素作出规划安排。二是村庄建设边界内达到详细规划深度。重点做好宅基地、公共服务设施、基础设施等的规划布局，明确村庄风貌、形态、色彩、建筑高度等规划管控要求，合理确定集体经营性建设用地规划条件。三是探索村庄建设边界外用途管控机制。建立县级统筹、按需分配的预留规模使用机制，配套实施"分区准入＋项目正面清单"，做好文旅设施、基础设施、农村新产业新业态、农村一二三产业融合发展用地需要保障。

三、主要成效

（一）规划内容更具针对性

突出需求导向、问题导向、乡土特色导向，按照"基本内容+选做内容"开展"菜单式"村庄规划编制，着力找准解决村庄存在的建设管控、产业发展、生态修复、环境整治提升、设施配置等重点问题，简化了不必要的规划内容，使得规划更具针对性。

（二）规划编制更具操作性

在乡镇国土空间规划中划定村庄规划图则，制定通则式的指引，从管控内容和实施机制上，明确永久基本农田控制线、生态保护红线、村庄建设边界等底线管控要求，做到编管结合、以编定管、以管促编，既明确了村庄全域管控基本要求，又为村庄开展各类开发保护活动提供了依据。

（三）规划编制更具参与性

规划编制过程中始终立足广大农民的切身利益，"分步"编制村民参与式规划，规划编制前动员、编制中全程参与、编制后公示宣讲，充分体现农民的知情权、参与权、决策权，确保规划"能落地、可操作"。

（四）规划成果更具适应性

兼顾相关方的认知水平和实际诉求，分版展示村庄规划成果，既做到了村民和基层干部懂规划、守规划、用规划，也实现了快速查询规划成果，方便实施行政管理，为村庄空间治理现代化提供有力支撑。

江西省萍乡市"上截—中蓄—下排"的海绵城市建设机制

一、总体情况

江西省萍乡市位于江西省西部，地处赣湘分水岭，区域雨量充沛，具有典型的南方山地丘陵地貌特征，地势起伏大，河道较狭窄。同时作为一座资源枯竭型老工矿城市，萍乡市政基础设施薄弱，河道行洪能力不足，几乎每年都会发生不同程度的洪涝灾害，老百姓饱受内涝之苦。萍乡市大力推进海绵城市建设，实现了"小雨不积水、大雨不内涝、水体不黑臭、热岛有缓解"目标，城市环境面貌得到全面改善，城市发展方式得到有效转变，城市发展质量得到明显提高，有力促进了经济结构调整和城市转型升级，为丰水地区中小城市解决城市涉水问题、提升城市品质、促进城市转型、推动绿色发展探索出了可复制、可推广的经验。

二、具体做法

（一）践行三项理念，确立海绵城市建设的基本遵循和行动指南

一是树立绿色发展观。结合海绵城市建设和城市双修，全面开展环境修复整治工作，在行动上坚定地处理协调好发展与保护的关系。二是强调系统建设观。克服"唯海绵而海绵"的片面认识，把提高水安全、改善水环境、恢复水生态、涵养水资源、复兴水文化的相关要求有

机融入海绵城市建设总体要求中。三是坚持以人民为中心。将海绵城市建设与城镇棚户区改造、老旧小区更新、市政道路及公共设施改造、公共绿色空间建设等工程有机结合，改善人居环境，提升城市品位。

（二）坚持一条主线，积极探索江南丘陵地区海绵城市建设模式

提出"全域管控—系统构建—分区治理"的系统化建设思路。一是全域管控。通过城乡空间规划划定全市域"三区三线"，保护好山水林田湖草自然生态空间，奠定城市与自然生态环境和谐共生的空间格局。二是系统构建。构建流域蓄排系统，提出"上截—中蓄—下排"的城市雨洪蓄排系统构建思路，确保暴雨径流快速行泄，解决城市内涝。三是分区治理。实施规划管控，按照"老城区以问题为导向，以点带面；新城区以目标为导向，以片带面"的建设思路，综合运用"渗、滞、蓄、净、用、排"技术手段，将166个海绵项目分为6个项目片区。

（三）夯实六个支撑，保障海绵城市建设科学、高效推进

一是加强组织领导。成立了市委书记挂帅的领导小组，从规划、建设、财政、水务等部门抽调精干力量集中办公，打破管理藩篱。二是强化制度建设。制定出台了《萍乡市海绵城市建设管理规定》《海绵城市管理暂行规程》等行政、技术、资金管理制度，实现海绵城市建设要求全过程植入。三是注重顶层设计。组织编制了《萍乡市海绵城市总体规划》《海绵城市专项规划》《海绵城市试点建设示范区建设专项规划》等7项规划和《萍乡市海绵城市规划设计导则》《萍乡市海绵城市建设标准图集》等一系列标准规范。四是创新建设模式。坚持"对上""对内""对外"三管齐下，多渠道拓宽项目资金渠道。与专业设计院和有实力、有信誉的企业组成PPP项目公司，有效破解海

绵城市建设过程中的资金、技术和效率问题。五是培育海绵产业。构建和发展海绵产业作为推动城市可持续发展的重要战略举措，编制了《萍乡市海绵产业发展规划》，出台了《支持海绵城市建设的若干税收措施》，设立了萍乡市海绵智慧城市建设基金，成立了江西智慧海绵城市建设发展投资集团有限公司，建成了海绵城市双创基地。六是推动城市转型。依托海绵城市建设，以生态宜居为目标，推动城市转型，探寻绿色发展与创新发展之路。

三、主要成效

通过海绵城市建设，萍乡不仅整治了城市内涝问题，还改善了城市水环境，产生了经济效益、社会效益、生态效益。新华社、人民日报、中央电视台等中央媒体纷纷对萍乡的做法和经验进行了报道。2019年2月18日，中央电视台《焦点访谈》栏目全篇以萍乡为例，正面宣传报道了海绵城市试点建设主要成效和经验。2019年7月，萍乡海绵城市建设案例入选中组部编写的"贯彻落实习近平新时代中国特色社会主义思想、在改革发展稳定中攻坚克难案例"系列丛书。萍乡海绵城市建设正从"全国试点"走向"全国示范"。

（一）城市内涝有效治理

通过海绵城市试点建设，萍乡市城市排水防涝综合治理初见成效，成功经受2019年7月远超五十年一遇、接近百年一遇降雨等多场暴雨的检验，实现了海绵城市建设防涝目标。

（二）城市品质大幅提升

相继建成一大批高品质的城市公园、广场、湖泊、湿地，海绵城市建成区域的生态岸线提升到76%，水域面积新增100公顷，全新改造400万平方米棚户区、老旧小区。

（三）产城融合持续发展

推动本地一大批传统的陶瓷、管道等建材企业成功转型，生产技术达到国内先进水平，并参与国家行业标准制定。组建江西智慧海绵城市建设发展投资集团有限公司，设立萍乡市海绵智慧城市建设基金，打造了集规划、设计、研发、产品、施工、投资、运维为一体的海绵产业集群，为海绵城市建设提供了全套解决方案。安源产业园五陂海绵产业集群成功入选江西省2018年省级重点工业产业集群。

贵州省打造"天地一体化"卫星遥感监管体系

一、总体情况

贵州省将水土保持作为贵州生态文明建设的重要内容。2018年以来，以实施生产建设项目信息化监管为突破口，创新监管模式，建立完善的水土保持"天地一体化"卫星遥感监管体系，全面提升生产建设项目监管水平，有效防治和减少人为水土流失，筑牢两江上游生态绿色屏障。

二、具体做法

（一）建立多频次区域监管体系

"天地一体化"卫星遥感监管体系应用中国资源卫星应用中心专线，收集空间分辨率为2米的遥感影像，应用像素工厂以及自主知识产权的真彩色增强等技术，完成了遥感影像的批量预处理，自主研发形成了生产建设项目监管扰动图斑自动识别提取技术，并在先行先试中全面应用。2018年以来，累计完成全省生产建设项目卫星遥感全覆盖监管10次，解译生产建设项目扰动图斑3.51万余个，实现了生产建设项目多频次监管和扰动图斑解译、识别、提取的自动化、智能化，解决了监管信息来源的核心问题，提高了"天地一体化"监管时效性，确保违法违规行为能够被及时、快速发现并查处。

（二）建立重点项目监管体系

通过先行先试工作推进，建立完成了全过程项目监管体系，实现了重点项目全过程监管，在区域监管多频次海量数据基础上，结合生产建设项目监管建立筛选模型，对筛选出的重点项目开展监督性监测，定量测定其水土流失相关指标，作为后续行政处罚的重要依据。2020年以来，共筛选出100余个可能造成重大水土流失的风电、光伏、公路、铁路、水利枢纽项目，并将项目水土保持方案、后续设计、监测、监理、监督检查等资料电子化处理和上图，累计收集遥感影像373景，建立生产建设项目类型解译标志38套、水保措施解译标志12套，发现违法违规项目45个，督促37个项目完成水土保持方案手续变更。通过推进重点项目监管，准确掌握了生产建设项目水土保持方案变更、水土保持"三同时"落实等情况，完成了水土流失问题等违规事实的定量取证，全力支撑了水行政主管部门的监督管理工作。

（三）建立完善"天地一体化"监管查处制度

以水土保持目标责任考核为抓手，明确省、市、县三级政府和部门水土保持监管防治职责，明确信息化工作任务分工，强化沟通协调，形成责任明确又高度协调的工作体系。省级水利部门负责生产建设项目信息化监管工作的组织领导、经费落实和实施情况督促检查，各市、县水务局负责辖区内水土保持方案等资料收集，配合技术服务单位参与遥感调查现场复核、认定并查处违法违规项目。在督促违法违规项目整改工作中，坚持问题导向，省、市、县三级上下联动，将所有发现的违法违规项目全部纳入整改台账，明确整改要求和完成时限，分解到县，按月调度，限期整改，逐一销号。2018年以来，共判别疑似违法违规图斑3.51万个，经复核确认，认定违法违规项目1.2万余个。

通过省、市、县三级联动查处，违法违规项目已基本完成整改。通过"天地一体化"卫星遥感全覆盖监管，全省未批先建、未批先变等违法违规行为逐年减少，从2018年的7 301个减少到2021年的688个；水土保持方案编报率逐年提升，从2018年的47%增加到2021年的88.6%，人为水土流失得到较好防治。

（四）建立完善卫星遥感监管配套信息系统

根据贵州省各级水行政主管部门监管需求，在现有生产建设项目信息化监管系统的基础上完成改造升级，实现了多用户应用，与贵州省水土保持大数据系统高效衔接，满足了生产建设项目高频次、全覆盖、全流程监督管理的需求。一是完成了多端口、单机环境下应用部署，完成了信息化监管系统web端与移动端的架构部署，实现了监管系统与Windows和Android系统的多平台互通。单机环境下应用部署用以适应野外复核无网络的苛刻环境，实现了监管系统与水务工作环境的良好适配。二是完成多用户通道研发，实现各类用户信息系统应用。用户范围面向省、市、县各级水行政主管部门，省内开展业务的生产建设单位、监测监理单位、方案技术审查单位、验收评估等行业用户，以及公众。三是完成了系统全覆盖监管、项目监管、多级协同等功能的升级改造，能够实现项目监管、区域监管一套数据一张图操作应用，按照监管计划实现数据分期管理，满足生产建设项目高频次、全覆盖、全流程监督管理要求，实现了现场监督检查记录、佐证影像照片资料留存、定制化检查表单、数据对比与统计分析等多方面需求。四是完成了系统基础功能优化，包括系统基础业务逻辑、权限模型、防错纠错能力、UI交互便利、列表查询及扩展等优化，全面提升了用户体验。五是完成了生产建设项目信息化监管系统与贵州省水土保持大数据系统的嵌入与整合，实现一个窗口一套账号登录与使用，完成了两套系统的联通与数据共享应用。通过共享中间库数据等方式，实现了与全国水土保持信息管理系统的衔接互通，并打通与政务信息系统的融合渠道。

三、主要成效

（一）全面提高水土保持监管效率

通过"天地一体化"卫星遥感，有效促进了水土保持行业管理工作的信息化程度，提升了水土保持监督管理、重点治理工程建设管理以及监测管理效率，应用过程中积累了海量数据，形成了数据资源优势，实现了水土流失的量化预测预报预警，为各级政府科学保护和利用水土资源，有效减轻水、旱、风沙灾害，改善生态环境，发展生产，促进生态文明建设提供了重要依据。

（二）全面提高水土流失综合防治效益

"天地一体化"监管体系的建立加强了水土保持信息化建设程度，进一步提高了水土流失综合防治效益，实现水土保持监管全覆盖，能够做到全域、实时、精准、高效监测水土流失，每年节约监管成本超过1 000万元。

（三）全面夯实水土保持目标责任

"天地一体化"监管体系监管综合信息数据，能够更好地量化各地水土流失预防监督、综合治理等责任指标，为各级政府进行水土保持综合评价、项目规划、量化考核、责任追究等提供依据。各级政府将目标责任量化分解到具体责任部门，明确治理任务，督促各行业依法开展水土保持工作。通过"数据+责任"，推动水土保持考核责任落地，全省水土保持工作逐步形成政府主导、部门出力、社会参与、齐抓共管的水土流失防治新局面，提升了社会公众特别是生产建设项目责任人的水土保持法治意识、责任意识，强化了水土流失防治的自觉性。

（四）全面筑牢两江上游生态屏障

"天地一体化"监管体系整合了遥感、大数据、云服务技术，为水土保持监管装上望得更广、盯得更准、看得更细的"火眼金睛"。在生态保护上，紧盯可能造成重大水土流失影响的弃渣场等重点领域和关键环节，实时监控，及时布防，将生态安全危害消除在萌芽状态，有效防治和减少了人为水土流失发生，筑牢了两江上游生态绿色屏障。

贵州省创新存量土地盘活方式
有效促进土地资源节约集约利用

一、总体情况

贵州省切实贯彻落实国发〔2022〕2号文件《国务院关于支持贵州在新时代西部大开发上闯新路的意见》的精神，以高质量发展统揽全局，守好发展和生态两条底线，统筹发展和安全，围绕主战略主定位，全力推进土地节约集约利用，做好国土空间和土地要素支撑保障工作。通过全面摸清建设用地底数、建立存量建设用地盘活机制和创新服务企业的用地保障体系等方式，大力推进批而未供和闲置土地处置，有效促进土地节约集约利用，探索出一条政策精准服务企业，土地节约高效利用的新路径。

二、具体做法

（一）摸清底数，全面推进建设用地起底大调查

贵州省根据第三次全国国土调查成果，启动全省建设用地起底大调查。省级共派出3 000多人次赴全省88个县（市、区），对1 225万亩建设用地的利用状况进行抽查、核实。全面查清了全省建设用地批而未供、供而未用、用而未尽等情况，以及城镇棚户区（城中村）改造、老旧小区改造、背街小巷改造等低效用地和农村低效建设用地、开发区建设用地的利用情况，建立全省建设用地起底大调查空间基础信息数据库，为存量建设用地的盘活利用提供数据支撑。

（二）多措并举，精准盘活存量土地

根据建设用地起底大调查成果，通过建立批而未供、闲置土地处置台账，按"一宗一策、一地一案"要求，制订针对性措施，因地施策，切实打通用地盘活"肠梗阻"。建立奖惩机制，实施"增存挂钩"制度，以当年存量建设用地处置规模为基础，核定市、县新增建设用地计划，推动各地加快批而未供和闲置土地处置。同时，将批而未供和闲置土地处置率纳入市、县高质量发展绩效评价指标体系，提升地方盘活存量土地的积极性。

（三）创新服务，切实保障企业用地

贵州省依托建设用地起底大调查空间基础信息数据库，结合国土空间规划、遥感航拍影像等，建设"贵州省招商用地地图"，通过地图平台，企业直观快速了解用于招商的土地位置、用途、规模、周边基础设施等情况，改变传统招商模式，破解政府存量土地闲置、企业发展满山找地的难题。同时，建立"政策找企业，企业找政策"服务机制，研发"兴黔地通"政策服务平台，归集整理建设用地保障服务相关法律法规和政策文件，整合"四化"用地支持政策，提升用地服务效率。

三、主要成效

（一）激活土地资源，优化营商环境

2018年实施"增存挂钩"机制以来，贵州省共处置批而未供和闲置土地共69.45万亩。在第三次全国国土调查成果的基础上，启动全省

建设用地起底大调查，摸清全省存量建设用地底数、空间信息。建设"贵州省招商用地地图""兴黔地通"等服务平台，通过政策要点解读，打通企业找政策盲点堵点、提高政策找企业效率。同时，引导建设项目科学选址、合理布局，为项目顺利落地提供基础保障，实现政府精准招商、企业精准找地、土地高效配置，全力为企业做好服务，营造良好的营商环境。

（二）创新利用方式，推动项目节地

贵州省在城镇建设、产业发展和相关重大项目建设中，严格控制项目建设用地规模，以"亩产论英雄"；结合山地实际，创造了"工业梯田""山地城镇""梯田园区"等贵州节地经验。贵州贵阳云岩区、毕节七星关区、凤冈县等7个县（市、区）入选全国国土资源节约集约模范县（市）。"十三五"期间，贵州省单位国内生产总值（GDP）建设用地使用面积下降率达到23%，超过国家下达任务的3个百分点。

海南省建立国土空间分级分类
管控制度

一、总体情况

海南省开展省域"多规合一"改革试点，统筹划定了耕地和永久基本农田、生态保护红线和城镇开发边界三条控制线，并分类制定了各类空间管控措施。创新实施国土空间用途管制行政审批改革，通过整合用地、用林、用海等审批事项，对国土空间用途管制行政审批制度进行优化再造，大幅提高行政审批效率。同时，通过建立健全"机器管规划"平台和全链条管理、全过程留痕制度，推动实现规划"编、审、调、用、督"全周期智慧化治理。

二、具体做法

（一）统筹划定耕地和永久基本农田、生态保护红线、城镇开发边界三条控制线

海南坚持"全省一盘棋、全岛同城化"的理念，突出城乡融合、垦地融合、陆海统筹、山海联动，把全省作为一个大城市统一规划建设，通过划定耕地和永久基本农田、生态保护红线、城镇开发边界等控制线，优化全省生产、生活、生态、海洋空间布局，推动形成"三极一带一区"的国土空间开发保护格局，为全国生态文明建设作出表率。

（二）严格实施国土空间分类用途管制

针对生态保护红线，出台《海南省生态保护红线管理规定》《海南经济特区海岸带保护与利用管理实施细则》《海南省生态保护红线准入管理目录》，明确了全省海岸带保护和利用管理、严格生态保护红线准入管理、规范生态保护红线实施监管，也促进了生态保护红线和海岸带的风险防控和监管。针对开发边界外区域，出台开发边界外建设项目准入目录，明确开发边界外规划建设用地的项目准入类型，除"五网"基础设施、旅游配套设施、军事设施和乡村振兴等13类特殊项目可在开发边界外建设，其余建设项目均控制在开发边界内选址建设，提高建设用地节约集约利用水平。

（三）构建统一的国土空间用途管制行政审批体系

在全国率先推进国土空间用途审批制度改革，整合规划、用地、用林、用海等审批事项，将市县总体规划调整、农用地转用和土地征收、林地使用审核审批、林地征（占）用、海域使用等国土空间用途管制行政审批事项，交由自然资源和规划主管部门统一受理、统一审核、统一报批、统一出具批文。对符合国家和本省关于设施农用地和"只征不转""不征不转"规定的项目用地，以及其他不作为建设用地管理的项目用地，不再办理用地预审、农用地转用审批手续。全面推行"多审合一、多验（测）合一"改革，实现国土空间用途管制审批"规划一张图、报批一套表、审批一支笔"，行政审批效率提高80%。

三、主要成效

（一）优化了全省资源配置

海南省在省域"多规合一"改革过程中，统筹优化城乡发展、产业、基础设施等空间布局，划定了各市县城镇开发边界（含旅游度假区开发边界、产业园区开发边界），国土空间布局不断优化。对重点城镇、产业园区、旅游度假区规划实施省级管控，落实了"全省一盘棋、全岛同城化"的要求，确定各区域的功能定位和产业发展方向，避免区域间同质化低效竞争，促进区域协调和高质量发展。

（二）提升了国土空间开发保护质量和效益

实施生态保护红线和开发边界外准入目录制度以来，省和市县总体规划划定的耕地和永久基本农田、生态保护红线、城镇开发边界等强制性管控要求得到严格执行，强化了经济社会发展的底线约束。除13类准入在开发边界外建设的特殊项目外，其余经批准的用地、用海、用岛项目均控制在开发边界内建设选址，有效杜绝了建设项目破坏生态环境和自然景观的现象，全省开发建设更加节约集约，国土空间开发质量和效益不断提升。

（三）缩减了审批程序

机构改革前，规划、用地、用林、用海等行政审批事项，分散在规划、国土、林业、海洋等多个部门，各自形成一套审批体系，行政相对人需要向多个部门分别申请规划、用地、用林、用海许可，其中很多内容高度相近，客观上存在同类事项多头审批、重复审查、交叉审查、流程复杂等问题，且审批耗时较长，行政相对人需要往来在多个部门之间，增加了行政相对人的负担。实施国土空间用途管理行政审批改革，将之前分散的33项审批流程整合优化为6项，审批时间由之前的100个工作日整合减少为20个工作日，大幅提升了审批效率，投资项目落地效率大幅提高。

（四）初步实现了规划全周期智慧化治理

以"多规合一"信息平台"1+4"体系为基础，以推行建设工程规划许可证机器赋码和省级统建农民建房审批管理平台为抓手，强化数字赋能，在全国率先搭建覆盖空间规划"编、审、调、用、督"全周期的"机器管规划"平台，建立全链条管理、全过程留痕制度，推动实现规划"编、审、调、用、督"全周期智慧化治理。

海南省省级空间规划集成
改革和应用

一、总体情况

2015年6月5日，中央全面深化改革领导小组第十三次会议同意海南省就统筹经济社会发展规划、城乡规划、土地利用规划等开展省域"多规合一"改革试点。按照党中央部署，海南省整合原有各类空间规划，编制省和市县总体规划，完善配套"多规合一"相关法规，建设"多规合一"信息综合管理平台，探索创新规划监管机制，简化行政审批制度，各项改革措施取得了较好成效。

二、具体做法

（一）改革规划编制体系

海南省统筹整合了主体功能区规划、生态保护红线规划、城镇体系规划、土地利用总体规划、林地保护利用规划、海洋功能区划六类空间性规划，编制完成《海南省总体规划（空间类2015—2030）》及六个专篇，并在省总体规划的指导、管控、约束下，同步组织编制了各市县总体规划，建立了统一的空间规划体系，形成全省统一的空间规划蓝图。

（二）推进规划法规体系创新

海南省利用特区立法权，积极推进与"多规合一"相适应的法规制定和修订工作，陆续出台《关于实施海南省总体规划的决定》《关于加强重要规划控制区规划管理的决定》和修订后的省城乡规划条例、土地管理条例、林地管理条例等法规，明确了省总体规划的法律地位，基本形成了与省域"多规合一"改革相配套的法规体系。

（三）创新规划实施监督制度

省委办公厅、省政府办公厅联合印发《海南省总体规划督察办法》，建立常态化、实时化的规划督察机制。依托"多规合一"信息综合管理平台，先后开展了全省生态保护红线专项督察、农村新建住房高度管控和农房规划报建专项督察、海岸带专项督察以及违法用地、违法建筑专项督察等规划督察。省自然资源和规划主管部门会同省发展改革委、省林业局、省生态环境厅等部门组成联合督察组，到各市县对违规建设项目的立案、处罚、拆除、问责等情况进行实时跟踪督办。

（四）推进行政审批制度创新

以"多规合一"为基础完善项目审批机制，推进行政审批体制改革，选择海南生态软件园、海口美安科技新城和博鳌乐城国际医疗旅游先行区3个不同类型的园区，在"多规合一"的基础上全面推行"六个试行"极简审批改革措施，即试行"规划代立项"机制、试行"区域评估评审取代单个项目评估评审"机制、试行"准入清单"和"项目技术评估"制度、试行"承诺公示制"、试行"联合验收"机制、试行"项目退出"机制。目前，"六个试行"极简审批改革经验已逐步推广到全省重点园区。

三、主要成效

（一）化解各类规划矛盾

"多规合一"首先要解决的是各种规划交叉冲突的问题。全省共发现了各类规划确定的生态保护红线、耕地、建设用地、林地等互有冲撞的矛盾、重叠图斑72.1万块，图斑矛盾面积1 587平方公里，按照"宜林则林、宜耕则耕、宜建则建"的原则，通过空间调整、置换等方式化解耕地、林地、建设用地之间的矛盾，确保地类规划属性的唯一性，消除因规划不一致而影响建设项目落地的问题。

（二）守住生态保护红线和耕地保护红线

通过科学立法以及严格执法，落实了生态安全、粮食安全、国土安全等国家战略安排，强化经济社会发展的底线约束，为建设国家生态文明试验区奠定坚实基础。全省现有耕地、永久基本农田、林地保有面积均超出国家下达指标，较好地执行了规划指标管控要求。

（三）有效提高规划实施监管水平

依托"天上查、地下巡、网上报"立体的监测体系，对生态保护红线进行了常态化的监测和督察，对生态保护红线内的违法建设行为进行了依法查处，实现了对生态保护红线最严格、最高效的管控。通过遥感监测技术体系和电子台账系统，高效地开展和支撑了生态保护红线专项督察，显著提升了违规目标精准定位速度和违规信息查处及整改的智能化水平。

（四）提高建设项目审批效率

在"多规合一"的基础上全面推行"六个试行"极简审批改革措施，园区审批效率大幅提高，审批事项减少70%以上，整体审批提速80%以上。另外，通过下放规划调整审批权限，解决了规划打架和审批效率低的问题，建设项目落地效率大大提高。

海南省探索热带雨林国家公园体制改革

一、总体情况

建设海南热带雨林国家公园是习近平总书记和党中央赋予海南省的重大任务和光荣使命。2021年9月30日，国务院批复正式设立海南热带雨林国家公园。2021年10月12日，习近平总书记以视频方式在COP15（联合国《生物多样性公约》第十五次缔约方大会）向世界庄严宣布中国设立海南热带雨林等首批五个国家公园。

二、具体做法

（一）管理体制

一是体制试点期间创新建立扁平化的国家公园管理体制。在海南省林业局加挂海南热带雨林国家公园管理局牌子，依据海南热带雨林国家公园工作职责，调整优化机构职能，整合试点区原有20个保护地，设立7个分局作为海南热带雨林国家公园二级管理机构。二是建立国家公园执法派驻双重管理体制。国家公园区域内行政执法职责实行属地综合行政执法，由试点区涉及的9个市县综合行政执法局承担，统一负责国家公园区域内的综合行政执法。三是初步建立了以财政投入为主的多元化资金保障体制。将海南热带雨林国家公园管理局和7个管理分局纳入省财政支出范围给予保障，并支持天然林资源保护工程和生态公益林保护、生态搬迁、雨林栈道修建、智慧雨林、科普宣教等工作。

（二）运行机制

一是建立协同管理机制。海南省委、省政府与国家林草局（国家公园管理局）联合成立海南热带雨林国家公园建设工作推进领导小组。建立健全国家公园局省联席会议机制、省级和区域协调委员会、市县生态搬迁领导小组等机制。二是印发相关规划。2020年6月印发《海南热带雨林国家公园总体规划（试行）》。2020年9月，省政府印发生态保护、交通基础设施、生态旅游3个专项规划。三是法治先行。实施《海南热带雨林国家公园条例（试行）》和《海南热带雨林国家公园特许经营管理办法》，将国家公园管理纳入法治化轨道。

（三）生态保护

一是稳妥实施核心保护区生态搬迁工作。印发实施《海南热带雨林国家公园生态搬迁方案》。有序开展处于主要江河源头等核心保护区的生态搬迁，加强对一般控制区的管理。二是强化科研监测体系。初步构建起覆盖试点区的"森林动态监测大样地+卫星样地+随机样地+公里网格样地"四位一体的热带雨林生物多样性监测系统。三是开展国家公园范围内现有开发项目排查及清退。编制完成《海南热带雨林国家公园范围内现有开发项目对生态影响的复核评估报告》，出台《海南热带雨林国家公园内矿业权退出方案》和《海南省小水电站清理整治方案》，9座需要退出的水电站基本完成退出。四是稳妥推进国家公园内人工林处置工作。根据海南热带雨林国家公园人工林处置计划，编制完成《海南热带雨林国家公园人工林年度处置方案》以及调查评估实施方案、处置实施细则，正在推进实施。

（四）社区发展

一是建立社区协调两级管理机制。在省级层面成立海南热带雨林国家公园社区协调省级委员会。由海南热带雨林国家公园管理局直属的7个分局牵头成立9个区域性的社区协调委员会，共同协调解决资源保护和社区发展问题。二是探索建立社会志愿者队伍服务机制。通过签订合作保护协议、设立生态公益岗位等多种方式和合理规划建设国家公园周边入口社区，推动当地和周边居民共同参与国家公园保护管理和特许经营。

（五）智库建设

一是创新设立海南国家公园研究院。联合4所重点科研院校组建面向全球开放的海南国家公园研究院，建立起汇集300多名国内外生物学、生态学等多学科、多层次人才的全球智库。二是设立国家林草局海南长臂猿保护研究中心。与国际机构合作，开展海南长臂猿保护全球联合攻关，世界自然保护联盟和海南国家公园研究院等共同发起了《全球长臂猿保护网络倡议》。截至2022年5月底，海南长臂猿数量已增至5群36只。

三、主要成效

（一）创新生态搬迁集体土地与国有土地置换新模式

海南热带雨林国家公园生态搬迁过程中，以自然村为单位，实行迁出地与迁入地的土地所有权置换，迁出地原农民集体所有的土地全部转为国家所有，迁入地原国有土地全部确定为农民集体所有。

（二）打造国际科研合作平台和海南长臂猿保护联合攻关新机制

组建海南国家公园研究院，人员管理实行市场化的运作方式。研究院以项目为导向，柔性引进高层次及特需人才。依托研究院开展海南长臂猿保护研究，通过开展国际研讨、组建保护研究中心和科研基地等方式，强化热带雨林旗舰物种海南长臂猿的保护。

（三）建立社区协调两级管理机制

成立海南热带雨林国家公园社区协调省级和市县级委员会。建立社区协调上下联动的协调议事管理机制，能够及时解决资源保护与社区发展过程中出现的矛盾。同时鼓励社区居民参与资源保护等公益性岗位，引导社区居民由生态资源利用者向生态环境保护参与者转变，让村民和集体享受国家公园生态红利。

海南省构建耕地"数量、质量、效益、生态"四位一体保护制度

一、总体情况

为落实最严格的耕地保护制度、最严格的节约用地制度、最严格的生态环境保护制度，海南省构建耕地"数量、质量、效益、生态"四位一体保护机制，形成统筹保护耕地和保障经济发展新格局，实现了对耕地特别是永久基本农田的有效保护，为海南自贸港建设提供有力的要素保障。

二、具体做法

（一）创建"调补平衡"永久基本农田调整机制

海南省出台全国首个《海南省建设占用永久基本农田调整补划管理办法》，承接国家授权海南对永久基本农田调整审批权限，规范调整补划程序。对国家重大建设项目以及国家级规划明确的交通、能源、水利基础设施等五大类项目所占用的永久基本农田布局进行调整，同时按照永久基本农田"数量不减少、质量不降低、布局更优化"的原则补划数量、质量相当的永久基本农田，并将划补的部分纳入海南省和市县国土空间规划进行管理。

（二）创新"异地代保"耕地保护利益调剂补偿机制

海南省坚持"全省一盘棋"，在全国率先构建耕地保护利益调剂补

偿机制，以市县为基本单位，在一个规划期内（15年），由调整增加建设用地指标和调整减少耕地、永久基本农田、林地指标的市县，向调整减少建设用地指标和调整增加耕地、永久基本农田、林地指标的市县支付易地调剂补偿费用。调剂补偿费按照一般耕地每年200元/亩、永久基本农田每年300元/亩的标准来计算。通过财政转移政策调动市县承担耕地、永久基本农田责任的积极性，夯实耕地保护的资金保障，促进区域协调发展。

（三）构建"统补结合"重点区域和项目耕地占补统筹制度

海南省实施资源要素差别化配置，建立省重大基础设施和重点园区补充耕地省级统筹制度，其中，跨市县的路网和水网工程补充耕地数量和粮食产能指标由省级统筹；重点园区部分补充耕地由省级统筹保障。对市县开垦出来的新增耕地指标，从中提取20%比例纳入省级耕地指标储备库；对进入补充耕地指标交易平台进行交易的指标，从交易指标总量中提取10%，纳入省级补充耕地储备库，实行限价供应，用于保障重点园区和重大项目需求。

（四）打造"垦地协调"全域土地综合整治新模式

出台《关于推进实施垦区土地综合整治的通知》，充分发挥垦区土地资源占海南土地资源1/5的优势，将全域土地综合整治的实施范围从农村拓展到垦区，实施主体从政府拓展到国企等社会主体，推动垦区内田、水、路、林、场（队）综合整治，一体推进农用地整治、建设用地整理和生态保护修复。对海南农垦全额投资、自主实施的土地综合整治项目，经认定备案所形成的补充耕地指标，将35%指标无偿纳入省级指标库统筹管理，10%指标纳入项目所在地市县指标库，允许海南农垦统筹使用，作为补充耕地的交易主体进入交易市场进行交易，有效挖掘垦区土地综合整治潜力，增加农垦土地资源收益，促进农垦和地方协调发展。

三、主要成效

（一）有力保护了耕地数量

以编制国土空间规划为抓手，对全省耕地、永久基本农田、林地、建设用地进行合理规划布局，严把非农建设占用耕地规划布局和调整审批关，从源头上控制对耕地特别是永久基本农田的占用，强化建设项目用地审查论证，能不占就不占，能少占就不多占，能占差的就不占好的，实现全省耕地总量动态平衡。截至2020年底，全省耕地面积达1 188.11万亩，共划定永久基本农田面积910.49万亩，较好地完成了国家下达海南耕地保有量1 072万亩和永久基本农田面积909万亩的任务。

（二）有效提升了耕地质量

通过建立耕地保护利益调剂补偿机制，推动耕地和永久基本农田指标向耕地资源丰富的西部市县聚集，林地指标向中部山区市县聚集，实现耕地、永久基本农田、林地更连片，保护面积不减少、质量不降低、生态有改善。全省通过耕地提质改造、全域土地综合整治、高标准农田建设、耕地耕作层剥离利用等措施，有效提高了现状耕地和补充耕地的质量。2020年全省共完成补充耕地项目备案21个，新增耕地数量9 071.95亩，水田面积4 079.55亩、粮食产能819.62万公斤。

（三）显著增加了经济发展效益

自海南出台补充耕地省级统筹办法以来，通过省级补充耕地储备库共统筹建设用地项目耕地数量4 702.63亩，水田面积2 528.45亩，实现粮食产能353.13万公斤；2020年全省通过省级交易平台交易补偿耕地指标1 429.5亩、水田面积1 275亩，实现成交金额5.33亿元，有力保障了省重点基础设施、公共服务设施和重点园区产业项目用地需求，助力海南自贸港建设。

（四）明显提升了土地生态功能

通过实施全域土地综合整治，优化了耕地格局，整治了废弃土地，盘活了存量建设用地，修复了治理水体、土壤等生态环境，将碎片化土地"化零为整"，最大程度优化了土地资源效益，提升了生态服务功能，构建了全域生态宜居与集约高效的土地生态保护新格局。截至2022年6月底，农垦实施土地综合整治（含补充耕地）项目31个，总投资13亿元，建设规模8.4万亩。

第三章

加快推动绿色低碳循环发展

———

　　国家生态文明试验区以"双碳"工作为牵引，积极构建绿色低碳循环发展经济体系，促进经济社会发展全面绿色转型。国家生态文明试验区以改善生态环境质量为核心，以激发市场主体活力为重点，以培育规范市场为手段，创新推行市场化环境治理模式，加大对环境污染第三方治理的支持力度，大力发展绿色金融，建立市场交易平台。积极探索多元化生态产品价值实现支撑体系，多管齐下拓展"绿水青山"和"金山银山"双向转化渠道，以市场化手段促进生态产品价值转化，有效形成了环境治理、生态保护和生态价值转化市场化机制。

福建省仙游县推动循环发展
激活绿色新动能

一、总体情况

仙游县坚持传承弘扬木兰溪治理的重要理念和重大实践，立足县域资源回收基础优势，以循环经济园区为载体，培优扶强龙头企业，建立再生资源回收体系，构建循环经济产业链条，形成了绿色低碳循环发展的仙游经验。在循环经济引擎的强劲带动下，2021年，仙游县资源循环利用产业产值达到143.5亿元，地区生产总值达到558.34亿元，实现"贫困县"向"全省县域十强"的华丽蝶变。

二、具体做法

（一）搭建公共服务平台，支撑再生资源回收

建立健全布局合理、网络健全、设施适用、服务功能齐全、管理科学的再生资源回收网络，引导企业在全国多个城市设立回收站点，拓宽废旧塑料瓶及废旧衣物进入回收再利用体系的渠道。推动建立副产品和废弃物信息共享平台，重点引导橡胶企业建立产品下游全生命周期服务方案及信息平台，构筑废弃物资源化通道，园区物质流和价值链进一步延伸。

（二）培育重点龙头企业，凝聚绿色生产合力

围绕重点产业，引进一批创新型龙头企业，持续策划和建设一批

科技含量高、产品附加值高、产业关联度高、投入产出效益明显的项目。以绿色纤维产业园等为代表的重点项目建设稳步推进，建成后将形成产能和规模可观的再生纤维工厂，将同步带动华东区域产业链上下游发展。坚持创新驱动与绿色发展，在橡胶领域持续加大全钢巨型子午线工程轮胎技术研发投入，强化绿色供应链管理、绿色生产、绿色回收和绿色信息披露，健全绿色采购、供应商评价、供应商稽核等标准化管理制度，推动绿色生产全过程落实。

（三）支持循环园区建设，增强区域绿色动能

以"两区一基地"为主要平台，坚持"比较优势、突出特色、错位发展、优势互补"的建设和发展思路，有序推动产业园区规划、建设和改造，大力构建绿色循环产业体系。仙游经济开发区以循环化改造项目建设为核心，积极发展绿色高效的循环经济产业，已基本形成了以纺织鞋服产业、石化下游产业和再生资源利用产业等三大主导产业为特色的产业结构。仙游循环经济示范园区依托郊尾镇350多家废旧塑料回收企业和40多家塑料加工企业，聚焦塑料回收再生利用、改性材料、塑料制品三大领域，重点发展塑料母料、农用塑料、包装塑料、建筑塑料、工程塑料等产业，着力打造海峡西岸大型的再生塑料园区。仙游县再生资源回收利用基地围绕再生资源规范化交易和集中化处理，逐步健全"集中回收—加工—再生"循环链条，实现再生资源回收利用的有序运作和有效循环。"两区一基地"锚定循环化发展目标，持续提升区域协作能力与企业关联度，充分延伸产业链条，资源互通、产业互动、优势互补的产业集聚效应逐步放大。

（四）推动产业锻长补短，提升产业绿色能级

找准转型升级的着力点，将绿色环保纺织材料作为纺织行业的主

要发展方向，逐步重组、整合现有企业资源，大力推进产业链强链升级。绿色纤维产业链条日益完善，经循环再生的再生涤纶长丝、再生复合丝等绿色产品，直接输送到产业链下游织造、染整企业，上下游产品有效衔接，绿色纤维产业作为战略性新兴产业的示范作用不断彰显，逐步带动上下游产业链形成国家战略级的纺织化纤新材料千亿产业集群，实现支柱产业向产业集群的跃升发展。

三、主要成效

仙游循环发展经验是福建绿色经济破题实践的一个缩影，仙游县生态环境状况指数逐年提升，绿水青山转化为金山银山已见成效，经济发展水平稳步提高，获得福建省"2021年绿色发展优秀县"等荣誉称号。仙游着力打好发展循环经济的组合拳，节能、降耗、减排和资源再利用创新实践有序推进，华峰绿色纤维产业园建成全球首套废旧聚酯纺织品连续熔体高效解聚及再生中试生产线，实现二氧化碳排放降低20.7%，能耗降低28.5%，耗水减少28.8%，项目总体技术水平达到国际领先水平。仙游经济开发区推进全部燃煤锅炉节能环保综合提升改造，每年可节约标准煤12 500吨，二氧化硫排放从251.68吨减少至136.9吨，荣获福建省第三批绿色园区、第三批省级循环经济示范园区。

福建省顺昌县积极打造森林
资源运营平台

一、总体情况

福建省南平市顺昌县林业用地占国土面积的83.3%，森林覆盖率80.37%，林木蓄积量1 854万立方米，毛竹立竹量1.14亿株，有杉木林108万亩、竹林66万亩，获评"中国杉木之乡""中国竹子之乡"、国家木材战略储备基地县、森林质量精准提升示范县和国家生态文明建设示范县。近年来，针对森林资源碎片化、单家独户经营缺资金、少技术和森林资源变现难等问题，借鉴商业银行做法，采取"分散式输入、规模化整合、专业化经营、持续性变现"模式，搭建森林资源资产运营管理平台，将分散、零碎的林业资源实行集约化整合、专业化经营，实现森林增绿、林农增收、集体增财的多方共赢。2020年4月，顺昌县森林资源运营平台的做法被自然资源部列入第一批《生态产品价值实现典型案例》，11月被国家发展改革委列入《国家生态文明试验区改革举措和经验做法推广清单》；2021年11月，被国家林草局列入《林业改革发展典型案例》。

二、具体做法

（一）立足林农从业意愿创新合作模式，解决林权分散带来的生产效率较低问题

森林资源运营平台根据林农从业意愿和农村劳动力现状，创新推

出商品林赎买、有林地股份合作、无林地股份合作三种模式与林农、村集体开展合作经营。商品林赎买是指一次性地流转林地经营权和林木所有权，解决了林农的资源变现难问题。有林地股份合作是指将现有的林地林木，经第三方机构评估的蓄积量作为林农的保底收益基数，今后经营的增值部分林农和运营平台按约定比例（一般是3∶7）分红，解决了中幼林农户无力经营的问题。无林地股份合作是指林地入股占三成股份，运营平台全额投资占七成股份，改变以往主伐时"一次性分红"的方式，采取"保底收益、一年一分红、主伐再分红"，一个轮伐期（30年）一、二类地保底收益1 800元/亩，逐年支付60元/亩；三、四类地保底收益1 200元/亩，逐年支付40元/亩，主伐时按照约定3∶7比例扣除保底收益进行再分红。无林地股份合作在新一轮承包中得到林农的高度认可，成为主要的合作模式，实施路径主要是通过"三个一"实现"三个变"，即"一村一平台"实现分散变集中，"一户一股权"实现林农变股东，"一年一分红"实现资源变资金。流转后的森林资源通过运营平台集约化、专业化经营，有效提升经营效益，解决集体林改后农村第二轮分山难以及林权分散导致的效益低下等问题。截至2021年底，运营平台已导入林木林地面积8.39万亩，其中赎买商品林5.58万亩，股份合作经营2.81万亩，实现资源变现6.05亿元。

（二）创新森林质量精准提升措施，解决森林质量不高问题

与南京林业大学等科研单位开展科研合作，杉木高世代种苗培育处于世界领先水平。采取改主伐为择伐、改单层林为复层异龄林、改单一针叶林为针阔混交林、改一般用材林为特种乡土珍稀用材林等"四改"措施，优化林分结构，增加林木蓄积。积极对接国际需求，实施FSC国际森林认证（含生态系统服务认证）、CFCC中国森林认证双重认证管理，将30.7万亩商品林、1.311万亩毛竹林纳入认证范围，为规

模加工企业产品出口欧美市场提供有力支持。

（三）构建林业金融服务体系，解决林业资产变现难问题

通过森林资源运营平台构建多方位金融服务体系，改善林业资产非标性、估值专业度高、处置不便等问题，助力顺昌林业高质量发展。用担保公司打破流动难题，与南平市融桥担保公司合股成立"福建省顺昌县绿昌林业融资担保有限公司"，为"林业+"产业实体企业、个体林农提供融资担保服务，实现最高10倍放大倍数、基准利率放款，运营平台与商业银行按8∶2承担风险，已发放林业融资担保贷款3.08亿元，惠及涉林企业、农户1 264户。用产业基金灵活引入社会资本，与南平市金融控股有限公司合作成立"南平市乡村振兴基金"，首期规模6亿元，聚焦投资林业质量提升、林下种养、林产加工、林下康养等项目。

（四）不断丰富产业布局，解决林业产业结构单一问题

采取"龙头企业+基地"模式，实现资源批量无缝导入产业项目，建设杉木林、油茶、毛竹、林下中药、花卉苗木、森林康养6个"基地"，每年为升升木业、老知青等存量龙头企业提供杉木4万立方米以上、毛竹3万根以上、油茶苗木60万株以上。采取森林资产"管理运营分离"模式，提升复合效益，将交通条件、生态环境等良好的林场、基地作为旅游休闲景区，把运营权整体出租给专业化市场运营公司，建设木质栈道、森林小屋等，开展商业运营。探索"社会化生态补偿"模式，成功策划并交易全省首笔林业碳汇15.55万吨及全国首笔竹林碳汇11.94万吨，编制完成《福建省碳汇扶贫项目管理方法学》，针对集体与个人林地难以参与碳汇交易问题，试点建设"一元碳汇"项目，认购碳汇量6 234.36吨。

三、主要成效

（一）搭建了资源向资产和资本转化的平台

通过建立森林资源运营平台，对零散的生态资源进行整合和提升，并引入社会资本和专业运营商，将资源转变成资产和资本，使生态产品有了价值实现的基础和渠道。试点以来，平台公司已导入林地面积8.39万亩，盘活了大量分散的森林资源。

（二）提高了林木资源和生态产品的供给能力

通过科学管护和规模化、专业化经营，森林资源质量、资产价值和森林生态系统承载能力不断提高，林木蓄积量年均增加1.2立方米/亩以上，特别是杉木林的亩均蓄积量达到16～19立方米，是全国平均水平的3倍。通过平台公司的集约经营，出材量比林农分散经营提高30%以上，部分林区每亩林地的产值增加2 000元以上，单产价值是普通山林的4倍以上。

（三）打通了生态产品价值实现的渠道

通过对接市场、资本和产业，先后启动华润医药综合体、板式家具进出口产业园、西坑旅游康养等产业项目，推动生态产业化，实现了森林生态"颜值"、林业发展"素质"、林农生活"品质"共同提升。

福建省三明市打造"六有六办"
绿色金融服务中心

一、总体情况

福建省三明市享有"中国绿都"美誉，是新时代生态思想"两山"理念的孕育地，也是一片富有改革基因的传统"热土"。为实现碳达峰碳中和目标，三明市创新探索绿色金融服务中心模式，制定建设标准，指明发展方向，实现绿色金融服务标准化、特色化。出台《三明市绿色金融服务中心实施方案》，结合机构市场定位和服务特点，从绿盈乡村、创业就业、生活消费、绿色制造等八个领域，创建具有"有专业队伍、实现专业办，有专门服务窗口、实现一次办，有专享信贷产品、实现优惠办，有专项服务通道、实现流程办"等"六有六办"标准的绿色金融服务中心，致力于打造专业化的绿色金融服务场所，将绿色金融专门流程、机制、人才、产品等方面要求，落实到银行保险机构的基层网点上，以基层网点为平台，建立绿色金融服务中心，探索打造八种业务服务模式，形成可复制、易推广的绿色金融"三明样板"。

二、具体做法

（一）打造中国农业银行"绿色金融服务中心＋绿盈乡村"服务模式

根据《福建省乡村生态振兴专项规划（2018—2022年）》，三明市全市乡村划分为初级版、中级版、高级版"绿盈乡村"，并分别推出

"绿盈1号""绿盈2号""绿盈3号"三类专属产品，对三个级别乡村分别采取白名单制、负面清单管理机制、整村推进模式的差异化授信方式，不断拓宽金融服务"绿盈乡村"广度和深度。截至2022年9月末，已支持"绿盈乡村"1 434个，贷款余额34.07亿元。

（二）打造中国邮政储蓄银行"绿色金融服务中心＋绿色创业就业"服务模式

联动团市委以成立"绿色创业就业孵化中心"为支点，通过组建青年突击队、推出"初创贷""中创贷""深创贷"孵化贷系列产品、提供创业培训服务等方式支持绿色创业就业，截至2022年9月末，已发放各类绿色创业就业贷款1 483笔、余额1.94亿元。

（三）打造兴业银行"绿色金融服务中心＋绿色制造"服务模式

聚焦辖区传统制造业以及石墨烯、稀土新能源材料等战略性新兴产业的能效、水效和环保提升改造，建立"绿色制造"项目库，完善"绿色制造"产品库，整合创新推出绿色制造贷、绿色园区贷等"青山绿水贷"产品体系。截至2022年9月末，已支持企业63户、余额36.37亿元。

（四）打造中国人民财产保险公司"绿色金融服务中心＋绿色保障"服务模式

推广水质指数保险、环境责任险专家服务、重点园区整体投保环境污染责任险和安全生产责任险、保险与病死畜禽无害化处理联动、事故车辆"低碳修复"技术、线上理赔六种"绿色保障模式"，创新茶叶、竹荪、马铃薯、种猪、香菇、黄花梨等"一县一特色绿色农险"。截至2022年9月末，已为辖区524家企业提供绿色风险保障42.17亿元。

（五）打造三明农村商业银行"绿色金融服务中心＋绿色消费"服务模式

创新"低碳贷""绿消贷"系列产品，将市民参与步行、公交出行、节能减排、绿色消费等数据纳入授信评级系统，形成授信"低碳计分"，推动绿色生活、绿色消费。截至2022年9月末，累计授信2 265户、金额2.86亿元。

（六）打造农村合作金融机构"绿色金融服务中心＋绿色特色农业产业"服务模式

从绿色农贸市场建设、绿色农产品产销、有机农产品消费等三个环节创新"绿消贷"系列产品，并在支付环节探索嵌套"绿色产品可溯源"功能，推动市场的绿色安全，助推一批以"三品一标"为代表的地域特色突出、产品特性鲜明的优质农产品发展。截至2022年9月末，已为3 012个农业主体贷款3.36亿元。

（七）打造中国建设银行"绿色金融服务中心＋绿色建筑"服务模式

探索建立针对绿色建筑和建筑节能项目的识别及评价体系，针对绿色建筑不同领域分别推出绿建普惠贷、绿色开发贷、绿建按揭贷、绿色建筑供应链融资等产品。截至2021年12月末，已对接市住建部门绿色建筑竣工验收项目，提供相关贷款24.72亿元。

（八）打造中国银行"绿色金融服务中心＋绿色交通"服务模式

针对"绿色交通"领域相关的"上游""核心""下游"产业，推出不同特色"绿色交通动力宝"产品组合，服务绿色交通产业发展。截至2022年9月末，已支持相关企业34笔、贷款余额19.30亿元。

三、主要成效

通过创建绿色金融服务中心，引导各机构开发绿色金融产品，开展绿色金融服务，助力三明市经济绿色转型发展取得积极成效。截至2021年12月末，全市绿色融资余额191.09亿元，比年初增长58.78%，高于各项贷款增速47.96个百分点，提前超额完成试验区20%的增速任务；建成120个绿色金融服务中心，实现机构类型全覆盖。相关创新做法被福建省政府确定为首批5项改革创新成果之一并在全省复制推广，同时入选国家发展改革委优化营商环境典型案例。其中，"绿色金融＋绿盈乡村"做法入选《裕普惠 新金融 中国银行业普惠金融典型案例集锦（2021）》，新华网、中国新闻网、新浪财经等多家媒体对该做法进行了报道。

福建省三明市"钢城"
蜕变成"绿都"

一、总体情况

福建省三明市是中央苏区的核心区、中央红军长征的出发地，也是老工业基地、共和国建设的新兴工业城市。三明因工业而生、因工业而兴，钢铁等传统工业产业为三明的发展作出了重要贡献，但产能过剩、效益下降，高耗能、高排放对生态环境造成巨大压力，特别是粉尘污染，被当地百姓形容为"一年吸进一块砖"，三明一度也因工业而困。习近平同志在福建工作期间，11次深入三明调研指导，8次围绕生态文明建设，作出"青山绿水是无价之宝""画好山水画"等一系列重要指示重要论述，2021年3月习近平总书记又亲赴三明考察调研林权改革、乡村振兴等工作，为三明绿色发展指明了前进方向，提供了根本遵循。三明牢记嘱托，坚持把新发展理念贯穿发展全过程和各领域，突出"找准方向、瞄准市场、发挥优势、创新驱动"，唱响"风展红旗、如画三明"城市品牌，走出了一条老工业城市发展绿色转型的新路子。

二、具体做法

（一）围绕"机制活"，打好"组合拳"，激发绿色转型内生动力

一是以权益交易促减排。工业行业全面推行排污权交易，将"沉

睡的资本"变成"流动的资本",引导企业深度治理减排,全市排污权出让累积成交总额4.46亿元;探索碳汇交易机制,与中国碳汇控股有限公司完成100.3万吨国际核证碳减排标准(VCS)碳汇减排量交易,总成交金额1240万元。二是以金融服务增动力。发行碳配额信托融资计划,福建省三钢(集团)有限责任公司(以下简称三钢)获融资1000万元;完成全省最大可交易排污权抵押贷款,三钢获融资3000万元;发放三明首笔"碳减排挂钩"贷款,福建三纺明腾能源科技有限公司分布式发电站使用560万元贷款完成1940.4kW分布式光伏电站建设项目;与兴业银行联合创设"环境权益贷"系列产品,助力企业绿色转型。三是以试点建设助发展。积极申报并荣获EOD(Ecology-Oriented Development,生态环境导向的开发)项目、气候投融资两个国家级试点,EOD方面策划包含生态修复、环境污染物资源化、生态产业建设等不同类型子项目19个,总投资22.86亿元;气候投融资方面策划项目48个,总投资346亿元,已获得金融机构授信或融资约60.426亿元。

(二)围绕"产业优",推进"调转新",提升产业生态化水平

一是调整结构腾空间。坚持科学合理规划,推动三农、三化、三重、三纺等一批工业企业退城入园,严控"两高"项目落地,"十三五"累计退出煤矿58处、产能437万吨,退出铸造企业9家、产能1.9万吨,水泥企业4家、产能29万吨。万寿岩遗址由石灰岩矿山变身成为集旧石器时代遗址考古发掘、爱国主义教育、科学文化知识传播、闽台文化渊源研究于一体的考古遗址公园。二是技改提升促转型。推动钢铁、纺织等传统产业向高端化、智能化、绿色化发展,"十三五"以来,累计投入311亿元实施技术改造;三钢投入约18亿元,新建或升级改造环保设施266台(套),厂区降尘量下降三分之一,基本达到城市空气环境质量水平,被授予国家3A级旅游景区。三是发

挥优势育新业。发挥技术、产品、市场、人才优势，积极发展生物医药、石墨和石墨烯、新能源材料等新兴产业，建成石墨烯、新能源材料等专业特色园区，新材料产业产值年均增长超过20%。黄精、虎杖等6个品种种植基地被国家中药协会认定为"优质道地药材基地"。

（三）围绕"百姓富"，打响"生态牌"，推动生态产品普惠民生

一是特色农业增福祉。注重绿色生态与特色现代农业、现代生活服务业等有机结合，以工业化、生态化理念推动特色现代农业发展，形成精致园艺、生态养殖等五大特色农业产业，以及茶叶、莲子等20多个特色农产品链条，众多优质农产品享誉全国。2021年，全市特色现代农业实现产值1 700亿元。二是现代林业惠民生。建立重点生态区位商品林赎买机制，累计筹措资金2.16亿元，赎买重点生态区位商品林8.8万亩，实现"不砍树也能致富"；推出林权"按揭贷""福林贷""益林贷"等林业金融产品，全市累计发放"福林贷"约16.05亿元，积极发展林业碳汇经济，率先发放林业碳票，共计开发备案三明林业碳票25个项目，涉及碳汇616 771吨，实现"社会得绿、林农得益"。三是文旅产业促振兴。全域全产业链推进文旅康养产业发展，推动"红色+文化旅游"，深入挖掘红色文化资源，9个景区入选全国"建党百年红色旅游百条精品线路"；推动"绿色+休闲农业"，培育一批休闲农业示范点和美丽休闲乡村；推动"两岸融合+乡村振兴"，创建海峡两岸乡村融合发展试验区。2021年，全市文旅康养产业总收入650亿元。

（四）围绕"生态美"，画好"山水画"，打造宜居宜业生态环境

一是坚决打好污染防治攻坚战。打好蓝天、碧水、净土保卫战，

持续推进重点区域重点领域重点行业治污减排；依托省生态云平台，创新建立重点企业、重要水域三维实景监管模式。在全省率先建立乡镇生态综合管护队伍，解决各类网格"九龙治水"问题。二是系统实施生态保护修复。统筹山水林田湖草综合治理，以闽江上游生态环境系统治理和整体修复为核心，实施水环境治理与生态修复、水土流失治理等五大重点工程，有序推动103个修复试点项目，完成投资51.18亿元。三是统筹推进人居环境提升。把绿色生态理念融入城镇化全过程，推进"山、水、城""人、城、市"深度融合，全市人均公园绿地面积达15.27平方米；梯次推进富有"绿化、绿韵、绿态、绿魂"的生态振兴乡村建设，全市"绿盈乡村"占比84.7%以上。

三、主要成效

三明市实现老工业基地"老树发新枝"、发展"高素质"与生态"高颜值"协同共进，全市生产总值从2015年的1712.99亿元提高到2021年的2953.47亿元，单位GDP能耗累计下降21.2%，三明市获评国家森林城市、国家生态文明建设示范区，所辖县（市）在全省率先实现省级森林城市全覆盖。2022年1—9月，市区空气质量达标天数比例98.5%，5个县进入全省58个县级城市空气质量综合排名前十；国（省）控断面水质达标率98.2%，小流域断面水质达标率100%，4个县进入全省62个县级行政区水环境质量排名前十。"林深水美人长寿"成为三明市最亮丽的名片，被评为2020年度生态环境领域真抓实干成效明显地区，获国务院督查激励。

福建省永春县探索生态产品
"三级市场"改革

一、总体情况

2018年，福建省积极探索生态产品市场化改革，泉州市永春县被纳入首批试点。试点确立以来，永春县以"资源变资本、资金变股金、村民变股东"三变改革理念，通过"摸底评估—流转储备—整理提升—项目策划—开发运营—金融资本"的手段，探索实践了"一级市场摸底评估、二级市场生态资源项目化、三级市场证券化期权化交易"的生态产品市场化模式。

二、具体做法

（一）构建"一级市场"，建立生态资源向生态资产转变机制，着力破解"度量难"

按照"化零为整、化整为股、化股为权"的理念，突出山水禀赋和人文资源优势，建立生态资源资产全面调查、统一评估制度，加强政府财政资金支持，推进资源变资产。一是探索建立县域生态产品目录清单。全面盘点清查集体与农户"有形资产"，包括土地、森林、水等资源型资产，集体经营性、非经营性资产和集体资金等家底，进一步整合民俗技艺、文化品牌等优质"无形资产"。已形成3个大类、4项一级核算科目、16项二级核算科目的目录清单体系。二是完善村镇级"绿色资源"台账。建立以经营性资产及资源性资产为基础的生态资源台账，探索粮食等生态资源的产品价值和气候调节等生态价值以及休憩旅游等文化价值，形成生态产品台账。建立包含农田水利基础设施、古厝、林场等9个大领域7 088项资源清单。三是科学核算生态产品价值。以"市场比价+企业估值+政府指导+村民协商"为基本框架，探索建立生态产品价值评估的技术规范；在集体产权制度改革的基础上，推动固定资产的登记核算；培育发展生态产品价值评估的中介组织。初步评估有价值、可变现项目952项，总值9.86亿元。

（二）开展"二级市场"，健全生态资产向生态资本转变体系，着力破解"变现难"

探索构建"股权平等、利益共享、风险共担"的合作机制，大力发展生态产品转化项目，完善股权划分机制，实现资产变资本。一是创新生态企业合作模式。探索成立村集体开发运营公司，将分散到村民的土地林地承包经营权等生态资源，流转到村集体开发运营公司，形成集中连片的资源资产包；积极引入社会资本和专业运营商，探索构建"企业+集体+村民"多元化合作机制；引导村民抱团参与，鼓励村民作价入股成立专业合作社。2021年新增农民专业合作社、家庭农场等新型经营主体211家，增长23.4%。二是策划生态产品转化项目。将生态资源融入永春特色，重点围绕永春芦柑、佛手茶等特色农业种植，永春香、永春老醋等特色传统制造业，康养旅游、电商直播等新型富民业态，并深入挖掘永春文化价值和生态价值，将资源资产提升为优质资产包，建立生态项目开发对接储备库。策划成功稻鸭共生、生态漂流、田园观光小火车等107个项目，总投资5.08亿元。三是完善生态企业股权划分机制。合理配置全体成员股份，按照成员总人数，以人设股、人人占有，对成员构成复杂且难以区分的，以户设股、按户分配，同时预留一部分股份按照劳动贡献、出资及技术和管理的比例进行科学分配。允许接受相当比例的外部资本、技术、管理和非集体成员的个人参与开发运营，但所占股权不得超过49%，确保集体组织对生态资源的控制权。试点区域构建联农带农机制达58%，带动当地农民人均增收1 500元以上。

（三）培育"三级市场"，创新生态资本向股本转化路径，着力破解"抵押难""交易难"

积极创新绿色产品及融资方式，借鉴资本市场的场外交易，引入股票、期货等手段，让生态资源演化成为可拆分的可连续交易的产品，通过生态资产交易市场，吸引外部投资人进入。一是完善支撑生态产品价值转化的金融配套。设立生态产品开发项目的风险补偿基金，各商业银行开发新型金融产品，保险金融机构扩大保险业务范围，国投公司等机构设立"永春绿色投资基金"。2022年以来发放绿色贷款7.17亿元，增长15.2%。二是推动生态项目公共资源交易。支持优质项目开展股权众筹、产品众筹、发布债券等融资尝试，引进外部社会资本进行证券投资，并在交易平台上面向社会投资者进行股权转让的信息发布和撮合交易。2022年以来，共有高标农田、水利设施、盘活闲置资源等19个项目，成交金额8 072万元，增值率23.4%。三是探索生态金融证券化模式。探索村集体优质的生态资产通过资本市场发行债券募集资金，持续开发绿色发展项目。探索金融机构设立生态产品专营部门，推动金融租赁等中介机构参与绿色金融业务。探索以海峡股权交易中心为运作平台，在永春生态资源板提供挂牌展示、交易、股份制改造等各类综合金融服务。全县累计14家企业完成股份制改造，23家生态型企业实现到海峡股权交易中心挂牌展示或挂牌交易。

三、主要成效

经过持续打造，永春县完成了生态美、产业优、百姓富的阶段性目标，荣膺首届中国生态文明奖先进集体称号，被确定为全国生态保护与建设典型示范区、国家生态文明建设示范县、"绿水青山就是金山银山"实践创新基地，为实现美丽中国先行示范区奠定了坚实基础。

（一）绿色生态优势逐步显现

释放了多元生态红利，有力推动生态优势转化为经济发展优势，形成生态环境"高颜值"和经济发展"高素质"协同并进的良好态势，初步测算2021年度永春县GEP（生态系统生产总值）达871.38亿元，增长8.6%，高于GDP增长2.5个百分点，公共预算总收入20.26亿元，增长11.6%，全体居民人均可支配收入30 639元，增长9.9%。

（二）产业发展后劲不断增强

产业生态化方面，围绕"香飘四海、醋进万家、瓷名中外"的远景目标，积极推动香、醋、瓷等制造业绿色化、智慧化、集群化转型，三大特色有根产业年均产值增长15%以上；以国家农村产业融合发展示范园、国家现代农业产业园为抓手，加快芦柑、佛手茶等农业产业品牌化、数字化、特色化，永春芦柑、永春佛手茶区域公共品牌价值分别提升至16.94亿元、35.66亿元；着力创建"文化之旅、康养之地"，积极培育研学旅游、康体养生等业态，打造国家A级景区13个，"六大旅游产品"10个，旅游接待总人数、旅游总收入年均增长21.6%、23.3%。生态产业化方面，全力破解生态优势转化为发展胜势的难点堵点，构建完善生态产品价值实现制度体系，编制完成了生态产品价值核算目录清单、生态产品价值核算体系、生态型现代企业管理制度、乡村CEO（首席执行官）职业经理人制度"一目录三制度"，贯通了区域生态资源向生态资本转化"最后一公里"，其中桂洋村已定价可变现资源价值共计8 534万元，经营性项目资产达1 108万元，村财增收近

50%；花石社区引入滋农文旅和职业经理人，强化生态资源项目策划能力，开设小泥巴、稻鸭共生、农田认筹、研学游学等项目；外山乡依托冬瓜、蜂蜜等优质生态资源，整乡推进休闲康养与生态农业融合发展。

（三）群众环境获得感显著提升

通过生态产品市场化改革，盘活了闲置资源资产，推动了区域生态保护有序长效运作，水环境质量均稳定保持Ⅲ类水质略有提升，空气质量级别常年为一级，实现省、市控断面Ⅲ类水质达标率达100%，县级集中式饮用水水源地达标率达100%，打造了"水清、岸绿、清新、宜居"的永春版"清明上河图"，增强了群众生态环境获得感、幸福感和安全感。

江西省全力打造"绿色生态"品牌

一、总体情况

江西省围绕生态产品价值实现机制进行大胆创新和实践,按照"大市场、高质量、优标准、强品牌"的发展思路,将各类生态产品纳入品牌范围,探索构建具有江西特色的生态产品标准和认证体系,健全完善品牌培育和保护机制,全力打造"江西绿色生态"区域公用品牌,助推生态产品溢价增值,使江西绿水青山的底色更亮、金山银山的成色更足。

二、具体做法

(一)建立健全组织机制,实现要素保障制度化

一是坚持于法有据。江西省人大 2020 年颁布的《江西省标准化条例》,明确推行"江西绿色生态"标识制度,企业生产或者提供的产品、服务符合"江西绿色生态"标准,通过第三方机构评价后在产品标签或者包装物上使用"江西绿色生态"标志,为品牌建设提供法制保障。二是强化统筹协调。省标准化战略领导小组印发《关于打造"江西绿色生态"区域公用品牌的意见》,加强品牌建设工作调度和协调。设区市政府、省有关部门制定相应实施办法和配套政策措施,形成品牌建设强大合力。专门成立江西绿色生态品牌建设促进会,负责"江西绿色生态"理论研究、标准制定与宣贯、认证与监督、品牌培育与保护、宣传推广等工作,推进品牌建设各项工作落到实处。三是健全建设机制。印发

《"江西绿色生态"标志管理办法》《"江西绿色生态"标准管理办法》，建立"标准+认证"品牌确认模式，构建支撑江西绿色生态品牌建设的组织体系、制度体系、运行体系、评价体系、保障体系。

（二）打造区域公用品牌，实现优势产品品牌化

一是构建品牌标准体系。依托国家技术标准创新基地（江西绿色生态），建立由《"江西绿色生态"品牌评价通用要求》和"江西绿色生态"系列地方标准、团体标准、企业标准组成的认证技术标准体系。目前，已制定发布《江西绿色生态 广昌白莲》《江西绿色生态 赣南脐橙》等27项江西绿色生态团体标准，涉及工业、农业、服务业等多个领域的产品和服务，为"江西绿色生态"品牌认证提供技术保障。二是优化认证评价机制。将"江西绿色生态"认证证书打造成为传递江西绿水青山、市场信任的"通行证"，建立"企业申请+第三方认证+政府监管+社会认同"的品牌认证机制，对符合"江西绿色生态"品牌要求的产品，实行"江西绿色生态"产品认证，形成"产品—品牌—效益"的良性循环。2021年12月召开的"江西绿色生态"品牌建设大会，对已完成品牌认证的江西铜业铜材公司等首批17类产品20家企业进行授证，品牌建设成效明显。三是强化品牌保护机制。一方面，探索开展"江西绿色生态"证明商标的注册与使用法律保护，申请"江西绿色生态"标志版权保护，确保"江西绿色生态"品牌认证的公正性和有效性。另一方面，拉长绿色生态产业链，实现产品在产地环境、种养殖、生产加工、流通、生活、消费等环节全绿色、可溯源，助力全省经济社会发展绿色转型。

（三）实施品牌建设三大行动，实现区域品牌市场化

一是实施品牌培育行动。瞄准江西"2+6+N"等重点和特色产业资

源，以行业龙头骨干企业、专精特新中小企业、现代产业集群为主体，梯次选择一批企业实施"江西绿色生态"品牌企业培育工程。全省共引导江西铜业铜材公司、江西赣茶集团有限公司、江西绿源油脂实业有限公司等60余家企业进行品牌培育工作。二是实施品牌试点行动。选择靖安、上犹、资溪等17个县（市、区）开展"江西绿色生态"品牌试点县建设，确定县（市、区）范围内重点培育产品与服务清单，引导企业开展标准化及认证活动。通过试点建设，带动提升当地产品与服务供给质量，激发绿色生态产品与服务消费需求。三是实施品牌宣传行动。依托江西绿色生态品牌建设促进会，建设江西绿色生态品牌推广服务中心。启动"江西绿色生态产品品牌价值实现及服务平台项目"建设。省财政厅、省市场监督管理局联合印发《关于在江西省政府采购电子卖场开设"江西绿色生态馆"有关事项的通知》，对获得"江西绿色生态"品牌的企业免费开放入驻，展示和销售"江西绿色生态"品牌的产品和服务。通过开通运营"江西绿色生态馆"、第三方电子商务平台，培育推广"江西绿色生态"品牌成功案例，在国内外逐步形成"江西绿色生态"品牌影响力。

三、主要成效

始终坚持江西国家生态文明试验区建设核心目标，充分依托绿色生态这个最大财富、最大优势、最大品牌，通过标准化的支撑引领，推动生态要素向生产要素转变、生态财富向物质财富转变；始终坚持生态优先、绿色发展的理念，制定"江西绿色生态"标准、开展"江西绿色生态"认证、打造"江西绿色生态"品牌、构建"江西绿色生态"产业链，绿色生态已成为江西最大的品牌，在全面构建生态文明标准化体系、生态产品价值实现等方面，走出一条打造美丽中国"江西样板"的新路子。江西"绿色生态技术标准创新机制"作为生态文明标准化建设示范案例，先后列入《国家生态文明试验区改革举措和经验做法推广清单》、全国市场监管改革创新典型案例。

江西省金溪县统筹开展古村落开发与保护

一、总体情况

江西省抚州市金溪县建县于北宋淳化五年（公元994年），是南宋著名的理学家、教育家陆九渊故里，素有"千年古邑、心学圣地、江南书乡、华夏香都、文明之城"之称。金溪境内共有格局完整的古村落128个，其中国家级文物保护单位2个，中国历史文化名镇（村）8个，中国传统村落42个，省级传统村落31个，省级历史文化街区2个，保存明清古建筑11 633栋，被评为江西省历史文化名城，被誉为"一座没有围墙的古村落博物馆"。

金溪县古村落主要有五大特点：一是选址优。金溪古村落充分结合了当地的自然环境与地形地貌，古村与自然环境融合，体现了人与自然的高度和谐。二是种类全。居住建筑、礼制建筑、商业建筑、文教建筑、手工业建筑等不同类型的建筑一应俱全，规制古老，风格古朴。三是建筑精。木架严谨质朴，砖石材料优良，大量砖雕、木雕和石雕等文物和文化遗产精美绝伦。四是保存好。历史建筑集中成片，多数传统村落的村门和围墙都原汁原味遗存。五是沉积厚。几乎每座村落都有"科第世家"等标志性门楼或门楣，彰显历史上临川才子在科举中的优良表现。

二、具体做法

（一）保护先行，守护古村古建的"形与魂"

遵循"活态、原真、延续"的原则，做好传统古建筑的抢救与修缮。一是多方筹集资金。积极争取国家重点文物保护专项补助资金、中国传统村落维护资金、国家传统村落集中连片保护利用示范项目奖补资金、"拯救老屋行动"专项资金等上级资金近4亿元。发动社会资金参与，在"中国文物保护基金会"下设立"金溪县古村古建保护发展专项基金"。整合新农村建设、公路、水利、农业等各项涉农资金，改善古村环境，完善古村基础设施。二是培育专业修缮队伍。成立古村落保护协会，建立古建筑抢救性修复工作机制，组建了30多个传统建筑建造和维修施工队伍，对300余名本地传统建筑工匠进行专业培训，解决修复技术难题。共修缮古建筑650余栋。三是持续优化村庄环境。坚持"村里做减法，村外做加法"，将传统村落纳入新农村建设，开展村庄环境整治，解决"脏、乱"问题。引导外围环境改善，建设两条旅游公路约30公里，提升县道两侧绿化约150公里，改善村庄内外交通道路约30公里，将分散的景点"串珠成链"。

（二）确权流转，明晰古村古建的"权与益"

重点围绕用益物权流转、确权颁证、价值评估和交易做文章，打牢古村古建活化利用坚实基础。一是征收与托管并举，集中收储古村落建筑用益物权。按照"分散进、集中出"的原则，采取征收、托管两种方式，将部分传统村落收储到国有平台公司名下，或针对集体产权古建筑，由古建房屋产权人将使用权托管给村委会，托管期限50～70年，再由旅游投资公司向村委会进行使用权流转，有效破解房屋使用权租赁最长期限20年的难题。目前1 800余栋已签订托管协议，其中23个整村完成托管。二是产权与经营权分置，创新古村古建确权体系。颁发古村古建经营权证书，对托管范围、托管内容、经营期限等内容进行明确界定。组建"生态产品综合交易中心"，与深圳文化产权交易所合作，设立古建民居线下交易分厅，全面打造生态产品价值实现"一站式"平台。三是传承与创新互补，探索古村古建价值评估与交易。将土地及地上古建筑在江西省土地使用权和矿业权网上交易系统公开挂牌，通过市场化运作初步衡量古村古建价值。采取银行自评与专业评估相结合，对个人申请"古村落金融贷"采取"所有权+信用"模式，对国有企业、私营企业采取"经营权+"模式。

（三）机制创新，发挥信贷支持的"水与源"

一是创新推出"古村落金融贷"。分三个层次满足古建筑产权企业、古村落开发保护企业或个人关于生态环境美化融资，保护与利用融资，休闲旅游融资和文化创意融资。二是解决贷款额度过小的难题。创造性地结合贷款主体的信用，推出"古建筑抵押+信用""古建筑抵押+保证""古建筑抵押+其他抵押"等多种模式，有效增加贷款额度。通过拍卖交易的方式，为古建筑价值评估提供参照。2021年"古村落金融贷"贷款余额达10.11亿元。三是解决贷款风险高的难题。金溪县财政安排2 000万元设立生态产品价值实现融资风险补偿金，以缓释生态产品价值实现信贷风险。积极引进第三方担保公司，鼓励保险公司开发"古建筑抵押保险"等。四是解决处置难的问题。为古村古建合法流转提供"一站式"法律服务，增强金融机构服务生态产品价值实现试点工作的信心。

（四）活化利用，展示独具特色的"古与新"

经过不断探索，金溪县在古村活化利用上，经历了从简单"救老屋、整环境"的"1.0版"到"精修老屋、国际合作、专家参与、高校加盟、市场运营、整体打造、精彩呈现"的"4.0版"的演进，古村古建不断焕发出新的生机和活力。2020年4月，在前期探索经验的基础上，立足"世界村"的定位，启动CHCD（文化遗产保护与数字化国际论坛）游垫村"4.0版"一期项目建设。"4.0版"引入系统思维模式，将古村落的所有山水林田湖进行整体流转，并与清华大学、北京大学、武汉大学等多所高校合作，全力打造"戏梦田园、数字古村"，成为远近闻名的文旅胜地。

三、主要成效

金溪县通过古屋的修缮改建和"古村落游"新业态的发展，为村民提供了导游、保安、售货员、绿化员、保洁员、泥瓦匠等就业岗位3 260个。同时，村民通过将土地经营权、苗木经营权、古屋经营权作为出让资产，获得了每亩每年300元至1 000元不等的流转资金收入，部分村民更以此经营起农家乐、农家饭庄，带动了村民返乡创业热潮。2021年，金溪县"古村落游"接待游客175万人次，实现旅游综合收入8.2亿元。

江西省浮梁县"乡创+文化+生态"赋能乡村振兴的创新实践

一、总体情况

江西省景德镇市浮梁县是瓷源茶乡、千年古县，也是国家生态县、国家"绿水青山就是金山银山"实践创新基地。2020年，浮梁县委、县政府深入分析县域经济社会发展资源要素优势和短板弱项，锚定人才振兴这个切入口和"牛鼻子"，创建乡创特派员制度，以乡创特派员的人才导入为抓手，以激活乡土文化和特色自然资源为切口，以文创、文旅、科创等跨界融合推进在地产业振兴为落脚点，实现在地产业转型升级。乡创特派员制度坚持"双向选择"原则，面向全国广发"英雄帖"，在自愿报名、精心遴选的基础上，根据各乡（镇）行政村需求，通过组织选派到村服务。乡创特派员作为乡村"首席运营官"，与村级党组织负责人形成"双轮驱动"，创新乡村经济发展模式，共创浮梁绿色发展新路径。

二、具体做法

（一）强化顶层设计

一是建立健全制度。制定并印发《关于创建乡创特派员制度的实施方案（试行）》《浮梁县乡创特派员管理暂行办法》《关于进一步推动乡创特派员制度实施的十条措施》等文件，确立乡创特派员基本职责、日常管理、考核办法等基本内容，定期召开乡创推进会，及时调度解决乡创工作中的难点堵点问题，从制度层面上为乡创工作提供坚强保障。二是构建组织体系。成立县创建乡创特派员制度工作领导小组，县委副书记任组长，组织、发展改革委、财政等部门为成员单位，办公室设在县委组织部。各乡（镇）、行政村相应成立领导小组，构成三级联动、部门协同的组织体系。三是发挥考核指挥棒作用。将落实和推进乡创特派员制度纳入对相关县直单位和乡镇党委、政府的高质量发展考核体系和基层党建述职评议中，切实提高各相关单位对乡创工作的重视程度和积极性，破解单个部门"单打独斗"的难题，形成动真过硬的工作推进机制。

（二）搭建孵化平台

一是建立乡创学院。携手清华大学文化创意发展研究院，导入一批文化创意高端人才，打造乡创人才培育孵化平台，定期组织乡创特派员参加岗前培训和年度培训，适时培训乡（镇）村两级干部、新农人、乡村创客等，提升对乡创理念的认知，汇聚更多乡创力量，为乡创实践赋能。二是创设乡创联盟。浮梁乡创学院聘请国内顶级文创专家43名，作为学院导师团队，开发涵盖5个领域60门乡创课程，成功签约乡创"云课堂"，并组织论坛、讲座、沙龙等线下活动20余次。浮梁乡创学院和乡创联盟广泛联合各界个人和机构积极参与乡创实践，共招募成员152个，其中个人106名、机构46个。将达到要求的浮梁乡创联盟成员遴选为乡创特派员，截至2022年6月底，共确定37名乡创特派员。三是开展乡创活动。先后举办浮梁乡创节、浮梁乡创工作营、"浮梁红·守千年"、浮梁乡创大赛、乡创成果展等一系列乡创活动，促进乡创特派员之间理念碰撞交流与提升，扩大浮梁乡创知名度和品牌效应，同时也吸纳更多产业人士、艺术家、返乡入乡创业者等群体。

（三）筑牢保障基石

乡创特派员在浮梁工作期间，享受有关人才政策，由县一级统一为其提供人身安全保险和年度体检，积极鼓励申报市级专业技术拔尖人才，增加乡创特派员的浮梁归属感以及身份荣誉感。对乡创特派员领办的企业以及乡创特派员团队推动的创新创业项目，给予授牌，增强乡创特派员身份官方认同度，增进村民对乡创工作的支持与信任。建立乡创特派员与乡镇党委书记"一对一"联系、列席村"两委"会议机制，确保乡创特派员对乡村重大项目的知情权和建议权。统筹推进县农、林、水、规划、文旅、城管等部门对乡创项目立项审核和建设过程中的服务、指导和监督，确保特派员不踩红线，合规合法地启动实施项目。

（四）创新项目模式

浮梁县乡创特派员是致力于实践创新、业态创新、项目创新的乡村绿色发展先锋队，乡村特派员除了拥有先进的发展理念、经营理念，也需要同时带入好思路、好项目。乡创学院和乡创联盟确定乡创项目基本原则，通过组织乡创论坛、乡创学堂、乡创工作营等形式，对乡创特派员前期项目进行讨论评估、初定项目进行研究指导。目前，"创意+艺术+村落""创意+瓷茶文化+民宿""创意+红色文化+研学体验"等12个乡创项目已落地实施，各具特色，各美其美。"艺术在浮梁"项目以现代艺术赋能乡村振兴，成为"乡创+文化+生态"的区域性乡村艺术项目样板。创意团队依托茶山环抱、农舍错落有致的村庄小环境，巧妙利用村里闲置民房、废弃仓库、荒废空地和茶山创作数十件室外室内艺术作品，构建了一座没有屋顶的美术馆，实现文化与乡村的多维链接。

三、主要成效

（一）模式创新转化为发展引擎

乡创特派员的引入和创新创意项目的落地，唤醒了浮梁乡村"沉睡"的资源，盘活了"空心村""留守村"的闲置资产，创造了适合山区农村绿色发展的新业态、新模式、新产业。目前落地实施的十多个乡创项目，均采用"小投入、轻建设、软打造"的方式，有效利用自然资源和闲置资产，以现代文化艺术创意和经营理念，点石成金，活化在地特色文化，整合提升村庄品质，植入适合当代人休闲体验的新业态，打通补齐农村农业供应链产业链，放大了乡村资源资产经济、社会、生态综合效益，成为乡村集体经济和农民增收的新引擎、新希望。锦泰红色文化研学项目利用原有闲置资产，植入百年党史教育、浮梁红色历史文化业态，实现当年落地项目、当年开放经营的快速度，前来接受红色教育的干部群众以及研学体验的学生团队络绎不绝。"艺术在浮梁"项目与庄湾乡寒溪村共同成立了浮梁县十八方文旅发展有限公司，2021年该村集体经济增收20万元，村民人均增收5 000元。

（二）外脑外智激发内生发展动力

乡创特派员制度的创新实践吸引了更多企业家、艺术家、设计师、科技工作者、社会工作者钟情浮梁、支持浮梁，助力浮梁乡村振兴建设队伍。乡创学院课程及相关讲座、沙龙、考察、实践活动，提升了干部群众对乡创理念的认知，对乡创工作方法和乡创项目实施的把握。乡创特派员扎根基层一线，与乡村干部"面对面说、实打实干"，进一步启发了乡村干部群众思维，开阔了创新发展的视野，提升了创新创业的内生动力和能力，一批农旅融合项目、文创项目落户浮梁乡镇、村落，日渐绘就"一村一景点、一乡一画面、一路一风景"的美丽画卷。

（三）"两山"双向转化共享发展成果

"乡创+文化+生态"模式在浮梁乡村的实践，催生了浮梁依靠文化创新、科技创新、模式创新推动"两山"转化创新区、全域旅游示范区建设热潮。2021年，中国农业科学院茶叶研究所深度参与"浮梁茶"整体提质增效项目合作，浮梁茶叶实现了总产11 500吨、综合产值17亿元的新跨越，在"2021中国茶叶区域公用品牌价值评估"中，估价28.23亿元，比上年提高1.69亿元。2022年，与江西省中医药研究院建立合作关系，规模化发展林药、林茶、林菜、林菌等林下经济，把百万亩森林变成"摇钱树"。对标对表国家全域旅游示范县创建，启动东河流域乡村振兴示范区（文旅融合）项目建设，加快构建"一核两轴三集群"旅游产业格局，连续5年被评为全省旅游产业发展先进县。

江西省宜春市助推"生态+大健康"产业发展

一、总体情况

江西省宜春市作为国家健康城市和江西省"生态+大健康"产业发展的"双试点"城市,立足于优良的自然环境以及独有的中医药产业、禅宗、养生文化和富硒资源等生态优势,提出了"生态+大健康"发展理念,大力实施绿水青山宜居环境提升工程、"中国药都"振兴工程、新经济新模式示范工程、大健康特色小镇工程、养生文化品牌示范工程"五大工程",基本构建起"药、医、游、食、养、管"六位一体的"生态+大健康"现代产业体系。2019年荣获"2019中国改革年度优秀案例"奖,2020年被国家发展改革委列入首批《国家生态文明试验区改革举措和经验做法推广清单》。截至2021年,14家基地获得省级森林康养基地称号,其中宜春市宜丰县获得"全国森林康养基地试点县"称号,汤里文化旅游度假区入选《中国度假休闲旅游发展示范案例精编》。

二、具体做法

(一)高位推进,全面统筹宣传工作

成立"生态+大健康"产业发展工作领导小组,下设健康制造业、医疗服务、健康旅游等6个专项工作组,统筹协调推进产业发展工作。通过组织召开联席会议、实地开展调研、调度总结通报等多种方式,

凝聚发展合力。出版《"两山理念"推动经济转型升级：宜春市"生态+大健康"产业战略规划研究》一书，界定了"生态+大健康"产业概念和基本属性，对产业优势及面临的竞争环境等进行了系统研究。

（二）规划引导，构建健康产业体系

高标准编制产业发展规划，构建"一核两区"产业空间布局，"一核"为医疗健康养生区，主要包括袁州区、宜春经济技术开发区、宜阳新区、明月山温泉风景名胜区；"两区"为南部医药健康食品集聚区和北部生态休闲康养区。结合"五大工程"，基本构建"药、医、游、食、养、管"六位一体的新型产业模式，培育壮大以富硒、有机为重点的现代农业体系，以医药工业、食品工业为重点的先进制造业体系和以医疗服务、康养旅游等为重点的现代服务业体系。

（三）创新驱动，增强产业发展后劲

有效整合行业产、学、研各方资源，与中国科学院、南京大学、江西农业大学等组建江西富硒产业创新联盟，樟树市与江西中医药大学共建中国药都中医药产业研究院，成立中医药产业创新联盟。积极打造"跨部门、全链条、开放型"的合作平台，成立了富硒产业院士工作站，制定省级硒地方标准8项，参与制定国家行业标准1项。在医药制造领域，全市拥有省级及以上医药类科研机构38个。

（四）政策支撑，优化产业发展环境

相继出台鼓励发展中医药、富硒产业、绿色食品、养老服务业、健康旅游产业、健康城市创建、健康医疗等相关政策，充分发挥财政专项资金引导、示范、带动作用。制定宜春市《关于推进医疗卫生与养老服务融合发展的实施方案》《宜春市"生态+大健康"产业发展综合评价考核办法》等系列方案，支持县（市、区）中医医院建设中医药养生示范基地，探索设立中医医疗机构和养老机构之间的就诊绿色通道。强化用地规划、指标落实、项目供给对接，全力保障"生态+大健康"产业发展土地需求。

三、主要成效

（一）大健康产业体量快速增长

截至2021年底，全市中药材种植面积达150万亩，建成富硒产品基地150万亩，绿色有机认证面积达452.3万亩。全市富硒产业综合产值从2018年的95亿元发展到2021年的740亿元。规模以上健康制造业营收超过591.4亿元，同比增长24.7%。实现旅游综合收入1 152.8亿元，同比增长13.3%，共接待游客1.2亿人次，同比增长11.7%，连续多年获"全省旅游产业发展先进设区市"。

（二）大健康品牌如雨后春笋

自试点工作开展以来，全市已注册富硒农产品商标260个，荣获"世界硒养之都"称号，入选全国硒资源变硒产业十佳地区，成为全国第二个获批全国富硒农业示范基地的设区市。全市有国家4A级及以上旅游景区22家，国家级旅游品牌4个，省级旅游品牌46个，其中，全域旅游示范区、旅游强县等地方区域类品牌6个，景区、乡村旅游点、旅游度假区等观光休闲度假类品牌20个，文化产业示范基地、融合发展示范区等产业集群基地类品牌19个，夜间文旅消费集聚区、旅游休闲街区等文旅消费场景类品牌5个。拥有国家一类新药2个，国家中药保护品种25个、全国独家品种54个，医药类中国驰名商标10件，江西省名牌产品12个。2020年10月，在樟树市举办的第51届全国药材药品交易会，共吸引来自全国各地的参会、参展医药厂商8 600多家，参展品种超2.7万个，共有医药专业代表等10万多人次参会，成交额达201.6亿元。

（三）大健康产业惠民效应逐步扩大

中医服务能力不断提升，二级及以上中医院全面实施了"治未病"健康工程，基层中医药综合服务区覆盖率达98.4%。医养设施逐渐完善，积极推动二级医院与养老机构建立合作关系。截至2021年底，全市建成"党建+乐龄中心（幸福食堂）"1 712个，惠及老年人5万余人。以健康产业助推脱贫攻坚，如樟树市的江西梦达实业有限公司探索建立三方共赢"415"模式被《人民日报》报道肯定；铜鼓"公司+合作社+农户"中药材种植合作模式和乡村旅游等隐形富民工程，有效地增加了部分农民收入。

（四）大健康产业反哺生态环境质量提升

2021年，全市森林覆盖率57.12%，比2015年提升2.12%；中心城区$PM_{2.5}$浓度31微克/立方米，较2015年下降24.4%，稳定达到国家二级标准；优良天数比率为96.7%，位列全省第二，各县市区环境空气质量全部达到国家二级标准；全市32个国考、省控、县界河流断面和16个县级及以上集中式饮用水水源地水质达标率为100%，全市V类及劣V类水体全部消除。

江西省新余市打造区域沼气
生态循环农业模式

一、总体情况

针对畜禽规模养殖粪污等农业废弃物治理难题，江西省新余市因地制宜推进第三方专业化处理，以"养殖废弃物处理—产生沼气供燃气和发电—产生沼渣沼液供有机肥生产—有机肥施用于绿色农产品基地"为核心，推广区域沼气生态循环农业发展模式，实现了生态效应与经济效应的双赢。

二、具体做法

（一）构建N2N生态循环农业模式

整合产业链上游"N"个规模畜禽养殖企业的粪污资源以及下游"N"个种植企业的秸秆等农作物废弃物，建设农业废弃物集中全量规模化沼气处理工程，实现沼肥全量储存，建立沼气集中供气、沼气全量发电上网系统，通过"农业废弃物无害化处理中心"和"农业有机肥生产中心"2个核心平台，向产业链下游"N"个种植业生产经营组织提供商品有机肥，从而打造"N2N"生态循环农业模式，减少化肥和农药的使用，推动养殖和种植各产业链的无缝衔接，形成区域性的绿色生态循环农业。

（二）坚持"市场运作、企业主导"

推行市场化运作，引入第三方治理企业，将农业废弃物资源化利用，发展沼气、有机肥、并网发电等相关产业。新余市引进江西正合环保工程有限公司（以下简称正合公司）开展投资、建设和运营，构建畜禽粪污全量化收储运体系，建设罗坊镇大型沼气集中供气项目和南英垦殖场规模化沼气发电项目、鹄山镇畜禽粪污资源化利用整区推进项目。同时打造千亩绿色生态水稻种植示范基地，通过集成示范绿色生态种植技术，创建绿色生态品牌，提高绿色农产品的附加值。

（三）加强制度建设、政策引导和监管

出台《新余市畜禽养殖污染防治条例》，制定《新余市沼液安全农用规范》，鼓励支持下游农业企业、农户建设沼液贮存设施。设立专项政策引导资金，引导社会资本支持现代生态循环农业发展。积极建立畜禽排泄物资源化利用、商品有机肥推广应用、耕地质量提升"三位一体"利用机制，构建畜禽粪污、病死猪收储运体系和沼液消纳体系。探索监管新模式，实施生猪养殖场线上线下"双监管"等。

三、主要成效

（一）生态效益优

将县域范围内60万头生猪产生的粪污及全市范围的病死猪进行集中无害化处理和资源化利用，年可处理养殖粪污60万吨、农林有机废弃物5万吨、病死猪20万头，年产沼气750万方、固态有机肥3万吨、液态有机肥58万吨，可供应10万亩农田有机肥使用需求，每年减少化

肥使用量1万吨、化学需氧量和氨氮排放量上万吨，累计减少碳排放3万多吨，有效遏制农业面源污染，改良农村土壤环境，实现美丽乡村蝶变。

（二）经济效益高

通过供气、发电、病死猪处理、有机肥销售等生产经营活动，沼气供气和发电项目可实现年收入近6 300万元、利润近900万元。生猪养殖企业进行生态化改造后，仅需付10元/吨的畜禽粪污第三方处理费用，既节省环保设施投入和运行费用，又降低病死猪和废弃物收集处理成本。有机肥施用可确保农作物稳产高产、提高农产品品质及经济效益。

（三）社会效益好

全面改善当地农村环境面貌和居民生活质量，提高村民和种养殖企业的生态环保意识，促进社会和谐。推动有机肥替代化肥、沼液肥高质利用、农田土壤环境修复和农业技术推广，推动养殖业、种植业生态化发展。当地农业资源的利用率显著提高，促进资源综合利用和农村经济社会可持续发展。

江西省靖安县"一产利用生态、二产服从生态、三产保护生态"的创新实践

一、总体情况

江西省宜春市靖安县地处赣西北潦水之源，九岭之巅，总面积1 377平方公里，人口16万，是大南昌都市圈"后花园"和最美"绿心"。多年来，靖安县始终以习近平生态文明思想为引领，探索创新智慧河长、树保姆、城乡垃圾处理一体化、森林可持续经营、街巷长制等生态管护制度，守住"绿水青山"，探索以大健康为首位产业的生态产品价值实现路径，着力打通"两山"双向转化通道，逐步形成"一产利用生态、二产服从生态、三产保护生态"的发展新模式，全面唱响"有一种生活叫靖安"的品牌，走出了一条生态与经济"共赢"、人与自然和谐发展的新路子，为南方丘陵地区生态好但经济欠发达的地区提供了典型经验。

二、具体做法

（一）一产利用生态，做优生态精品农业

抓好全域有机，重点打造了12个有机农业示范村，已有90种农产品获得"三品"认证，89种农产品获得绿色有机论证；靖安白茶连续三年入选"江西农产品二十大区域公用品牌"，4个企业产品品牌入选"赣鄱正品"认证品牌。实施全域水库"人放天养"，倾力打造中国娃娃鱼之乡；发挥靖安林下资源丰富的优势，建设了青钱柳、黄精等优

125

质特色中药材种植基地，发展富硒茶叶、富硒大米等富硒产业。推进农业和旅游业融合，引进了集休闲体验、观光娱乐于一体的田园综合体、采摘园，发展农业观光研学游，实现了有机农业与休闲农业、乡村旅游业的互动发展。靖安县休闲农业获得长足进步，建有全国美丽休闲乡村1个、省级休闲农业示范点7家、省级美丽休闲乡村2个、省级田园综合体2家。

（二）二产服从生态，做大生态绿色工业

大力培育战略性新兴产业，重点围绕"3+1"产业，即以绿色医药、健康食品、医疗器械等为重点的大健康产业，以硬质合金为特色的高端装备制造产业，以绿色照明为代表的电子信息产业+软件开发、大数据等新动能产业，高标准做好工业园区发展规划，建设大健康产业园、新动能产业园以提升产业服务功能。制定环保和产业准入负面清单，关停并转资源型粗加工企业200余家，拒绝投资近百亿元的"两高一低"污染企业61个，实现了没有冒黑烟的烟囱、没有污水、没有工厂刺鼻气味、没有易燃易爆物品、没有淘汰落后产能等"五个没有"。

（三）三产保护生态，做强生态全域旅游

以全国全域旅游示范县和国家5A级旅游景区创建为抓手，抓龙头景区，升级改造虎啸峡、观音岩景区。抓康体养生产业集群，引进建设中医养生、健康职业学院、康复医院、老年病医院、中医文化、药膳街等为一体的医疗健康养生基地，年接待游客超千万人次，实现了产业美、工程美、景区美。

三、主要成效

（一）生态环境质量不断提高

靖安县森林覆盖率保持84.1%，野生动植物种群数超过江西全省种群数量50%；集镇生活污水处理率达90%以上，出县交界断面水质达到二类标准，景区内水质达到一类标准；空气质量优良，县城$PM_{2.5}$下降到17微克/立方米，优良天数比率98.0%；景区空气质量常年优于国家一级标准，空气负氧离子含量最高达到10万个/立方厘米。

（二）生态经济实力不断增强

近几年，靖安县地区生产总值、财政总收入、固定资产投资始终保持两位数增长。三产比重优化为11.68：38.08：50.24。2021年，全县实现旅游总收入89.09亿元，占GDP比重35%，综合贡献率60.5%。旅游对就业、固定资产投资、农民增收的综合贡献率分别达到25.6%、26.8%、43.4%，旅游业实现了从单纯的"直接效益"到更广的"综合效益"的蝶变。连续六年获得江西省高质量、科学发展综合考核先进县。

（三）人民幸福指数不断提升

通过"生态+产业"发展模式，实现村民就近就业创业、增收致富，靖安县通过旅游带动农民就业、创业7 000余人。全县共有750多家民宿，接待床位3万多张，80%行政村有旅游接待设施，每年夏天一房难求，户均年收入达16万元以上。2021年，全县接待游客1 199.48

万人次，其中省外游客比例达45%，连续举办了7届环鄱阳湖自行车赛、5届宝峰孝文化庙会、42期宝峰讲堂，举办了国际山地自行车精英赛、国际划骑跑铁人三项挑战赛等国际大赛。

江西省大余县全力打造"点绿成金"的丫山模式

一、基本情况

丫山旅游度假区位于江西省赣州市大余县黄龙镇大龙村,占地3万余亩,因最高峰双秀峰呈"丫"字形而得名,是一个典型的山区小村落。近年来,丫山围绕产业生态化和生态产业化的思路,注重"生态+"融合,推动生态要素向生产要素、生态财富向物质财富转变,积极培育乡村旅游发展新业态,全力打造"点绿成金"的丫山模式。

二、具体做法

（一）以农村集体产权制度改革为突破口,探索"三变三金"富民新机制

一是推进"三步流转",激活土地资源。第一步,明晰农村土地、农民宅基地、林地等集体资源权利归属。第二步,大力开展农村集体资产股份权能改革,除村集体股权预留10%外,其余平均折股量化到村民。第三步,将盘活土地进行集中统筹利用,比如,统一拆除危旧空心房等由公司统一建设和创意开发。

二是发展"三次产业",实现资源创收。首先发展特色农业,丫山所有蔬果、禽畜等有机食材均自耕自种自养、自给自足。其次发展生态加工业,建设农产品加工中心,构建物流供应、营销渠道等配套体系。其中,自主研发以竹木加工尾料为原料加工生产木塑,使用寿命

达20年，累计节约木材1.2万余吨。最后发展现代服务业，打造了八大主题度假酒店、会务活动中心、运动休闲康养服务等现代服务业特色产业。

三是构建"三级受益"模式，释放改革红利。第一级受益模式是景区务工得薪金，累计提供了600多个固定岗位，人均年收入可达3.5万元以上。第二级受益模式是农资流转得租金，企业与村民签订租赁合同，农户可得每年每亩600～900元不等的土地、林地租金。第三级受益模式是投资入股得分红，比如，哆淇乐休闲吧，由54名村民和员工众筹而成，年底分红人均超过3 000元。

（二）以多元"生态+"为引领，培育"三产三生"融合发展新业态

一是"生态+文化"。充分挖掘深厚历史文化元素，精心打造了书画音乐艺术、播音主持、山地运动、全方位研学等六大文化基地。比如，复建千年国学圣殿道源书院，广邀名师大家布馆授业。丫山成为"首批江西自然教育学校（基地）"，并被授予"中国井冈山干部学院社会实践点"。

二是"生态+运动"。打造了一批运动休闲基地，形成了五大类39种特色运动休闲产业集群项目。比如，建设了森林拓展训练、房车营地等探险拓展基地。近3年共举办国际山地马拉松大赛等31类300余次运动赛事。

三是"生态+康养"。建设了20多个康养项目，推出50多项健康疗养方式，构建了康复疗养、健康管理、旅居养老、"候鸟"养老等完整康养业态。比如，在森林中建设了瑜伽馆、有氧健身操场地。丫山先后荣获"国家居家养老示范基地""国家森林康养基地"等称号。

四是"生态+度假"。突出丫山生态美、人文美，打造清新、健康、舒适的度假生活方式。比如，在海拔200～400米地区打造了集多种元

素于一体的乡村休闲区；在海拔400～600米地区营建了森林康养区，配套建设了A哆森林、森趣长廊等项目；在海拔600～800米地区打造了山地度假区，配套建设了直升机坪、森林越野游等项目。

（三）以经营管理创新为动力，构建共建共赢共享全域发展新格局

一是创新运营管理机制。以大余章源生态旅游有限公司为度假区经营管理主体，先后引进浙江人文园林股份有限公司等国内顶尖规划设计施工团队参与丫山小镇建设。各经营主体发挥自身优势，不断汇入产业资本要素，形成了产权明晰、符合市场规律、具备可持续特征的特色小镇商业运营模式，实现了社会资本进得来、留得住、能受益。

二是创新政策扶持机制。大余县相继出台《大余丫山片区特色小镇建设工作方案》等政策文件，在资金、用地、道路基础设施等方面支持度假区建设。如林业方面，共办理了134.7亩的使用林地指标。

三是创新群众共建机制。积极招揽本土人才和各方英才，鼓励、引导、扶持他们参与景区的开发建设和运营。比如，组建十八罗汉才艺队，打造了草木惠花艺队、花木兰越野队等近20个学习型、创收型人才"自造"团队平台，其中由50余名本村村民组成的丫可喜演艺团，每周末晚定期公演，已成为丫山夜游的首选节目。

三、主要成效

丫山独辟蹊径，巧妙利用优势资源创造更高的生态效益和商业价值，成为践行绿水青山就是金山银山理念的鲜活典范。

一是景区建设质量大提升。丫山从一个资源优势并不出众的普通景区变身为国家4A级景区、江西省首个5A级乡村旅游点、中国美丽休闲乡村、中国乡村旅游创客示范基地，入选全国首批运动休闲特色

小镇试点项目名单。

二是产业发展大融合。丫山开辟了 1 200 余亩的六大生态林农基地，除盐和酱油外，丫山所有食材均可自给自足。还成熟配套了自然教育课堂、生态景观餐厅及生态食品加工厂等，实现了一二三产业的融合发展，成为享誉全国的乡村度假胜地、运动休闲旺地、森林康养福地与红培研学热地。

三是村级集体经济收入快增长。黄龙镇大龙村采取市场化思维，整合破碎化生态资源，以"风景"折价入股丫山旅游度假区搞旅游增收，村集体经营性收入从23.6万元增加到150万元，个人分红从每年100元增加到1 000元。

江西省抚州市东乡区推行
"畜禽智能洁养贷"

一、总体情况

江西省抚州市东乡区是传统的生猪养殖大区，共有9个省一级种猪场和24个二级扩繁场，已在全区范围内划定生猪禁养区、限养区、可养区，可养区养殖规模容量为200万头。目前，年均生猪出栏量120万头左右，每年能够带来约20亿元销售收入。生猪养殖产业在促进当地经济发展的同时，对生态环境造成的压力也日益突出，生猪养殖成为畜禽粪污最大来源。随着污染防治攻坚战打响以及抚州市成为生态产品价值实现机制试点，如何全力解决生猪养殖的污染问题，加快推进畜禽养殖废弃物资源化利用，推动生猪产业高质量发展，成为摆在当地政府面前的必答题。东乡农村商业银行围绕"智能"和"洁养"两个关键词开展探索与调研。2019年3月创新推出了"畜禽智能洁养贷"，解决了政府部门监管、养殖企业生产管理、银行贷后管理三方难题，开创了集智能管理、清洁养殖、风险防控于一体的全新模式。

二、具体做法

（一）市场定位

"畜禽智能洁养贷"是农村商业银行面向取得生猪养殖许可的养殖大户、养殖农民合作社、生猪养殖产业化龙头企业等生猪养殖经营主体，以互联网智能养殖管理平台为管理依托，创新养殖企业（户）经营权抵押方式，向养殖企业（户）发放养殖废弃物资源化利用专项贷款，贷款为"洁养"工程实施提供所需资金。

（二）运作模式

借鉴"不动产登记证""专利权证"等模式，由畜禽养殖监督管理部门将养殖户的《立项备案书》《环评合格报告》《动物防疫条件合格证》三证合一，创新推出"养殖经营权"，并颁发《养殖经营权证》。养殖户通过将《养殖经营权证》在监管部门（区畜牧水产局）抵押登记的方式到银行申请贷款。"养殖经营权"为养殖经营者提供了包含资产总量、生产功能要素齐全、合规化生产的"流动性"安排，能同时解决监管部门监管难、养殖户抵质押难、银行贷款风险大的问题，开创了金融支持畜禽养殖废弃物资源化利用工作新模式。

（三）风险控制

为实现"智能"和"洁养"有机融合目标，在区委、区政府的牵头下，东乡农村商业银行与北京农信互联科技集团有限公司合作，充分结合该行资金成本、支付渠道、行内风控、营业网点等金融优势与农信互联大数据智能风控、新型"银保合作"、资金使用方向、贷后经营监控、贷款到期回收等金融科技优势，共同打造区内生猪养殖智能网络平台。贷款养殖企业（户）通过安装农村商业银行互联网智能养殖管理平台，实时接受该行网络线上贷后检查与监督，以科技优势提高生猪养殖线上管理和信贷风险防范能力，兼顾信贷精准投放、上下游信息共享。

三、主要成效

2021年，东乡农村商业银行已成功为22家生猪养殖企业发放贷款余额6 349万元，贷款利率执行人民银行LPR利率，每年可为养殖户节约融资成本30%。"畜禽智能洁养贷"的推出，为生猪养殖企业"非瘟"疫情后向智能化养殖、精细化管理转型提供资金支持，有效解决了生猪养殖企业复产融资难题，切实有利于解决畜禽养殖污染问题。

贵州省多措并举推动林下经济发展

一、总体情况

贵州省高度重视林下经济发展，将林下经济作为践行"两山"理念、守好"两条底线"的具体实践，将发展林下经济纳入《贵州省国民经济和社会发展第十四个五年规划和二〇三五年远景目标纲要》，印发《中共贵州省委 贵州省人民政府关于加快推进林下经济高质量发展的意见》，在产业布局、生产经营、科技服务、基础支撑、政策保障等方面上进行了改革创新，紧紧围绕"扩规模、优品种、调结构、提质量、强品牌、拓市场"思路，掀起了林下经济高质量发展大热潮。

二、具体做法

（一）生产经营稳步提升

重点围绕培育市场主体、打造示范基地、强化产销对接等方面，全力推进林下经济生产经营工作。一是积极培育市场主体。引进林下经济产业链项目72个，投资总额57亿元。二是加快特色品牌建设。累计建设特色品牌371个，其中注册贵州林产品商标357件，注册地理标志14个。三是启动食用农林产品追溯平台。纳入林下经济市场主体信用信息4 786万条，完成食用林产品及产地土壤质量安全检测808批次。四是强化农产品产销对接。组织31个县区、49家企业参与农林产品"七进"，供应产品近4万吨。推进农林产品销往福建、海南、浙江、河北、江苏等地部队，新建军营超市专区（专柜）27个。2021年全省供销系统实现农林产品电子商务销售额37亿元。

（二）科技支撑保障有力

一是收集特色植物资源。收集特色蜜源植物20余种，挖掘夏季蜜源植物2种；选育认定省级中药材新品种"贵及1号""贵斛1号"；收集兰科、秋海棠科、苦苣苔科等适合林下种植的种质资源80余份。二是支持林下经济农机发展。将微耕机、枝条切碎机、干坚果脱壳机、养蜂平台等小型轻简林下经济农机纳入补贴范围。将"履带式高低可调多功能平台"等适合林下经济的生产技术装备纳入《丘陵山区机械化生产技术装备需求目录》。三是重视技术指导培训。出版《贵州林下生态种养模式与技术》专著，编写《贵州省高质量发展林下经济林地利用指南（试行）》《贵州省特色林业产业和林下经济技术手册》《贵州省林下经济作物病虫害防治用药指南》等培训资料10余种，举办技术培训班15期。获批省级地方标准《中华蜜蜂病虫害防控技术规程》，申请专利《一种蓝莓蜜的产地溯源和鉴别方法》。四是积极发展相关专业。支持省内高校建设林下经济相关本科专业32个；依托国家"三区"人才支持计划，选派100余名相关领域科技特派员到基层开展技术服务；通过贵州省"十百千"科技人才计划，培养30余名中青年林下经济科技人才。

（三）基础支撑持续改善

一是加快完善林区基础设施建设。积极开展林下经济重点县产业道路等基础设施、林区蓄水灌溉等小型水利水土保持设施、林区5G基站、林下经济及配套基础设施、农林产品冷链综合体系等项目建设。二是强化重大项目审批监督。按季调度24个林下经济类全省重大项目环评审批办理情况。开展"绿盾"自然保护地强化监督，省级复核自然保护地有关问题（线索）1 161个，未发现在自然保护地核心保护区发展林下种养等现象。

（四）政策保障齐头并进

一是加强资源管理、土地流转等政策保障。指导各地做好林下产品采集加工、物流、批发、集散、仓储、景观利用等生产经营活动用地报批，合计供应土地3 000余亩。二是开展林权规范化地籍调查。打通林地林木权利从法律层面到地籍调查和登记层面的路径，保障经营权人合法权益。三是加强财税金融政策保障。下达省级林业改革发展资金1.06亿元。全省70个国家储备林授信项目中有6.3亿元用于配套开展林下种养。积极开办价格指数保险、收入保险等新型险种支持林下经济产业发展。四是建立利益联结机制。指导各地通过订单农业、吸纳就业、反租倒包等方式建立紧密的利益联结关系。

（五）组织领导强力推进

一是成立省林下经济工作专班。制定决策议事、统筹调度等工作运行机制，指导9个市（州）全部成立了林下经济工作领导小组，建立上下联动机制。二是强化林下经济的规划建设指引。编制《贵州省林下经济"十四五"发展规划》，指导各地因地制宜编制林下经济发展规划；建立全省林下经济项目储备库，涵盖项目577个，总投资178亿元。三是广泛宣传林下经济成果。通过生态文明贵阳国际论坛、"今朝更好看"大型融媒体直播系列活动等平台，推出"念好山字经 做活林文章"系列报道。创新省级主要媒体与商业平台跨屏联动方式，推介9个市（州）森林旅游、民宿及林下经济农特产品。立足央视"品牌强国工程——乡村振兴行动"公益广告平台，推出林下经济农特产品广告宣传片，强化"贵"系列林下产品公共品牌。四是出台《市县加快推进林下经济高质量发展工作考核实施方案》。制定考核指标、考核方式、效益评价等，纳入2021年度市县推动高质量发展"巩固拓展脱贫攻坚成果和乡村振兴实绩评价指数"考核。

三、主要成效

贵州省林下经济经营和利用林地面积从2018年的1 814万亩增长到2021年的2 800万亩，增长率为54%，占全国的比重为4.7%；产值从2018年的161亿元增长到2021年的560亿元，增长率为248%，占全国的比重为6.2%；平均亩产值从2018年的887元增长到2021年的2 000元，增长率为125%。2021年全省林下经济实施主体1.75万个，带动302.8万农村人口增收。黔东南州、兴仁市、锦屏县3个地区的发展实绩入选全国林下经济发展典型案例。8个林下经济示范基地荣获"国家级林下经济示范基地"称号，全省共有国家级林下经济示范基地30个，占全国的比重为5.7%。

贵州省环境污染强制责任保险试点的
实践与创新

一、总体情况

贵州省将发展绿色金融作为生态文明建设的重要内容，着力发挥绿色金融引导作用，助推经济社会高质量发展。2017年12月，原贵州省环境保护厅和原中国保监会贵州监管局联合印发《贵州省关于开展环境污染强制责任保险试点工作方案》，按照"积极稳妥、合法有序、政府推动、市场运作、规范经营、严格监管、风险可控"的总体要求，以降低企业环境风险为目的，开始探索推动环境污染强制责任保险制度改革，创新建立"五个统一"的贵州模式。截至2022年12月底，全省共有337家企业投保环境污染责任保险，为企业提供1.71亿元风险保障。保险经纪公司和"共保体"累计完成280家企业环境风险评估，完成瓮福化工等109家高风险重点企业的现场隐患排查，帮助企业提出整改建议120余条，并对全省1 500余家环境高风险企业及危废企业开展环境污染责任保险宣导服务，提高了企业的保险服务获得感。

二、具体做法

（一）优化保险产品，统一保险条款

为解决以往商业保险条款设置不合理、保险保障范围过窄、索赔门槛高等问题，结合我国生态环境损害赔偿制度的进展，贵州试点研究制定了《环境污染责任保险条款》，积极开发绿色金融产品，将第三

者人身和财产损害、生态环境损害、应急处置与清污费用以及法律费用等5个方面纳入保险保障范围。其特点主要是将生态环境损害赔偿责任纳入承保责任范围，提供了社会化的财务保障；承保责任不受投保企业厂区范围限制，只要是由投保企业导致的生态环境损害，均在承保责任范围内；承保保险合同到期后三年内的损害赔偿请求，充分考虑了生态损害发生的滞后性与长尾特点，最大限度维护了受害人的索赔利益；对除外责任进行了大幅缩减，并明确了索赔的前提和时间。

（二）建立风险识别体系，统一风险评估方式

为解决以往商业保险费率的确定与环境风险等级脱钩问题，贵州试点将环境污染责任保险与环境保护相关标准进行结合。制定发布《环境污染责任保险风险评估指南（试行）》，明确了环境污染责任风险的评估程序、指标体系。企业和保险公司通过保前环境风险评估，测算企业应承担的保险费，使投保企业心中有本明白账，同时也确保保险项目具有盈利性，提高项目可持续性。

（三）提高保险赔付率，统一责任限额及费率

贵州试点并未沿用行业协会条款中过细的责任限额分类方式，按照企业环境风险评估等级，将投保企业责任限额与费率分为五级：最高责任限额1 000万元，对应费率3.9%，企业最高保费为39万元/年；最低责任限额20万元，对应费率2%，企业最低保费为4 000元/年。同时将赔偿限额分为每次事故赔偿限额、生态环境损害赔偿限额、累计赔偿限额，避免保险公司采用过细分类限额规避赔偿责任，并规定索赔时不再要求企业提供环境事件证明，有效提高保险赔付率，维护投保企业利益。

（四）强化风险服务，统一提供保险服务

贵州试点强调为企业提供良好的环境风险管理服务，引入保险经纪公司作为贵州省环境污染强制责任保险经纪人，同时也是投保企业的"保险服务管家"，协助企业完成投保、环境污染责任风险评估、索赔等事宜。组建"共保体"共同承保贵州省企业环境污染强制责任保险，为投保企业开展统一出单承保、统一理赔流程、统一服务标准的"三统一"服务。开展环境隐患排查服务，由保险经纪人组织专家根据《环境污染责任保险事故风险与隐患排查指南》为投保企业提供"环保体检"，出具环保体检报告，提出整改建议，切实发挥保险作为环境风险治理的"第三只眼"作用。

（五）运用信息化方式，统一保险服务平台

贵州试点建立了环境污染责任保险的数据积累与共享机制，开发应用"环境污染责任保险服务平台"，实现环境污染责任保险从保前风险评估、投保出单、保险期间"环保体检"服务、出险索赔等全流程线上操作，生态环境主管部门、保险监管部门、"共保体"内的保险公司均可在服务平台进行相关数据查询，既有利于有效掌握企业投保信息，又有利于掌握企业环境风险信息，提升了保险服务能力。

三、主要成效

（一）为全国试点提供成果借鉴

在贵州试点的推动下，国内主要保险公司均向原保监会提出了符合贵州试点保险条款的保险条款报备，并于2018年陆续得到了银保监

会的批准，部分省市也借鉴采用了贵州试点保险条款提出的保险责任范围。

（二）为绿色金融提供实践案例

贵州省生态环境厅和生态环境部环境与经济政策研究中心联合开展的"贵州省环境污染责任保险试点"项目研究。成果经过总结提炼，形成的课题项目《中国环境污染责任保险政策创新与贵州省的实践与示范》被中华环保联合会绿色金融专业委员会评为2020年绿色金融十大案例，并获国际金融论坛（IFF）"2020全球绿色金融创新奖"。

（三）为推动环境污染责任保险立法提供实践和理论支持

贵州试点相关经验通过生态环境部环境与经济政策研究中心的《中国环境战略与政策研究专报》上报生态环境部，推动了《中华人民共和国固体废物污染环境防治法》新增第九十九条"收集、贮存、运输、利用、处置危险废物的单位，应当按照国家有关规定，投保环境污染责任保险"。

贵州省黔东南州锦屏县探索
"五林经济"发展新模式

一、总体情况

近年来，贵州省黔东南州锦屏县转变发展思路，在改革中破解发展难题，深入践行绿水青山就是金山银山理念，按照贵州省委"来一场振兴农村经济的深刻产业革命"的要求，多措并举全方位盘活林业资源，创新林上种石斛，林中养蜂，林下养鹅、种中药材，林内发展森林康养、休闲旅游，林外实施林产品加工的"五林经济"发展模式，写活林文章，形成"一种（石斛）一养（生态鹅）"的综合特色产业链，走出一条"一二三产高效联动、农文旅深度融合，生态环境持续向好，民生福祉全面增进"的林业经济绿色发展之路，助力高质量打赢脱贫攻坚战，助力乡村振兴。

二、具体做法

（一）探索林上活树种石斛，培育富民"仙草"

采取"龙头企业+国有实体公司+合作社+贫困户"的组织方式发展林上活树石斛种植。建成锦屏县万亩林业（石斛）综合产业园、龙池石斛田园综合产业园和三江便团石斛种植产业园，实现石斛组培、驯化育苗、大棚种植、搭架种植、活树近野生种植一体化产业发展。截至2021年底，建成石斛驯化育苗基地200余亩，规划建设1 000亩；全县石斛种植达1.95万亩，其中搭架种植3 000亩、活树近野生种植1.5

万余亩。

（二）探索林中发展养蜂，酿造"甜蜜"事业

锦屏县森林覆盖面广，生态环境优良，境内石斛花、乌桕花、五倍子花等蜜源丰富，当地群众长期以来就有人工养殖蜜蜂的传统。锦屏县凭借优越的林业资源优势，大力发展林中养蜂产业，通过企业带动、合作社组织、农户参与的方式，组织开展养蜂技术培训，推动养蜂产业基地化、规模化、规范化发展。全县现有中蜂养殖合作社6家、个体专业户120余户，养殖中蜂1.4万余箱，年产优质蜂蜜160余吨，年产值达1600余万元。

（三）探索林下综合种养，拓宽增收渠道

深入推进林产结构调整，充分利用新造林地、疏林地、郁闭度相对适应的乔木林地或灌木林地等林地资源，采取"林+N"林下经济发展模式，实施林下套种淫羊藿、魔芋等中药材，林下发展养鹅、养鸡等产业，有效提高林地资源利用率和经济效益。锦屏县发展林下经济利用森林面积86.75万亩，建成林下经济百亩村示范基地127个、千亩乡镇示范基地15个，万亩产业示范园1个。林下中药材面积达6.46万亩，林下生态鹅存栏26万羽，种鹅产蛋60万枚，育雏鹅苗116万羽，出栏110万羽，销售额2000余万元，锦屏林下养鹅规模位居全省前列。

（四）探索林内休闲康养，多产业融合发展

深入推进锦屏县万亩林业（石斛）综合产业园、龙池多彩田园国家森林康养基地、春蕾省级森林公园等旅游资源开发。以创建"森林乡

镇、森林村寨、森林人家"为抓手，实施"大花园大果园"项目，免费向群众发放香榧、樱花等花卉果苗90余万株，打造美丽风景、美丽经济和美丽文化。成功举办了锦屏石斛花节、羽毛球赛事等活动，推动农文旅融合发展。2021年森林观光接待游客125万人次，旅游收入达62 270万元。

（五）探索林外精深加工，提升林产效益

依托龙头企业大力推进石斛啤酒、石斛饮料、石斛日化用品和鹅肉加工、羽毛球制作等精深加工，进一步拓展铁皮石斛和生态鹅两大产业链，提高产品附加值。锦屏县已建成商品鹅屠宰场、1.8万立方米冷冻物流仓储，实现羽毛球月产30万打，年产值达1.5亿元。统筹推进山油茶、杉木等林产品精深加工协同发展，现有山茶油精深加工企业2家，年加工能力可达4 000吨以上，山核桃加工企业1家，年加工能力1 000吨。"锦屏茶油""锦屏腌鱼"获国家地理标志保护产品，有力推动产业链的延伸和产品附加值的挖掘，有效提升林业农产品的市场竞争力和经济效益，实现一二三产业有机融合。

三、主要成效

2020年，中国林学会授予锦屏县"全国林下经济产业示范县""中国近野生铁皮石斛之乡"荣誉称号。锦屏县把林业经济作为林业改革的突破口，探索"五林经济"发展新模式，凸显多重利好效应。

（一）政治效应

锦屏县因地制宜，坚守发展和生态两条底线，把农村产业革命引向深入，探索"五林经济"发展模式，既是践行"两个维护"的具体

体现，又是真学真用习近平总书记"两山"理念的生动实践。

（二）生态效应

坚持生态优先、绿色发展，将锦屏县的生态优势转为富民优势、发展优势，实现发展与生态共生共赢，让绿水青山真正变成金山银山。

（三）社会效应

通过以石斛和生态鹅为主的"一种一养"综合特色产业链带动，2 248人依托发展林业综合产业实现稳定就业，辐射带动就业2.5万余人，进一步激发了群众内生动力，增强了群众发展产业的信心和决心，有利于巩固脱贫攻坚成果，推进乡村振兴战略。

（四）经济效应

锦屏县的林药、林菌、林畜等"林+N"产业初具规模，2022年"五林经济"总产值达8.63亿元以上，依靠产业实现"三变"分红1 769.43万元，17 847户71 829名贫困人口共享产业发展红利，实现了产业发展、企业增效、贫困户增收多方共赢。

贵州省赤水市建立生态产业发展机制

一、总体情况

贵州省赤水市深入学习贯彻习近平生态文明思想，守好发展和生态两条底线，坚持生态优先、绿色发展，依托得天独厚的生态环境，大力发展生态竹木循环、金钗石斛、绿色食品加工及生态旅游产业，充分挖掘其生态价值、经济价值和社会价值，走出一条"生态产业化、产业生态化"的绿色发展道路，为"两山"转化贡献赤水经验，成为贵州省和乌蒙山集中连片特困地区首个脱贫出列县。

二、具体做法

（一）坚持效能至上，以"龙头企业+"模式发展竹加工业

一是龙头引领变稳。坚持政府主导、政策支持、部门配合、企业主体，引导赤天化纸业、红赤水、西南家具等龙头企业打造成品纸生产工业园、绿色生态食品加工园、竹木加工产业园三个竹产业集群，带动12家成品纸企业、16家优质食品企业、200余家竹木家具企业入驻园区。二是拓宽链条变壮。立足资源优势，按照"错位发展、产业配套"思路，推动竹产品由粗放向精细、由低端向高端方向发展，形成竹建材、竹板材、竹工艺品、全竹造纸、竹木家具、竹笋加工六大系列300多个品种，2021年实现产值73亿元，完成出口创收2 847.39万美元。三是科技支撑变强。以贵州省竹产业研究院为载体，加强与

南京林业大学、浙江农林大学等科研院所合作，加快新产品、新技术、新装备研发和产业化进程，推动竹产业实现品牌化、集聚化发展。赤水市竹类加工企业先后获得自主知识产权国家专利30余项，注册竹乡品牌178个，创建贵州省驰名商标16个。"竹王""红赤水""桫椤妹红油脆笋"等获得贵州省名牌产品，"赤水楠竹笋"荣获农产品地理标志产品。

（二）坚持绿色为底，高质量推动赤水金钗石斛产业发展

一是坚持规范化种植。全面推广"选好场地、挑好种苗、栽好基地、管好田间"的"四好"技术，建成金钗石斛种植综合标准化种植基地500亩以上的有20个、1 000亩以上的有15个。二是坚持组织化推进。创新采用"政府平台企业+社会实体公司+村集体经济组织+农户"的"四位一体"模式，大力提升金钗石斛组织化生产水平，带动1.27万户4万余人从事金钗石斛产业，种植户年人均增收5 000元。三是坚持市场化发展。培育省级、遵义市级龙头企业9家，建成GMP（药品生产质量管理规范）加工生产厂房2万平方米，传统饮片、冻干饮片、超微粉等生产线4条，研发石斛饮片、石斛醋、石斛酒等15个系列40余种产品，产品销往上海、浙江、广东等地，实现金钗石斛进药店、进医院、进特产店、进网店。四是坚持品牌化建设。赤水金钗石斛被授予"中国农产品区域公共品牌"和"国家地理标志产品"称号，赤水市成功创建国家级出口食品农产品质量安全示范区和国家级生态原产地产品保护示范区，荣获"中国绿色生态金钗石斛之乡"和"国家林下经济示范基地"等荣誉，市场知名度和品牌影响力不断提升。

（三）坚持宜居为要，持之以恒推动康养旅游产业发展

一是坚持规划引领，高位推动康养旅游科学发展。紧紧围绕打

造"国际康养旅游目的地"这一目标,编制《"十四五"文化旅游产业专项规划》。围绕《国家康养旅游示范基地》行业标准,提升完善康养旅游配套要素。二是立足资源禀赋,打造康养旅游产品体系。持续推进旅游标准化创建。坚持做优做强景区环境,按照5A级标准完善核心景区基础设施,带动民营资本开展景区创A工程,共建成1个国家5A级旅游景区、3个4A级景区和7个3A级景区。结合赤水生态环境良好、海拔落差大等特点,山上大力发展森林康养、高山避暑休闲养生度假,成功打造了天岛湖、天鹅堡等山地康养旅游度假区。山下围绕赤水河谷国家级旅游度假区,建成了三十里河滨康养大道和赤水市至茅台镇160公里赤水河谷自行车绿道,沿途布局了骑行驿站、汽车露营基地、山地自行车等康养体验类项目,其中黔北四季花香获得2020年贵州省"森林康养试点基地"称号。三是立足地方特色,丰富康养旅游核心内涵。围绕度假养生、膳食养生、运动养生等,结合赤水地方特色不断丰富康养旅游内涵。围绕金钗石斛、竹乡乌骨鸡、赤水晒醋、赤水竹笋4个国家地理标志保护产品,开发以"竹"为主的"国宝菜系",以"石斛、乌骨鸡、晒醋开胃汤"为主的"康养菜系"和以"粗粮、野菜"为主的"红军菜系",开发出金钗石斛含片、石斛茶、石斛花茶、石斛醋、石斛酒、石斛膏等20余种健康养生产品。以举办大型赛事活动为载体,发掘发扬游氏武术、独竹漂等传统文化,以三十里河滨大道为纽带、高山度假区为亮点,将赤水传统的茶文化和休闲观光、健康漫步、茶艺咖啡等内容融为一体,形成赤水独特的休闲文化。四是强化区域合作,积极开展品牌打造推介。加强线上线下联合融合营销,提升"丹青赤水·康养福地"品牌影响力。积极推进组建旅游联盟,依托世界遗产地、5A级景区资源,深化交流合作,推动组建赤水河谷旅游联盟、黔川渝旅游联盟。打造特色旅游体验产品,依托赤水红色文化、世界遗产、生态康养、研学培训、户外运动等文化旅游资源,研发推出游精品线路。

三、主要成效

（一）生态产品价值实现路径不断拓宽

一是生态工业取得突破。加快形成生态竹木循环、绿色食品加工两大主导产业格局。生态竹木循环方面，依托自身130余万亩和周边地区300余万亩竹资源优势，以赤天化纸业为龙头，全力推动纸制品全产业链发展，带动培育涉林加工企业近400家。绿色食品加工方面，依托赤水好山好水产好酒好醋的地理优势和生态优势，打造赤水河下游百亿元级酱香白酒黄金产区。二是生态农业长足发展。坚持以工业化、现代化理念抓农业，成功打造以10万亩金钗石斛，100万亩丰产竹林，1 000万羽乌骨鸡为重点的农业"十百千"工程，构建起"山上栽竹、石上种药、林下养鸡、河谷酿酒"的山地特色立体农业体系，农产品加工转化率稳定在75%以上。三是生态旅游持续推进。坚持"全域旅游·全景赤水"，依托"丹霞地貌、瀑布、气候、森林、河流、特色文化"等多种生态资源优势，围绕山水相依、景田相望、农旅相生、文产相融的全域生态旅游新思路，打造对外开放景区景点35个，创成5A级景区，成功创建国家全域旅游示范区，带动10万群众吃上旅游饭、走上旅游路、发上旅游财。

（二）赤水河流域生态保护修复成效显著

一是生态屏障更加牢固。坚决落实环境保护"党政同责""一岗双责"要求，划定占全市国土面积48.02%的生态保护红线，筑牢长江上游绿色屏障。生态环境质量指数连续8年稳居贵州前列。二是生态底色更加靓丽。通过实施商品竹林、国家储备林经营建设，退耕还林等项目，精准有效提升森林数量和质量，森林总面积达到224万亩，人均林地面积7亩，森林覆盖率达82.51%，成为"全国十大竹乡"。坚持不懈把森林建设作为普惠的民生工程，作为实现天蓝、地绿、水净的重要途径。三是生态红利不断释放。注重在保护中发展、在发展中保护，动员全民参与生态建设，积极推动生态价值转化为经济价值，把生态优势转化为发展胜势。

（三）"生态优先，绿色发展"理念不断夯实

发挥好政府的引导和推动作用，建立了强有力的惩治机制，普及绿色理念，倡导绿色生活。以绿色科普为切入点，多方式宣传绿色发展的重要性和必要性。在机关、企业、学校、社区、农村开展节能减排和低碳生活全民活动，提高全社会绿色发展意识，形成了健康、适度、节约、生态的绿色氛围。

贵州省黔南州"以用定产"推动实现磷石膏"产消平衡"

一、总体情况

贵州省黔南州坚持以供给侧结构性改革为主线,围绕当地特色磷石膏产业和资源,积极推动磷石膏资源综合利用和循环化利用,出台磷化工企业"以用定产"政策,按照"谁排渣谁治理,谁利用谁受益"原则,将磷石膏产生企业消纳磷石膏情况与磷酸等产品生产挂钩,不断拓宽磷石膏利用渠道,加快绿色化改造升级步伐,推动磷化工产业高质量发展。

二、具体做法

(一)出台磷石膏资源综合利用工作方案

贯彻落实《贵州省人民政府关于加快磷石膏资源综合利用的意见》,每年出台磷石膏资源综合利用工作方案,按照定工作目标、定企业责任、定县市责任、定部门责任、定责任追究的"五定"工作法,严格控制企业磷酸产量,要求以上一年度的磷石膏消纳量来定下一年度磷酸生产量,实现磷石膏产销平衡。

(二)强化磷石膏综合利用

结合州磷石膏资源综合利用产品实际,加强科技创新支撑,形成生产水泥缓凝剂、新型建材、化学转化、胶凝材料矿坑填充等有效消纳途径。印发《黔南州大力发展装配式建筑实施方案》《黔南州住房和城乡建设局关于加快磷石膏建材推广应用工作实施方案的通知》，大力推广磷石膏建材产品。

（三）加强财政支持和引导

按照《黔南州支持磷石膏资源综合利用补贴方案（试行）》奖补措施，从磷石膏"产、用、运、耗、研"等方面进行全方位补贴。2018年至2021年，全省共安排10亿元资金，支持磷化工企业实施绿色化升级改造和磷石膏资源综合利用产业化发展。

（四）强化磷石膏资源监测

制定了《黔南州磷石膏资源综合利用监测暂行办法》，州工信、环保、住建部门定期对磷石膏的产生、储存、利用、消耗、外运及磷石膏制品的使用情况进行统计，全面掌握磷石膏资源综合利用情况。

三、主要成效

（一）资源综合利用效率全面提升

黔南州自推行磷石膏综合利用以来，全州磷石膏综合利用率全面提升，2021年全州磷石膏综合利用率达到93.92%，较2018年提34个百分点，2022年全州磷石膏综合利用率达到109.41%以上，连续三年实现磷石膏"产销平衡"。目前，黔南州是贵州省工业固体废物综合利用率最高的市州。

（二）绿色发展能力不断增强

瓮福集团、贵州川恒化工、金正大诺泰尔化学、川东化工等一批磷化工企业，长期持之以恒地开展多项研究攻关，打造出一批核心关键技术，拓宽了磷石膏综合利用的途径，为全省推进磷石膏综合利用积累了丰富经验，为产业化、资源化、价值化解决磷石膏综合利用的难题，提供了黔南方案，并有效带动贵州省磷化工行业规范化、规模化、高质量发展。2017—2021年累计获得国家级绿色工厂8家、国家级绿色园区3家、省级绿色工厂19家、省级绿色设计产品2个。

海南省海口市在"火山石"上
书写乡村振兴"施茶样板"

一、总体情况

施茶村位于海南省海口市秀英区西南部石山镇，亿万年前火山爆发，地下熔岩喷发流溢，形成独特的火山岩地理地貌特征，也形成了独特的人文景观和自然景观，具有独特性和典型价值。全村土地面积2.2万亩，辖美社、儒黄、春藏、吴洪、博抚、美富、国群、官良8个村庄，总人口约3 635人。2018年4月13日，习近平总书记在施茶村考察乡村振兴战略实施情况时强调"乡村振兴要靠产业，产业发展要有特色，要走出一条人无我有、科学发展、符合自身实际的道路"。施茶村牢记总书记殷殷嘱托，践行绿水青山就是金山银山理念，加强村基层党组织建设，依托火山优质旅游资源，大力发展火山石斛、无核荔枝等特色产业，打造"一村一业"产业发展格局，以昂扬的姿态走好共同富裕之路，扎实推进乡村振兴战略在施茶村落地生根，因地制宜打造"火山石"上的乡村振兴"施茶样板"，走出了一条符合自身实际的乡村振兴道路。2021年，在庆祝中国共产党成立100周年之际，党中央授予施茶村党委"全国先进基层党组织"，同年被农业农村部推介为"全国乡村特色产业亿元村"。

二、具体做法

（一）加强党建引领，夯实组织建设

实施乡村振兴，关键要组织振兴，充分发挥基层党组织的战斗堡

垒作用，扎实推进乡村振兴战略在施茶村落地生根。一方面，施茶村不断强化农村基层党组织在乡村治理中的引领作用，积极探索创建"党建+"基层社会治理新模式，夯实和谐稳定根基，走出一条共建共治共享的治理路径。另一方面，施茶村的制度建设不断强化。施茶村党委通过建立党员帮扶联系户制度，带领党员与村民代表挂钩联系，以此了解村民的建议、需求与诉求。与此同时，施茶村也严格落实"四议两公开"制度，定期公开党务村务，建立起了"施茶客栈""施茶党员之家""施茶村工作群"等多个微信工作群，村务财务在微信群中公开，接受村民监督，也能及时接收村民反馈，帮助村民解决难题。

（二）依托本土优势，发展特色产业

一是依托火山优势资源，大力发展石斛产业。施茶村因地制宜，探索以"企业+合作社+农户"的发展模式种植石斛，打造有机火山石斛种植聚集区，构建火山石斛集组培、育苗、种植、深加工、销售、科研于一体的完整产业链，促进农民增收。二是打造全域旅游项目。依托火山资源，对辖区内的火山口公园实施升级改造，打造亲子乐园、丛林探险等游乐项目，联合曲江文旅，共同创建5A级景区，扩大景区影响力，带动旅游业兴旺。大力开发火山石斛园周边游、火山古村落骑行采摘游等线路，推出"骑行+采摘""观光+体验"等精品旅游体验项目。通过整合村民闲置农房打造特色民宿和农家乐，吸引游客前来观光、骑行、爬山、采摘、住宿、吃农家饭、买农产品等。有效改变以往火山游、生态游、乡村游等单一旅游格局，初步形成全域旅游新格局。

（三）改善村容村貌，强化生态理念

一是建立健全乡村环境治理长效机制。施茶村定期开展"最美庭

院""最美家庭"等环境卫生文明评比活动，号召带动群众每周定期开展大扫除1次，村党员每月集中开展专项卫生整治活动1次。启动海口市农村厕所清掏试点，开展厕所革命，推行粪污利用市场化处理模式，改善人居环境。二是完善基础设施建设。施茶村大力推进农村生活污水处理设施、农村公路等基础设施的建设，改善村容村貌。三是划定生态环境保护责任。将全村划分为八大火山石保护区，每一区域由村民小组长和5名自发参与群众组成监督小队，在全村范围内编织了一张火山石保护网。

（四）优化人才环境，壮大人才队伍

一是搭建人才培训基地。施茶村抓住"百万人才进海南"的契机，搭建农村实用人才培训平台，引入专业师资力量，打造精品课程，组建本地新型农村人才队伍。二是加大优秀人才引进力度。施茶村通过搭建青创中心、火山口众创咖啡厅等创业平台的方式，引导本地大学生和返乡青年回流创业，为乡村振兴提供强大的人才支撑。近年来，施茶村吸引了30多名大学生返乡创业，引进的9家企业也带来了各类技术人才近70名，为乡村发展注入新鲜血液。

三、主要成效

（一）基层党组织更加牢固，践行组织为民

施茶村通过抓党建促发展，实施乡村振兴战略，2020年，施茶村设立了海口市村级党委，党委下设8个党支部；2021年换届选举后，村"两委"班子成员9名，学历和年龄结构得到了整体优化提升。施茶村始终坚持建设让群众信服的基层党组织，不断夯实基层战斗堡垒，吸纳年轻有为、文化水平高、带动致富能力强的人才加入党员队伍中。

在全村党员干部的共同努力下，施茶村党组织的影响力、号召力、凝聚力不断增强，筑牢乡村振兴战斗堡垒。2021年，施茶村党委被党中央授予"全国先进基层党组织"荣誉称号。

（二）特色产业规模进一步扩大，实现产业惠民

一方面，陆续引进石斛产业龙头企业，逐步扩大石斛的种植规模，打造胜嵘石斛产业园。施茶村的石斛种植面积从2018年的200亩扩大到2021年的近千亩。整个石斛产业初步形成组培、育苗、种植、深加工、销售一体化的生产经营模式，火山石斛产业产值逐年提高，解决了上百名村民的长期就业。同时，施茶村也实现了技术攻关，2020年，施茶村的组培实验室培育出了可以直接在火山石上种植的铁皮石斛苗，获得了国家专利。如今，施茶村石斛全产业链优势更加凸显，火山石斛的招牌愈发闪亮。另一方面，全域旅游优势逐渐彰显，通过生态旅游、休闲农业、特色民宿等新型农旅产业融合发展模式，不断拓宽村民收入渠道。石斛园从普通的产业园升级为热门旅游景点，每年参观人数超10万人次。村民人均年收入也由2018年的1.2万元提高到2021年的3.2万元。

（三）乡村风貌更加优美，实现生态利民

施茶村始终坚持在保护绿水青山中建设美丽乡村，大力推进"五网"基础设施建设和农村人居环境整治。2018年以来，依法拆除违章建筑225宗，合计3.45万平方米，建成了20公里旅游公路、旅游厕所等基础设施，集中开展"三清两改一建"，实现全村垃圾收集转运一体化。同时大力推进施茶片区亮化提升工程，对村庄道路、火山口大道、风景路以及石斛园入园路等主要线路基础亮化更新提升，夯实乡村振兴、"两山"转化的生态环境基础。

第四章

健全资源有偿使用和生态补偿制度

————

　　国家生态文明试验区不断加大力度推动自然资源和生态环境资源有偿使用制度改革，按照"政府管控资源、市场配置资源、平台交易资源"的原则，以市场配置、完善规则为重点，推动所有权和使用权分离，探索工业用地"先租后让"等供地新模式，创新推动了分资源类别的全民所有自然资源有偿使用制度改革。持续扩大生态补偿制度实施范围，积极推行辖区内主要流域和跨省流域补偿、商品林赎买和公益林补偿等多样化生态补偿改革，有效形成了特色鲜明的生态补偿、生态扶贫和生态效益联动模式，生态补偿的深度和广度协同推进，制度性补偿的框架更加清晰、调节力度不断加大。

福建省建立主要流域生态补偿机制

一、总体情况

福建省河流水系众多，水资源丰富，随着流域经济的快速发展，流域水环境保护的压力也在加大。福建高度重视流域生态环境保护工作，注重探索建立流域生态补偿机制，2003年启动九龙江流域上下游生态补偿试点，并逐步将试点范围扩大到闽江、晋江和洛阳江等流域。由于生态补偿涉及的利益关系复杂，对规律的认知还在摸索过程之中，重点流域生态补偿工作存在不少矛盾和问题。如补偿标准总体偏低，对保护生态环境的补偿力度明显不足，激励和约束作用不大，同时流域上下游地区在"谁来补偿"及"补偿多少"等问题上存有较大分歧。为解决这些矛盾，2015年，在总结之前试点的基础上，出台《福建省重点流域生态补偿办法》。2017年，印发《福建省重点流域生态保护补偿办法（2017年修订）》，全面建立起资金筹措与地方财力、保护责任、受益程度等挂钩，资金分配以改善流域水环境质量和促进上游欠发达地区发展为导向的全省主要流域全覆盖生态保护补偿机制。

二、具体做法

（一）建立责任共担、长效运行的补偿资金筹集机制

全省12条主要流域范围内的所有市县既是流域水生态的保护者，也是受益者，对加大流域水环境治理和生态保护投入承担共同责任。加大资金筹集力度，明确重点流域生态补偿资金采取省里支持一部分、市

县集中一部分的办法，并根据各市县应承担的生态补偿责任，按地方财政收入的一定比例和用水量的一定标准每年上解补偿资金，对上下游不同市县设置不同的筹资标准，下游地区筹集标准高于上游地区。

（二）建立奖惩分明、规范运作的补偿资金分配机制

根据补偿范围内的46个市县（含14个省级扶贫开发工作重点县）经济发展水平、生态保护和污染治理的责任与能力存在的较大差异，明确充分利用已有的监测、考核数据，将筹集的生态补偿资金用因素法公式统筹分配至流域范围内的市县。其中，水环境质量作为补偿资金分配的主要因素，占资金分配因素70%权重，同时考虑森林生态保护和用水总量控制因素，分别占20%和10%权重，对水质状况较好、水环境和生态保护贡献大、节约用水多的市县加大补偿，分配时设置的地区补偿系数上游高于下游，体现对上游地区的生态贡献补偿。科学设定分配系数，明确各流域设置不同补偿系数，确保流域上级资金主要用于本流域污染治理和生态保护，省级资金合理分配到各流域。同时，考虑到流域上下游不同地区经济发展水平和地方财力差异也很大，为提高流域上游地区的积极性，减轻贫困地区负担，在因素分配时设置的地区补偿系数上游高于下游，同时向欠发达地区倾斜，省级扶贫开发工作重点县补偿系数提高20%。完善奖惩机制，明确水质达到考核要求的，省财政从省小流域"以奖促治"专项资金中给予支持；对挪用补偿资金或未将资金用于水环境治理和生态保护以及水质考核不达标或发生重大水环境污染事故的市县视情节扣减补偿资金。

（三）建立公开透明、程序严格的资金补偿资金使用和管理机制

规范资金使用，规定分配到各市县的重点流域生态补偿资金由各

市县政府根据影响当地水环境情况，因地制宜、统筹安排，将资金使用范围细化为"饮用水源地保护、农村面源污染防治、城镇污水垃圾处理及配套处置设施及运营维护、点源污染治理项目、生态修复工程、省政府确定的其他水环境保护项目"等6类14项，进一步增强可操作性，指导各市县从实际出发，将补偿资金用于改善流域水环境的项目。严格监督检查，要求各市县政府在收到补偿资金预算60日内提出资金安排计划，并在同级政府网站、报纸上公示，省有关部门会同流域下游地区政府对补偿资金的使用情况加强监督检查，对挪用补偿资金、未将资金用于生态保护和水环境治理的市县，视情节扣减该市县在该年度获得的部分乃至全部生态补偿资金，对发生重大水污染事故的市县每次扣减20%的补偿资金，扣回资金结转与下一年度补偿资金一并分配。

三、主要成效

按照责任共担、区别对待、水质优先、合理补偿的原则，福建省实现了主要流域生态保护补偿资金筹集制度化和分配规范化，进一步保障全省主要流域生态安全，有力促进了流域上下游关系的协调和水环境质量的改善。

（一）生态保护合力逐步形成

2017—2020年累计投入重点流域生态补偿资金约53亿元，流域差异化资金补偿机制有效提高了流域内各市县参与生态系统保护和修复的积极性，促进了受益地区与生态保护地区、流域下游与上游的协调合作，齐心协力推进流域水环境保护、水生态修复、水污染治理、水资源节约等方面建设，形成流域上下游、干支流、左右岸共抓生态大保护、协同环境大治理的局面。

（二）绿色发展导向有效确立

以水质为主要导向的资金分配方式，有力推动流域内各级地方政府树立和践行绿水青山就是金山银山理念，如上游的南平市积极发挥流域地区比较优势，促进各类要素合理流动，在资金补偿、产业转移、园区建设、技术指导、人才培育等方面下功夫，优化调整产业结构，发展绿色低碳循环产业，逐步实现辖区内流域上下游之间发展优势互补、互利多赢，有力推进绿色发展示范区建设。

（三）流域生态环境质量不断提升

流域生态保护补偿资金充分发挥"四两拨千斤"的作用，带动各级地方政府加大投入，促进各地饮用水源地保护、水生态修复等流域生态保护和污染治理工作的推进，有效提升了全省主要流域生态环境质量。近年来，全省主要河流143个监测断面水质总体保持稳定，Ⅰ～Ⅲ类水质比例在93.3%～97.3%变化。2021年，全省12条主要河流优良水质比例为97.3%，比全国平均水平高12.4个百分点；全省森林覆盖率66.8%，连续43年保持全国前列，九市一区全部晋级国家森林城；市县级以上饮用水水源地水质稳定达标，生态美成为福建发展的永续优势。

福建省探索创新跨省流域生态补偿模式

一、总体情况

福建省深入贯彻习近平生态文明思想，将汀江—韩江跨省流域生态补偿试点工作列为贯彻新发展理念、加快国家生态文明试验区建设的重点工作，不断健全与广东省的沟通协调机制，探索形成"权责共担、环境共治、效益共享"跨省流域生态补偿模式，有力改善了汀江—韩江流域生态环境，为跨省流域生态补偿提供了可复制、可推广的实践经验。

二、具体做法

（一）坚持区位一体、联防联控，建立跨省流域保护权责共担机制

一是创新"双向补偿"机制。闽粤开展水环境质量联合监测，以双方确定的水质监测数据作为考核依据，实行奖优罚劣的渐进式补偿。当上游来水水质稳定达标或改善时，由下游拨付资金补偿上游；反之，由上游赔偿下游，上下游两省共同推进跨省界水体综合整治。上游提交水质"答卷"，下游"阅卷"评分，有效调动上游改善水环境和下游拨付补偿资金的积极性。二是建立"互访协商"机制。闽粤互惠友好协商，建立密切战略伙伴关系。依托每年召开的泛珠三角区域环境保护合作联席会，闽粤省级生态环境部门研究细化合作事项，

统筹推进全流域联防联控。龙岩市和梅州市建立由两市人民政府分管副市长为召集人的联席会议制度，每半年召开一次会议，共同研究解决跨界区域生态环境与水环境保护工作中遇到的重大问题。三是强化"联合执法"机制。龙岩市和梅州市成立区域环境执法联动工作领导小组，定期轮流召开会议，交流跨界流域污染防治工作情况，研究解决相关问题。联合印发《梅州市、龙岩市跨界水环境联合排查工作方案》，实行常态化联合执法巡查机制，每季度至少组织一次联合执法检查，共同应对和处理跨界突发环境事件及污染纠纷，保障跨界流域环境安全。

（二）坚持综合治理、系统修复，全方位提升上下游生态环境质量

一是项目化治水治污。聚焦"水质优"实行大治理，强化源头管控。龙岩市开展"百日会战"清除养殖业污染，重拳出击整治石材污染，大力攻坚整治小水电。同时将生态环境问题项目化，"十三五"以来，策划生成实施流域整治重点项目505个，累计投入资金近40亿元，形成了以治理带动项目建设、以项目促进污染治理机制。二是精准化修复生态。聚焦"生态美"实行大保护，制定实施《汀江（韩江）流域水污染防治规划（2016—2020年）》，统筹流域整治工程，精准施策，稳步推动汀江（韩江）流域生态补偿各项工作落实。打造"长汀经验"升级版，构建绿色生态屏障。从稳固水土、涵养水源入手，实施深层次生态治理修复，"十三五"期间累计治理水土流失面积246万亩，完成新增矿山恢复治理面积8 295.56亩。三是常态化监督考核。聚焦"成效显"实行"双考核"，既考核年达标率、月达标率，又考核水质达标率和污染物浓度。龙岩市对汀江（韩江）流域内26个重点乡镇29个水质监控点开展责任挂钩考核、定期监测，对水质不达标或主要污染物指标同比恶化的重点乡（镇）主要领导（河长）

167

进行追究问责。

（三）坚持效益共享、合作共赢，实现生态效益和经济效益有机统一

绿色发展理念植根于汀江流域党政领导和广大干群，不断培育壮大生态产业，让绿水青山变成金山银山。依托生态优势，以整治养殖业、石材污染为抓手，有效推动绿色转型、生态致富。大力引导当地农民发展种植百香果、铁皮石斛等种植业，发展生态养鸽、蜂蜜养殖、象洞鸡等养殖业，建设了杨梅基地、板栗基地、蓝莓基地、茶油基地，群众生产转型率达95%以上，让良好的生态环境成为人民生活质量的增长点，实现经济效益和生态效益双增收。两省在推进上下游流域信息沟通、技术交流等密切协作的基础上，以深化改革为动力，加强闽粤经济贸易合作；以协同创新为抓手，推进上下游产业链深度合作；以文化交流为纽带，进一步深化文化旅游合作。

三、主要成效

（一）流域水环境质量显著提升

2016年，汀江、中山河、九峰溪（占入粤水量99%）跨省断面水质均值稳定在Ⅲ类及以上，象洞溪（占入粤水量1%）从劣Ⅴ类水到逐步恢复水体功能，水质得到显著改善。2017年，汀江流域水质进一步提升，尤其是象洞溪跨省界断面水质均值进一步提升至Ⅴ类。2018—2021年，汀江、中山河、象洞溪和九峰溪四条河流跨省界断面水质稳定保持在Ⅲ类及以上，赢得"一江清水向南流"。

（二）流域生态环境得到全面修复

通过大力整治，汀江流域上游生态环境得到全面修复。龙岩市森林覆盖率达79.39%，位居福建省前列。武平县被评为全国集体林权制度改革先进典型县、全国绿化模范县。长汀水土流失治理经验在全国推广，"长汀经验"成为全国样板；流域上游大力实施湿地保护生态项目，与梅州毗邻的梁野山国家级自然保护区及中山河湿地公园等吸引大量国内外游客。

（三）闽粤两省实现共建共享共赢

把汀江—韩江流域生态补偿作为平台，闽粤两省紧紧抓住"一带一路"、粤港澳大湾区建设等机遇，在项目对接，人才培训、产业转移等方面大力合作，逐步在生态产业、项目补偿等领域实现了先行突破，为闽粤深入推进生态文明体制改革奠定了坚实的制度基础。

福建省光泽县依托水优势激活"水美经济"

一、总体情况

近年来，福建省南平市光泽县深入践行绿水青山就是金山银山理念，通过搭建整合资源、优化资产、引入资本的"水生态银行"运营平台，推进水生态资源产品实现价值提升。全县已形成总产值约142亿元的水生态产品产业集群，带动2.2万人稳定就业，占全县人口总数的15.9%。

二、具体做法

（一）摸清资源家底，绘制水生态产品"一张图"

委托福建省地质调查研究院对辖区内水资源情况进行调查，将全县所有涉水工程、可开发利用的水资源按功能分类，绘制水资源"一张图"。通过调查评价，系统掌握全县河流水系、水文气象、水资源、水环境状况、水能资源、水生态系统等情况，形成水安全、水环境、水生态、水文化、水管理5个方面的现状评价，制定水资源综合利用方案。

（二）涵养优质水源，提高水生态产品供给能力

积极推进武夷山国家公园体制试点工作，主动将37.68万亩国土面积划入武夷山国家公园保护区，加强武夷山自然保护区水源保护力度，使保护区域的自然生态系统成为均衡水量、涵养优质水源的"不

动产"。加强以城乡水系为网络的自然生态廊道建设，实施"水美城市"建设，推进河道清淤整治和河流水系修复，强化自然生态保护和城乡绿色景观建设。保育和修复山区生态环境，严格控制浅山区开发，禁止随意破坏山体、毁坏植被，同时加大造林绿化力度，年培育造林1万亩。推进"无废城市"试点，积极探索固体废物源头减量、无害化处置技术，启动14个垃圾分类试点村，推行"户分类、村收集、乡转运、县处理"的运行模式，创新建设小型湿垃圾无害化处理设施，将农村湿垃圾经发酵后生产的有机肥用于农业种植，实现农药化肥减量化，推动水质净化和优质水源涵养。

（三）搭建运营平台，高效优化水资源要素配置

依托光泽县水利投资有限公司，组建县"水生态银行"，统一开展水资源资产产权流转、市场化运营和开发。在前端，通过公开竞拍、收购、租赁、自行建设等方式，储备与水资源有关的矿业权、水库所有权、水域经营权等，全县已有矿泉水探矿权2宗，采矿许可证1宗，其中采矿证生产规模为10万立方米/年，水库28座、库容10 578万立方米，水域面积约8 000亩。在中端，以特许经营方式授权"水生态银行"开展河道清淤整治、河岸生态修复等水环境治理项目，利用清淤富余物生产建筑用砂并达到投入产出平衡，实现水环境市场化修复。在后端，加强与科研单位合作，对水资源偏硅酸含量、各项限量指标检测鉴定，挖掘一批偏硅酸含量高、富锶水资源，发展包装水、高端种植、绿色养殖、涉水康养旅游等多种生态产业，提升水资源开发利用附加值。

（四）引入社会资本，全力打造水生态全产业链

依托"水生态银行"，引入产业投资方和运营商，通过股权合作、委托经营等方式，对水资源进行系统性的产业规划和开发运营，推动

形成绿色发展的水生态产品全产业链。实现"卖资源"，依托肖家坑水库等优质水资源，引入对生态环境和水质有高标准要求的现代渔业产业园和山泉水加工项目，发展高端鳗鱼养殖和山泉水加工，由"水生态银行"按0.2元/立方米和365万立方米/年的标准供应养殖业用水、100万立方米/年的标准供应加工山泉水。实现"卖产品"，引入中石油昆仑好客公司开展地下水开发，实施武夷山矿泉水项目，一期年销售超700万箱，产值超2亿元。实现"卖环境"，通过整合高家水库、霞洋水库、北溪河流等优质水资源产权和水域经营权，引进浙江畅游体育产业发展有限公司，建设3个库钓基地、5条溪流垂钓精品线路，积极举办垂钓、越野赛事、生态旅游等活动，建设中国山水休闲垂钓名城。实现"卖高端食品"，积极发展对水源和水质要求较高的茶叶、中药材、白酒等，引入丰圣农业、国药集团、承天药业、德顺酒业等知名企业，形成了与水资源相关的生态食品产业集群。

（五）建设公用品牌，促进水生态价值经济溢价

充分利用武夷山"双世遗"品牌影响力，通过统一质量标准、统一产品检验检测、统一宣传运营，打造"武夷山水"地区公用品牌，突出水资源原产地的生态优势，加强品牌认证和市场营销推介。授权"武夷山"包装水等23家企业使用"武夷山水"标识，并向农产品等领域推广拓展。全县现有无公害农产品17个、绿色食品6个、农产品地理标志2个、农产品有机认证2个、地理标志证明商标5件、中国驰名商标1件，有机茶、富硒米、稻花鱼、黄花梨、山茶油等生态食品近年来的销量、销售额年增长均在20%以上。

（六）创新制度集成，建立健全长效保障机制

建立"绿水"补偿和小流域水环境考核机制，在全县科学设置

考核断面28个，其中各乡（镇）流域交界断面9个、乡（镇）集中式饮用水源地取水口断面8个、对地表水水质影响较大的小流域水质断面11个。对落实管护机制、水质达标的村（居、场），给予每年5万元的"绿水"维护补偿，对辖区内水质下降的乡、村取消补偿并进行约谈，形成责任清晰、激励约束并举的共治局面。建立生态巡查联合执法机制，开展领导干部自然资源资产离任审计，压实乡镇党政领导水资源资产管理和水环境保护责任。推动基准水价研究，重点考虑区域社会经济条件、水资源用途、地理区位等因素，探索制定光泽县基准水价体系，规范资产定价、优化资源配置、显化资产价值，建立水生态产品价值实现的长效机制。

三、主要成效

（一）取得了明显的生态效益

经过长期的生态保护和水源涵养，光泽县地表水、集中式饮用水源全年水质达标率均为100%。全年县域空气质量优良天数比例为100%，其中一级达标天数比例为68.3%。2015—2019年，全县森林覆盖率从78.2%提高到81.77%，林木蓄积量从1 117万立方米提高到1 366万立方米，每年为下游提供了约29亿立方米的优质水资源。好山好水带来了源源不断的好生态，有力维护了区域生物多样性，县域内拥有国家保护树种13科16属17个树种，陆生野生动物资源种类达到186种。

（二）增强了生态品牌影响力

光泽县通过建立"水生态银行"和"武夷山水"区域公用品牌，搭建了整合资源、优化资产、引入资本的平台，打通了市场化交易的渠道，增强了生态品牌影响力，优质水资源与优质项目实现了精准对接。

（三）促进了生态产业化

依托优质水资源，全县生态产业加快发展，包装水、酒、生态旅游等产业比重逐年提高。全县工业增加值32.88亿元，同比增长8.4%，其中食品制造业同比增长19.8%，酒、饮料和精制茶制造业增长14.1%；全县旅游经济保持较快增长，全年共接待游客124.62万人次，同比增长26.1%，旅游总收入13.17亿元，同比增长35.2%；全县形成了总产值约130亿元的水生态产品产业集群，共带动2.1万人稳定就业，占全县人口总数的15.2%。

福建省宁德市探索农村生产要素
流转融资新模式

一、总体情况

福建省宁德市山海资源丰富，但由于传统农村海域、滩涂、茶园、森林、渔排、菇棚等生产要素存在评估难、变现难、流转难等问题，所具备的经济价值很难体现出来，不能变为可供银行认可的有效抵押物，导致很多农村生产者面临守着"金娃娃"却贷不到款的困境，影响了农村产业发展。为解决这一问题，宁德市结合国家级普惠金融改革试验区建设，打造农村生产要素流转融资平台，探索农村产权直接抵押融资、动产仓单质押融资、农业设施抵押登记融资、"非标"资产融资、大数据溯源平台融资等生产要素融资模式，打通金融供给与农村产业资金需求梗阻，取得了较好成效。

二、具体做法

（一）盘活"两权"，推动农村"不动产"变"资金"

创新开展古田、屏南全国"两权"（土地经营权、农民住房财产权）抵押贷款试点建设工作，全面盘活农村"不动产"。一是创新确权颁证方式。创新"视频连线"方式确认权属，将入户调查、公示、二轮公示、合同签订等4次需要本人返乡签字的流程，简化为仅在合同签订时需本人返乡签字，解决农户反复返乡确权麻烦。针对无房产证但具有宅基地使用权证的房屋，支持采用"三级"确认方式进行确权

（村民小组确认同意、村委会出具权属证明、乡镇土地所和建管所审核确认），进一步加快确权进度。古田、屏南确权率分别达到100%、98.8%。二是建设流转平台。构建以县级公共资源交易中心为主导，乡镇民富分中心、村级综合服务站为补充的综合性农村产权交易流转平台，为农村土地承包经营权抵押贷款的抵押物处置、抵押权利的实现提供空间，有力打通农村金融服务"最后一公里"。三是激发市场各方参与活力。构建风险补偿机制，设立风险补偿专项基金，推动涉农综合保险业务发展，增强金融机构参与试点的积极性。制定以"两权"为抵押的信贷管理制度，将"两权"抵押贷款纳入年度绩效考核，并对信贷额度、贷款利率等给予优惠支持。

（二）盘活"农产"，推动农村"动产"变"资金"

针对市场价值高、流动性强的农产品，创新推出特色仓单质押业务，实现农村动产融资。一是科学选择产品对象。开展动产融资，对农产品本身要求较高，需要具有价值高、易存储等特点。针对这一特性，宁德市试点选择福鼎白茶、霞浦海参作为动产融资试点，较好满足了动产融资对产品特性的要求。二是拓展仓储形成规模。霞浦县将海参加工品存放在大型冷库，福鼎市将白茶存放在专门茶仓，使这些农产品的价值集聚形成规模，容易形成价值标准，为后期进行估值、流转创造了条件。三是科学创设产品。依托银行、评估收储公司以及仓管物流公司三方合作，收储公司对白茶、海参的原料或成品进行价值评估并开具单据，银行复核放款。贷款到期后，出质人赎回标的物产品并归还贷款，进而实现动产融资。

（三）盘活"设备"，推动农村"生产设施"变"资金"

结合各地实际，探索创新多种价值实现模式，解决农村生产工具只能在特定范围内使用、评估、流转，其价值难以充分体现的难题。一是生产设施抵押登记融资。在全省率先出台《海上渔排养殖权抵押备案意见》《渔排养殖贷产品方案》，让渔排等生产要素确权、登记、抵押、流转等工作"有规可依"。创新推出渔排养殖贷、渔排托管贷等产品，实现海上渔排养殖权和海上渔排设施可抵押登记，有效盘活渔排、"养殖权"等生产要素，破解海上渔区养殖户融资难、资产抵押难问题。二是民富中心担保融资。在古田县试点成立民富中心，发展"农民专业合作社＋农户资产反担保"融资模式（合作社为社员提供担保，社员通过民间契约将"两权"、菇棚、仓储食用菌等反担保给合作社，金融机构再向社员放贷），将农户拥有的大量菇棚、仓储食用菌等资产变现。三是"龙头企业＋"供应链融资。针对福鼎市白茶产业聚集、龙头企业多、茶园和茶厂资源丰富的情况，创新推出"白茶龙头企业＋"供应链融资模式，由白茶龙头核心企业统一提供担保，银行依据上游茶厂、茶园面积、茶青交易数据、应收账款等信息向上游供应商提供信贷资金，解决龙头企业销售周期资金较长和白茶集中采摘、收购所需资金短急、量大之间的矛盾，有效提高资金使用率。

（四）盘活"数据"，推动农村"信息"变"资金"

通过信息科技手段收集农村生产、生活以及信用信息，利用大数据，改变以往单纯依赖物品抵质押的融资模式，实现用"数据"换"资金"的转变。一是打造线上审批新型服务渠道。在全省首创线上运行担保服务系统——"担保云"，系统整合"政、银、担、企"四方诉求，在全省率先实现企业担保信息共享，实现了"审批流程标准化、风控措施标准化、保后管理标准化"。该系统于2021年4月25日亮相中国数字建设峰会。截至2022年9月末，系统平台业务累计完成5.26万笔、84.69亿元。二是打造农村生产数据平台。建设白茶溯源大数据平台，对现有茶农、茶企、茶叶经纪人、茶园信息进行采集，银行可直接依据溯源平台数据发放贷款。如"茶园信息贷",银行通过茶园信息卡为农户建立茶园经济身份证,根据农户持有茶园的亩数发放相应的信用贷款,最高授信20万元,打破以往只有林权证的山地茶园才能向相关部门质押贷款的限制。"茶企贷"申请者只要提供商标授权码、福鼎白茶授权码、厂房评估等证明,无须抵押就可以贷到款,从第一道手续到最后放款只需5~7日。截至2022年9月末,累计制作并发放白茶溯源信息卡8.8万张,基于溯源系统平台发放"白茶·溯源贷"系列贷款4.46亿元。三是打造信用示范点。持续推进普惠金融信用村(镇)创建工作,寿宁县成为全省第一个以政府命名的信用县,同时对各类信用主体金融部门不断扩大授信额度、简化审批流程、加大贷款利率优惠,实现诚信信息变资金。目前已评出四批信用乡镇31个,信用村609个。

三、主要成效

通过建制度、搭平台等措施,有效拓宽抵押物范围,缓解农村经营主体贷款抵押物不足问题,帮助农村资源变资产、资产变资金。建成的全省首个农村生产要素流转融资平台,整合四大类23个品类生产要素的登记、确权、流转、交易、融资,实现与政府性融资担保公司、资产收储公司、行业协会、专业合作社的有效衔接。截至2022年9月末,宁德市辖区金融机构结合农村生产要素资源禀赋已创新推出渔排养殖贷、渔排托管贷、茶园契约贷、民宿贷等62种信贷产品,通过生产要素累计融资10.6万笔,累计融资金额120.56亿元。

江西省全境全流域生态补偿机制

一、总体情况

为认真贯彻落实习近平生态文明思想，保护好鄱阳湖"一湖清水"，江西省从生态系统整体性和流域系统性着眼，通过全面总结生态补偿机制试点和重点要素补偿办法经验，不断完善健全符合省情的流域生态补偿机制，于2015年11月由江西省人民政府办公厅印发《江西省流域生态补偿办法（试行）》（以下简称《补偿办法》），2016年省政府七部门联合印发《江西省流域生态补偿配套考核办法》（以下简称《配套考核办法》）。2016—2021年，江西省共筹集分配补偿资金174.26亿元。

二、具体做法

（一）试点先行，全域推进

一是开展试点。2008年出台了《关于加强"五河一湖"及东江源头环境保护的若干意见》，探索建立江西河湖源头区生态补偿机制，补偿范围主要包括省内五条大河流域源头以及东江源地区，共涉及40个乡镇。2012—2014年，在袁河流域的萍乡、宜春、新余市开展省内跨市水资源生态补偿试点，实施三年补偿资金共计1 500万元。二是推进省域内流域生态补偿全覆盖。出台的《补偿办法》适用范围包括鄱阳湖和赣江、抚河、信江、饶河、修河等五大河流以及九江长江段、湘江流域（萍乡水）、东江流域等，覆盖江西省100个县（市、区）。

（二）分工协作，规范透明

一是省相关部门分工协作，发展改革部门负责统筹指导和协调全省流域生态补偿工作，并会同财政部门依法对资金使用情况进行监督检查或审计检查；财政部门负责流域生态补偿资金的筹集、结算工作；生态环境部门负责制定水环境质量考核评分办法，并牵头负责水环境质量年度考核评分；林业部门负责制定森林生态质量考核评分办法，并牵头进行森林生态质量年度考核评分；水利部门负责制定水资源管理和水环境综合治理考核评分办法，并牵头进行水资源管理和水环境综合治理工作年度考核评分。二是考核评分及资金分配过程规范透明，按照建立生态补偿长效机制的要求，用标准化方式筹措、因素法公式分配流域生态补偿资金，明确资金筹集标准、分配方法、使用范围、管理职责分工等，实现流域生态补偿资金筹措与分配的规范化、透明化和公平公正。

（三）水质优先，多方兼顾

一是流域生态补偿资金分配将水质作为主要因素，水环境质量因素占40%权重，重点考核交界断面、流域干支流、饮用水源水质和生态红线保护区划分和保护情况，对水质改善较好、生态保护贡献大、节约用水多的县（市、区）加大补偿，进一步调动各县（市、区）保护生态环境的积极性。二是水资源管理和水环境综合治理因素占40%权重，其中水资源管理重点考核各县（市、区）用水总量控制成效，水环境综合治理重点考核各县（市、区）水环境综合治理、"河长制"推进执行、美丽中国"江西样板"打造等政策及任务执行和完成情况。三是兼顾森林生态质量因素占20%权重，重点考核各县（市、区）森林覆盖率和森林蓄积量等森林生态建设与保护成效。

（四）政府主导，多方筹资

一是坚持政府主导，探索多渠道的流域生态补偿方式，把流域生态补偿与江西省绿色崛起、国家生态文明试验区建设、赣南原中央苏区振兴发展等战略有机结合。二是采取中央财政争取一块、省财政支持一块、整合各方面资金一块、设区市与县（市、区）财政筹集一块、社会与市场上募集一块等"五个一块"办法筹措流域生态补偿资金。三是逐年增加补偿资金，2016年首期筹集补偿资金就达20.91亿元，后逐年递增，到2021年共筹集分配资金达174.26亿元，资金总量位居全国前列。

（五）责任共担，区域倾斜

一是江西省所有县（市、区）对促进全流域可持续发展和水环境质量的改善承担共同责任。二是补偿资金向重点生态区域倾斜，设置"五河一湖"、东江源头保护区及主体功能区补偿系数，在资金分配上向"五河一湖"等重点生态功能区倾斜，充分体现"谁保护、谁受益"的原则。三是设置贫困县补偿系数，2018年修订《补偿办法》，增设贫困县补偿系数，将江西省25个贫困县的补偿系数设为1.5，增加贫困县补偿资金。

（六）注重绩效，强化监管

一是建立绩效评估机制，根据补偿办法，省发展改革委联合省财政厅每年对补偿资金使用情况进行绩效评估，建立跟踪问效机制。二是强化资金监管机制，《补偿办法》指出补偿资金可由各县（市、区）政府统筹安排，但强调应用于生态保护、水环境治理、森林质量提升、水资源节约保护和与生态文明建设相关的民生工程等。三是建立奖罚机制，要求各部门强化对生态环境各项指标的监控，对发生重大（含）以上级别环境污染事故或生态破坏事件的县（市、区），扣除当年补偿资金的30%～50%，所扣资金纳入次年江西省流域生态补偿资金总额。

三、主要成效

（一）江西省环境质量明显改善

实行全流域生态补偿以来，江西省生态环境优势进一步巩固。一是全省境内"五河一湖"流域水质持续改善。2016年，全省地表水Ⅰ～Ⅲ类水质断面比例为81.4%，主要河流断面达标率为88.6%，全省主要河流地表水全部优良。2021年，全省地表水水质稳步提升，全省地表水Ⅰ～Ⅲ类水质优良比例为93.6%，主要河流水质优良比例99.4%，水质均为优。二是空气质量稳步提高。2016年，全省设区市优良（达标）天数比例均值为86.4%。2021年，全省设区市优良（达标）天数比例均值为96.1%，较2016年上升了9.7个百分点。

（二）居民收入稳步提高

一是流域源头居民通过参与生态保护修复工程获得工资性收入。流域上游政府获得生态补偿资金，用于生态保护民生工程，居民通过参与生态保护修复工程提高收入。2020年，江西省25个贫困县全部顺利脱贫摘帽。二是生态环境的持续改善吸引客商投资，强化经济增长动力，吸收居民就业。各地充分发挥生态优势，因地制宜发展"生态+旅游业""生态+大健康"等产业，通过产业带动就业，通过就业提高收入。2016—2021年，流域居民人均可支配收入由20 110元提升到30 610元。

江西省建立完善东江流域上下游横向生态补偿机制

一、总体情况

东江发源于江西省赣州市，涵盖寻乌、安远、定南三县及龙南、会昌部分乡镇，是我国香港和广东珠江三角洲经济圈多个城市的重要饮用水源。半个多世纪以来，为保护东江源水质，源区各县精心呵护"一江清水"。2016年，江西、广东两省签订《东江流域上下游横向生态补偿协议》，正式启动首轮东江流域生态补偿试点工作，每年根据水质达标情况实施横向补偿。2018年首轮协议期满后，江西、广东两省在首轮试点工作取得明显成效基础上，就第二轮横向生态补偿达成一致，于2019年12月签订了《东江流域上下游横向生态补偿协议（2019—2021年）》，继续推进东江流域上下游横向生态补偿并建立长效机制。第三轮东江流域上下游横向生态补偿协议会谈已达成初步共识，人民日报头版头条刊发《清清东江水　润泽大湾区》，改革经验做法列入《国家生态文明试验区改革举措及推广清单》。

截至2022年6月底，东江流域共获补偿资金26亿元，全部用于东江源区生态修复和环境综合治理。通过一系列努力，生态补偿机制体制不断完善，生态补偿项目建设稳步推进，东江源区生态环境保护取得明显成效，流域出境考核断面水质显著改善，2021年达本地区历史最好水平，寻乌水兴宁电站断面、定南水庙咀里断面水质达标率均为100%。

二、具体做法

（一）高位推动，加大资金投入

2016年实施东江流域生态保护补偿工作以来，赣州市委、市政府持续强化顶层设计，加强组织领导，以项目实施为抓手，将东江流域生态补偿项目列入市重点建设和调度项目；流域源区县均成立了由县委、县政府主要领导任组长的试点项目推进领导小组，负责总体调度工作。

（二）完善机制，加强规划编制

在江西省"河湖长制"框架下，赣州市建立了市、县、乡（镇）、村四级"河长"组织体系，全面落实党政领导干部责任制。针对东江源区复杂的生态环境保护难题，重点突出精准治污，编制了《江西东江流域生态环境保护和治理实施方案（2019—2021年）》，为工作开展提供科学依据，分污染防治、生态修复、水土流失治理、饮用水源地保护和环境监管能力建设等五大类编制具体项目，规划资金31.6亿元。编制《赣州市东江流域水生态环境保护"十四五"规划》，围绕东江流域水生态环境质量改善系统规划了43个生态环境保护项目，已通过珠江流域生态环境监督管理局和江西省生态环境厅组织的专家审查，即将正式印发。

（三）注重评估，强化责任落实

聘请第三方对东江首轮试点工作进行总体绩效评估，从水质提升、资金使用、项目实施等方面进行评价，评价结果用于指导第二轮东江流域上下游横向生态补偿工作。印发了《赣州市东江源区上下游横向生态补偿工作绩效评价办法（试行）》，参考绩效评价结果进行资金分配。各县充分履行监督主体责任，强化绩效考核，如寻乌县已设立各乡镇交界断面53个，对生态环境保护年度目标考核不达标的乡（镇）和单位，实行"一票否决"，并对水质评估结果居后的乡镇追责。

（四）加强执法，巩固治理成效

在全省率先设立生态检察处、成立环资审判合议庭，加快探索"三合一"审理模式。安远、寻乌、会昌创新生态综合执法模式，有效整合林业、水利、环保、国土、矿管等方面执法力量，实行"统一指挥、统一行政、统一管理"，2016年至今累计开展执法巡查4 966余车/次，制止破坏生态环境行为1 259起（含联合执法行动），受理、查处行政案件274起，受法律法规惩处80余人。

（五）联防联控，实施流域共治

2020年12月，赣粤两省生态环境厅、水利厅签订《赣粤跨省流域突发水污染事件联防联控合作协议》，商定建立联合协作机制、研判预警机制、科学应对机制、后期处置机制，涵盖跨省流域突发水污染事件事前、事中、事后处置全过程，推动东江流域联防联控机制再上新台阶。赣州市组织建立了市、县、乡镇污染联防联控机制，明确县（市、区）政府对流域内污染治理、生态保护和修复负主体责任，并指导乡镇开展日常监督、专项整治行动，保障水生态环境质量安全。2021年11月，赣州市借鉴"南阳实践"先进经验，联合河源市生态环境局、龙川县人民政府开展了东江流域赣粤跨省界寻乌—龙川段突发环境事件应急演练活动，切实提升了跨省界突发环境事件应对能力和水平，有效保障东江流域赣粤跨省界水生态环境安全。

（六）深化改革，创新治理模式

按照小流域综合治理和分区实施的总体思路，摸索出了一套山上山下同治、地上地下同治、流域上游下游同治的"三同治"模式及项目建设和管理同步推进、相互结合的方法。采取PPP模式，引进企业参与农村环境治理，探索"政府主导、农民主体、社会资本参与"的"三位一体"新模式。

（七）发展升级，壮大绿色产业

大力发展通用设备制造、风力发电、光伏发电等绿色产业，引进首位产业72个，签约金额288.09亿元，风力发电总装机容量达63.69万千瓦。加快绿色农业发展，源区生态农业面积达13.6万亩。着力打造各类旅游区、度假村等生态旅游产业，生态资源优势进一步转化为发展优势。

（八）聚焦"生态+"，培育发展动能

源区各县走好"生态+"路子，为经济发展注入"绿色"动力。如寻乌县探索"生态环境整治+乡村旅游发展+精准扶贫"可持续发展模式，实现"废弃矿山"变"金山银山"；探索"生态移民+就业园区"发展模式，在移民新村中同步配套就业园区，同步解决了移民就业创业问题；探索"生态保护+退果还林"修复模式，借治理果业黄龙病契机，征收果园、退果还林，实施低质低效林改造工程，提高林地质量。

三、主要成效

（一）出境水质逐步改善

补偿协议确定的东江流域江西、广东两省行政跨省界监测断面为庙咀里和兴宁电站，考核监测指标为pH、高锰酸盐指数、五日生化需氧量、氨氮和总磷。自2016年6月起，与广东省按月开展了东江流域跨省界断面水质的联合监测工作。根据2017年东江流域跨省界考核断面水质两省联合监测结果，东江流域赣州市出境水质稳中向好，均达到或优于《地表水环境质量标准》Ⅲ类水质标准要求，达标率100%，特别是实施东江流域生态环境保护与治理工程项目以来，水质明显改善，氨氮、总磷等主要污染指标呈下降趋势，两个出境断面水质改善非常明显，2021年1—12月寻乌兴宁电站断面水质均值达到Ⅰ类标准，定南庙咀里断面水质均值达到Ⅱ类标准。

（二）经济效益显著提升

各县探索"生态环境整治+乡村旅游发展+精准扶贫可持续发展"模式，大力发展猕猴桃、蓝莓、百香果等生态农业，引进通用设备制造、风力发电、光伏发电等新兴工业，打造三百山旅游景区、九曲河度假村等生态旅游，实现废弃矿山变金山银山，在移民新村中同步配套就业园区，取得良好的经济效益。

（三）社会效益初步显现

各县不断加强生态文明建设的宣传和舆论引导，深入推进"赣南新妇女运动""共饮一江水、赣港一家亲"等系列活动，引导社会各界参与环境保护。建立环境污染问题媒体监督制度，群众环保意识显著提高，增强了全社会参与生态保护的自觉性。项目实施改善了当地和下游居民的饮水质量，进而提高了居民的生活质量，促进了当地就业，维护了社会的稳定，产生了较大的社会效益。

江西省抚州市深化国家生态产品价值实现机制试点打造"两山"转化引擎

一、总体情况

作为全国生态产品价值实现机制试点城市，江西省抚州市深入学习贯彻习近平生态文明思想和习近平总书记视察江西重要讲话精神，以机制体制改革创新为核心，在破解生态产品确权、核算、评估、交易等方面积极探索，在绿色金融创新、价值转换路径、构建制度支撑体系、营造绿色生活氛围等方面主动作为，走出一条政府主导、企业和社会参与、市场化运作、可持续的生态产品价值实现路径，试点工作取得了可喜成效。

二、具体做法

（一）积极构建生态产品确权核算评估交易体系，夯实"两山"转化基础

积极推进清理规范林权确权登记历史遗留问题全国试点工作，推广农（林）地经营权、古屋古建使用权确权颁证。遵循《江西省生态产品总值核算规范（试行）》，搭建全市域GEP精算平台，开展GEP精算成果运用试点。推广农村承包土地经营权抵押贷款价值和林权评估基准价评估，打造古屋古建线上评估交易平台。完善生态资产交易管理办法，推广资溪"两山银行"标准化运营模式，建立全市域"两山"转化中心。

（二）改革创新绿色金融产品与服务，增添"两山"转化活力

积极组建生态专属机构，全市已成立28家生态专属机构和绿色保险产品创新实验室。创新推出生态信贷产品，创新推出生态信贷通、古屋贷、畜禽智能洁养贷、地押云贷、公益林收益权质押贷、砂石贷、"信用+"多种经营权贷、林下经济收益权贷等30余种专属信贷产品。创新碳金融工具，先后推出碳币贷、碳汇贷、碳减排贷，"保险+科技+服务""碳汇+保险""碳汇林价值保险""碳汇价格指数保险"等模式并落地生效。创新生态信用体系，出台了企业生态信用评价、个人生态信用积分和生态信用行为正负面清单等文件，为生态信用成果在绿色金融等方面的应用奠定基础。构建风险缓释机制，一是建立风险补偿金制度，政府与银行按1∶8比例配置风险补偿金，共同分担风险；二是推行农业商业性补充保险制度，有效提升生态产品应对灾害风险和抵御市场风险能力；三是建立全市域林业收储中心，通过市场化、专业化运营提高生态资产市场价值，解决生态资源处置难的问题。

（三）持之以恒发展绿色产业，拓宽"两山"转化路径

大力实施农业立市战略，用工业思维发展农业，以农业"百亿产业、十亿企业"龙头引领工程，林业"千万资源变千亿产值"行动为抓手，加快推动农业产业规模化、集约化、标准化，提升精深加工水平。大力构建绿色标准体系，制定生态产品核算、评估、交易、农产品区域品牌、绿色金融、绿色生活、运营规范等地方标准，大力实施标准化战略，全力推进唱响全国的"抚州标准"。重点打造"赣抚农品"农产品区域公用品牌，稳步推进生态产品质量认证采信试点，力促生态产品价值良好实现。积极培育传统产业绿色转型，做大做强新

能源汽车及零部件、有色金属精深加工两大优势产业和现代信息、新能源新材料、生物医药、绿色农产品深加工四大新兴产业，建设全国区域新能源汽车制造中心。大力发展生态文化旅游，依托历史文化、自然生态等资源优势，创新思路和举措，不断丰富旅游新业态，推进旅游与文化体验、生态建设等有机结合。快速推进重点文旅项目建设，不断完善基础设施配套，健全完善运营机制，努力提升服务水平，加大宣传推介、营销策划力度，优化旅游产品供给，推动文旅产业高质量发展。

（四）建立健全工作机制，提供"两山"转化保障

完善工作推进机制，制定了试点工作专班工作调度、工作专报、重点工作交办督办、考核和定期培训跟班等制度，完善了"周会商、月协调、季推进、年考核"机制。完善考核机制，探索将GEP核算结果作为生态文明建设实绩考核的重要内容，纳入市、县经济社会高质量发展综合评价中，并逐步提升生态产品价值实现分值权重占比。积极推广碳普惠制，在全国首创绿色低碳生活"绿宝"碳普惠制，凡步行、自行车和公交车出行、网上办公、参与公益活动等低碳行为，都给予"碳币"奖励，引导市民绿色出行、低碳生活。打造公共机构节能碳普惠平台，建设公共出行低碳场景，制定碳普惠交易管理办法、将碳普惠核证减排量纳入全市生态资产交易平台交易，为实现碳达峰碳中和探索了新的实施路径。

三、主要成效

试点开展以来，抚州市古村落确权抵押利用、"信用+"多种经营权贷款等4项创新机制入选第一批《国家生态文明试验区改革举措和经验做法推广清单》，实体化运作"两山银行"和创新"畜禽智能洁养

贷"金融产品入选国家长江经济带绿色发展第一批经验做法清单，碳普惠制度入选第三批国家新型城镇化综合试点等地区经验推广名单，先后获批全国林业改革发展综合试点市、国家级全域森林康养试点建设市、"十四五"时期"无废城市"建设市。

江西省资溪县精确核算生态价值
精准助力"两山"转化

一、基本情况

资溪县地处江西省东部、武夷山脉西麓，国土面积 1 251 平方公里，森林覆盖率高达87.7%，是江西省首个提出"生态立县"发展战略的县。资溪县作为抚州市国家生态产品价值实现机制试点重要承接县，敢为人先、先行先试，将生态产品价值实现机制试点上升为推动县域经济社会发展的"总抓手"，在生态产品价值核算、抵押、流转等方面积极探索，在生态补偿、生态产权融资、生态权益交易等方面主动作为，积极探索绿水青山与金山银山的双向转化路径，形成了以产业生态化和生态产业化为主体的生态经济体系，逐渐走出了一条经济发展与生态文明水平提高相辅相成、相得益彰的发展新路。先后获得了国家重点生态功能区、国家生态文明建设示范县、中国天然氧吧、全国森林旅游示范县、国家森林康养基地、国家全域旅游示范区、国家生态综合补偿试点县、国家"绿水青山就是金山银山"实践创新基地等多张"国字号"生态名片。

二、具体做法

以国家生态产品价值核算规范、江西省《生态系统生产总值核算技术规范》DB36/T 1402—2021为指导，综合运用卫星遥感、地理信息系统、人工智能等技术，结合资溪县自然资源、地形地貌、生态环境、社会经济等多源数据，以县域全覆盖生态图斑为基本单元，制作GEP

精细数据、编制GEP精确报告、开发GEP精算平台，实现资溪县GEP图斑级精细核算、多维分析与可视化呈现，科学精准地核算出资溪县生态产品所蕴含的经济价值，为有效解决生态产品"难度量、难抵押、难交易、难变现"等问题以及精准打通"资源变资产、资产变资本、资本变资金"的转化通道提供依据，助力生态优势转化为经济优势，推进生态产品价值高质量实现。

（一）制作GEP图斑级精细一张图数据

资溪县认真总结前期GEP核算工作经验，积极创新，以与实际地物相符合的生态图斑作为GEP核算的最小空间单元。在精细的生态图斑上融合多源数据，结合GEP核算指标模型体系，精准绘制资溪县GEP全覆盖精细化空间分布一张图，为每一个生态图斑贴上"价值标签"，为加快建立生态产品价值实现机制提供精准数据支撑。

（二）编制GEP年度精确报告

资溪县以年度GEP图斑级精算数据为基础，精确编制呈现资溪生态价值、助力资溪生态发展的年度GEP精算报告，在报告中融入精细化、空间化、定量化的核算指标多维分析、分区域分领域多级专题分析、价值变化分析等内容，为推进资溪生态文明建设提供智慧支持。

（三）搭建GEP精算数字化服务平台

以"GEP+"助力生态产品价值实现为核心理念，设计开发资溪县GEP精算数字化服务平台，集数据管理、多维度分析、可视化展示、兴趣区生态价值在线计算、生态产品价值实现应用扩展等功能于一体，将资溪县丰富的生态资源、精准的生态价值以信息化的手段直观呈现，有利于深入挖掘资溪生态产品所蕴含的经济价值，为资溪县因地制宜探索建立生态产品价值实现路径提供重要抓手，是践行"两山"理念的重要举措。

（四）设计开发"两山"转化中心应用模块

2020年8月，在全省率先创建"绿水青山就是金山银山"价值转化服务中心（简称"两山"转化中心），为探索生态产品价值实现机制提供了有益启示。以资溪县GEP一张图平台为载体，从"两山"转化中心实际业务需求出发，设计开发"两山"转化中心应用模块，整合县域全覆盖的山、水、林、田、湖、草等碎片化生态资源，结合图斑级生态产品价值精算结果，将生态资源"明码标价"摆上货架，集成"两山"转化中心价值评估项目，为发展绿色金融、打通"资源—资产—资本—资金"的转化通道提供数据和平台支持。

三、主要成效

通过开展资溪县年度GEP精算工作，逐步建立起多部门基础数据采集报表机制、图斑级生态产品价值精算体系、生态产品价值精算应用体系等。经核算，资溪县2020年GEP总值为366.3亿元，约为当年资溪县地方生产总值GDP（44.97亿元）的8.1倍，显示了资溪县生态系统良好的资源基础，丰富的生态资源中蕴含了巨大的经济价值，具备较大的价值转化空间。

一是时间维度上，2020年资溪县GEP总值相较2019年增长9.55亿元，增幅2.68%，单位面积GEP相较2019年增长了0.76万元/公顷，资溪县生态状况稳定向好。

二是空间维度上，立足资溪生态系统空间分布格局，结合精细化GEP核算结果，形成县—乡镇—村—图斑四级GEP核算体系，摸清不同区域生态本底及价值分布情况，为进一步优化生态产品空间分布格局提供指南。

三是领域维度上，结合县域全覆盖图斑级GEP精算结果，开展毛竹、白茶、森林碳汇等专题分析，精准呈现资溪特色资源的生态价值分布情况，为助力碳排放权和碳汇交易、"纯净资溪"公用品牌价值提升提供重要参考。

江西省吉安市全域推进GEP核算试点加速"两山"转化进程

一、基本情况

吉安市位于江西省中部,国土面积2.53万平方公里,人口540万,是革命摇篮井冈山所在地。境内有罗霄、雩山两大山脉,五百里赣江穿境而过,是长江经济带发展的重要生态屏障。近年来,吉安市深入践行习近平生态文明思想,加快推进国家生态文明试验区建设,走出了一条以生态优先、绿色发展为导向的高质量发展新路径。全市森林覆盖率、空气质量优良率、国考断面水质优良率、万元GDP能耗等指标均位居全省前列,获得全国生态保护与建设示范区、国家循环经济示范城市、国家低碳城市、最具生态竞争力城市、国家"无废城市"、国家废旧物资循环利用体系建设重点城市等多种"国字号"生态荣誉。

2021年6月,江西省委、省政府明确将吉安市列为全省首批GEP核算试点市,吉安市迅速启动市、县两级GEP核算工作,为生态产品实现"度量、抵押、交易、变现"积极探索吉安经验。吉安市在江西省率先形成市、县两级GEP核算成果,全市2018、2019、2020年GEP价值总量分别达到5 190.90亿元、5 297.87亿元、5 851.12亿元,分别为当年GDP的2.98、2.54、2.70倍。

二、主要做法

（一）立足"四建"抓核算，精准测量生态本底

一是建工作机制。将GEP核算及生态产品价值转化工作列入全市"大改革引领大发展重点改革项目"，由市政府主要领导亲自领题推进，成立了改革专项推进工作组，召开全市推进大会专项部署。二是建核算体系。对标国家、省生态产品总值核算规范等政策文件精神，结合吉安实际，构建覆盖市、县两级的GEP核算体系，围绕物质产品价值、调节服务价值、文化服务价值三大领域、12项重点生态产品指标，建立了涵盖市本级及13个县（市、区）、53个大类基础数据采集体系。三是建采集体系。建立健全由市、县两级发展改革部门牵头，自然资源、生态环境、农业等15个部门联动的工作机制，开展20余场现场交流培训、三轮数据采集及审核工作，夯实基础数据本底。四是建论证体系。形成核算结果后，召开征求意见座谈会及专家论证会，广泛收集专家及各地各部门意见，强化核算结果论证评估，确保核算成果真实可靠。

（二）立足"四块"建平台，动态展示生态资源

强化数字技术运用，建设GEP核算服务平台，通过标准化接口，实现全市多源生态产品数据的精准管理、动态展示与持续更新。一是建设在线核算模块，开展"一键核算"。按照江西省GEP核算报表制度，进行53类基础数据的在线采集，市、县两级主管部门在线开展数据填报与审核，实现统一填报、一键核算。二是建设生态图斑模块，展示"生态资源"。系统展示全域生态系统分类，呈现生态图斑，在线查看各个图斑和区域物质产品、调节服务、文化服务等各类生态资源分布情况及价值量。三是建设GEP总览模块，实现"多维分析"。通过

行政区、年份、GEP核算指标3个维度进行GEP总览，实时掌握各行政区、各年度、各项生态指标价值变化情况。四是建设项目影响模块，评价"项目影响"。以各类建设项目为考察单位，评估项目地块范围内GEP项目建设前后主要指标的变化，精准测量项目建设对区域环境影响。

（三）立足"四破"促转化，全面拓展转化路径

一是抓好评估确权登记，破解"度量难"问题。在全域推进GEP核算试点的同时，市、县制定出台自然资源统一确权登记工作方案，启动自然资源确权登记信息化建设，全市国家级风景名胜区完成自然资源所有权登记通告。二是搭建市场化交易平台，破解"交易难"问题。依托GEP核算成果及生态资源资产清单，在生态资源禀赋良好的万安县、泰和县、井冈山市等组建"两山资源控股公司""生态强村公司"等市场化交易平台，积极开展农业、林业、旅游、砂石、水资源开发收储及运营工作，推进生态鱼全产业链等项目建设，探索生态产品市场化交易解决方案。三是深化资源交易模式创新，破解"变现难"问题。通过核算评估，准确掌握各地林业、碳汇、水等资源富余量，并积极推进交易模式创新。推行集体统一经营的林权流转，通过江西省公共资源交易网站进行网上公开交易，全市林权流转132宗、1.03万亩。井冈山市创新"碳汇+司法"机制，通过江西省综合环境能源交易系统完成全省首例自愿认购碳汇替代性生态修复。推动螺滩水利水电中心与江西明盛纸业有限公司完成了全市首起水权交易、交易量达30万立方米。四是深化绿色金融产品创新，破解"抵押难"问题。构建生态产品金融服务体系，创新推出与生态产品价值核算相挂钩的"GEP贷""碳汇收益权质押贷""砂石贷""绿色脱贫贷"等绿色信贷产品。上饶银行向泰和县发放"砂石贷"1.5亿元。赣州银行向遂川县投放全省首笔碳汇收益权质押贷款500万元。截至2022年6月底，

全市绿色贷款余额达到307.99亿元、比年初增长35.44%，较去年同期增加116.03亿元、增长60.45%。

（四）立足"四进"建机制，积极探索成果运用

一是"进考核"。探索建立GDP、GEP双考核机制，打造一手抓GDP、一手抓GEP的管理模式，推动形成以GDP增长为目标、以GEP增长为底线的政绩观。二是"进补偿"。修订完善生态补偿制度，推动制定市场化、多元化的生态补偿办法，科学落实生态补偿政策。三是"进规划"。将GEP提升目标纳入国民经济和社会发展规划，推动实现GDP和GEP规模总量协同增长。四是"进交易"。建设"数字两山"平台，研究制定基于GEP核算的生态产品市场交易制度，加速生态产业化、产业生态化。

三、主要成效

（一）生态本底全面厘清

采用统一标准、统一数据统计口径、统一核算指标、统一核算方法，开展全市及13个县（市、区）2018—2020年三年核算，形成各地生态系统生态总值变化曲线，为推进生态环境综合治理、考核评价、价值转化提供有效支撑。

（二）体制机制持续创新

通过全域开展GEP核算，深化各地各部门对推进生态产品价值转化工作的认识，一批市场化交易平台加速建立，绿色金融产品不断涌现，林权、碳汇、水权等资源交易模式不断创新，全市"两山"转化

体制机制更加灵活高效。

（三）绿色产业持续壮大

通过GEP核算，厘清生态产品价值本底，因地制宜推进生态产业化、产业生态化发展。井冈蜜柚等六大特色富民产业持续壮大，全市种植面积突破600万亩。发展稻渔（虾）面积11.01万亩、稻虾产业综合产值超过10亿元。羊狮慕、钓源古村、蜀口生态岛等一批绿色精品旅游点加速涌现，实现生态效益与经济效益相统一。

江西省婺源县打造生态产品价值
实现"篁岭模式"

一、总体情况

"梯云村落、晒秋人家"篁岭古村，建村于明朝宣德年间，迄今已有580余年历史，属中国传统村落。由于受地形地貌限制，篁岭古村建筑物高低错落，被人称为"挂在悬崖上的古村"。近年来，篁岭古村生产生活条件不佳，整个村庄呈现"人走、屋空、田荒、村散"状态。面对"篁岭困境"，江西省上饶市婺源县加快生态产品价值实现转化，成功打造天街访古、花海览胜、古宅民宿、冰雪世界、乡村奇妙夜等特色项目，成为集古村慢游、农业观光、民俗体验、休闲度假等于一体的综合性旅游胜地。

二、具体做法

如何利用篁岭古村生态资源，保护农耕文明，助力村民脱贫致富，是婺源县迫在眉睫的大事。在充分调研论证的基础上，婺源县出台古建筑保护政策，支持篁岭古村创新"古建筑异地搬迁保护"举措。同时，引进社会资本对篁岭古村进行保护开发，将生态资源优势转化为产业发展优势。

（一）拓宽生态产品价值转换通道

以完善产权政策为核心，实施小产权房办证试点、产权置换、资源入股、土地流转等一系列举措，通过市场化运作，投资建设篁岭新村，推出篁岭古村"整体性转让、整村式搬迁、市场化开发、股份制运营"新模式。创新性采取"公司+景区+农户"的形式，成立农村经济合作社，篁岭村民以山林、果园、古屋等资源入股旅游发展公司，依托祠堂、古树、巷道等公共资源和流转给景区的田地，每年可以从公司旅游收益中获得上百万元资源费、流转费等生态分红。

（二）社会资本赋能生态产品价值

在婺源县政府出台扶持政策的基础上，将篁岭古村整体性保护开发项目进行规划包装、向外推介，于2009年择优引进婺源篁岭文旅股份有限公司进行打造运营，累计投入6亿多元，将篁岭古村打造成了融"特色地貌、优美生态、民宿民俗、互动体验"为一体的高端旅游景区，成为"中国乡村旅游皇冠上的明珠"。2018年3月，中青旅控股股份有限公司对篁岭古村二期项目追加投资9亿元，不断扩大篁岭古村的社会融资规模。

（三）市场运营提升生态产品价值

篁岭古村形成了以"整村开发、生态入股、就业创业、品牌创建"为特色内核的市场化运营模式，以"篁岭晒秋图"为核心意象的创客化品牌符号，以"民宿民俗+互动体验"为宏观主题的时代化旅游景区。随着游客蜂拥而至，山下篁岭新村扩至220户，发展农家乐、民宿产业的有120户。2021年，受疫情影响，篁岭景区仍接待海内外游客100万人次，日游客量最高达2.6万余人，投资回报强势显现，生态效益日趋凸显。

（四）共建共治共享生态产品价值

按照"共同入股、共同保护、共同开发、共同受益"的原则，积极引导村民从事农副产品生产经营和旅游商品加工增收致富，涌现了"晒秋大妈""米粿达人""抖音新秀"等网红职业。篁岭景区按照"每户至少一人"的标准返聘搬迁村民，鼓励有手艺、有专长的贫困户回景区生活，参与旅游业态经营，活态呈现古村生活和古村文化，让古村更有烟火气。160多名村民在景区就业，实现人均增收3.5万元，户均增收10万元，实现了村民与景区共赢。

三、主要成效

篁岭古村奏响"整体搬迁、精准返迁、产业融入"三部曲，打通了生态产品价值实现的"篁岭通道"，实现了从"衰败村"到"网红村"的华丽转身，先后荣获"全国特色景观旅游名镇名村示范点""中国乡村旅游模范村""中国乡村旅游创客示范基地""全国乡村旅游超级IP村""中国商旅文产业发展示范乡村"等诸多荣誉称号，打造了"四季不落幕"的乡村旅游胜地和全域旅游样板，呈现出"青山绿水不变、村民返居兴业、乡村文明开放"的新面貌，备受瞩目、广受好评。

（一）保护了生态

篁岭古村的"企业运营"管理模式和"生态入股"发展理念，打破了以往景区一次性买断乡村旅游资源经营权的传统发展模式，创新采取"公司+农户"形式，将村庄水口林、古树木等生态资源纳入股本，将村民的山林、果园、梯田等资源要素进行有序流转，与农户共同开发农业观光体验项目，实现了企业与农户"共同入股、共同保护、共同开发、共同受益"，让村民由"庄稼汉"变为"造景工"，开创了"生态入股、红利共享"的新格局。

（二）传承了文化

篁岭古村通过"人下山、屋上山、貌还原"的整体打造，推动了古村民俗文化的保护、开发与传承。产权置换为景区赋予了明晰的法律保护，文化底蕴深厚的古村被施予了一场精准的"整容术"，达到了"一幢一风格、一屋一品位""外面五百年、里面五星级"的效果。一栋栋错落有致的古民居，通过内涵挖掘、文化灌注、活态演绎等方式，凸显了古村文化"原真性"和民俗文化"原味性"，促进了文化活态传承及创造性转化、创新性发展。

（三）创造了典范

篁岭"半空心村"发展旅游业，创造了乡村旅游的"篁岭典范"。一是用活市场经济手段。通过市场化运作，实现了整村搬迁，并在"复古"村落和"复活"文化的基础上，朝着高端食宿、会议会所、购物天街、山乡休闲、民俗体验等方向发展。二是摆脱门票经济依赖。在经营上走门票与经营复合的路子，通过休闲度假、旅游会展、民俗体验、文化演艺等综合旅游消费取得更大收益，推进旅游转型升级。三是弘扬地域民俗文化。围绕乡村文化元素主线，遵循地域民俗文化特色，发展休闲旅游文化产业。四是促进社会共同富裕。采用"企业＋农户""企业＋协会"等形式，与农户共同开发观光农业，经营旅游相关产业，达到了"产业共建、利益共享"，实现了"就地就业"，打造了"命运共同体"，促进了"共同富裕"。

江西省武宁县大力推进生态管护员制度的创新实践

一、总体情况

江西省九江市武宁县作为江西省生态大县、林业大县，多年来致力于生态资源的科学保护、合理开发和制度创新，特别是在全省率先实施生态管护"多员合一"制度，破解了"九龙治水"难题，形成了"力量精干化、资源集约化、管护全域化、效益多元化"的"四化"管护新路子，并在此基础上迈出"数字乡村"建设的新步伐，引入智能化管理平台构建"事常管、景常美、民常乐"新境界，实现了农村面貌品质提升、环境洁美，生态环境的生态效益和社会效益不断提升。

二、具体做法

（一）"多员合一"接地气，开创长效管护新格局

为保护好一域青山、一片绿水，武宁县先后设立了卫生保洁员、护林员、养路员、河道巡查员等公益性岗位。从2018年开始，为改变过去多头管理、职责分散、权责不清、待遇偏低等种种问题，按照"一抓到底，构建常态"的理念，武宁县积极探索生态管护新机制，正式推行农村生态管护"多员合一"制度，制定出台了一系列配套文件，不断发展完善相关制度，开创了生态管护新格局，实现了生态品质新提升。一是精心打造专业队伍。本着"依事定员"原

则，按照比例全面整合原有分散的、季节性的、收入低的护林员、养路员、保洁员、河流巡查员、网格管理员等队伍，转化为集中的、全季节性的、收入相对合理的专业队伍，实现从"九龙治水"到"专职管护"，全县生态管护队伍力量由整合前的2 219人精简至800人。二是建立资金统筹机制。整合原护林员、保洁员补助和乡村公路养护费，县财政统一安排生态环境管护专项资金。同时，对管护员实行网格化管理和绩效考核，管护员收入由基础工资（占比70%）和绩效工资（占比30%）两部分组成，从以往每人每年3 000～5 000元提高至每人每年2万元，有效提高了生态管护员的工作热情。全县总体投入由原来每年2 000万元降至1 700万元，下降了15%，政府既集中了工作力量，提升了工作效率，又减轻了基层负担，实现资源、资金使用效益最大化。三是压实各方监管责任。建立县、乡、村三级督查机制。县生态办组织成员单位按照"月巡查、季度评比、年终考评"机制进行督查；乡镇生态办每月巡查两次以上，做到组组必到并建立巡查台账，列出问题清单，采取销号管理；各村每周巡查两次以上，发现问题及时整改。

（二）"5G服务"显底气，构建长效管护新模式

2020年，武宁县依托江西省"'万村码上通'5G+长效管护"平台的基础，试点建设了"武宁县农村人居环境整治信息化平台"，实现大数据预警、点对点监测、智能化服务，给长效管护插上科技的"翅膀"。一是实行云台统管。平台将全县农村居民生产生活区域统一纳入一个立体空间，综合考虑村庄类型、山林面积、公路里程、河流长度等因素，合理划分为若干个管护单元。推行"四个一"（一平台、一中心、一张图、一个端）运行模式，运用"5G+管理"技术，实现全县农村人居环境治理工作统一指挥调度、长效管护大数据告警分析和预警研判、长效管护综合管理服务。二是推行远程监控。在全县乡村主要

交通路口人流量大的密集场所、垃圾中转箱和生活污水检测站配备590余个监控摄像设备，接入指挥大厅调度中心，360度全方位展示田园山水。三是试行终端监管。与省级"'万村码上通'5G+长效管护"平台无缝对接，对于群众通过平台上报的农村改厕、村庄垃圾、生活污水、村容村貌等相关问题进行可视化管理和调度，由区域管护员核实、处理，确保在群众上报事件第一时间内登记，72小时内办结，5天内反馈情况。

（三）"共治共享"聚人气，凸显长效管护新内涵

把长效管护作为提升乡村治理效能的有力抓手，通过政府主导并发动群众参与、凝聚各方力量，形成"共治、共建、共享"的强大合力。一是政府主导提"颜值"。积极践行"全生命周期"管理理念，按照"三年扫一遍"要求，全面落实精心规划、精致建设、精细管理、精美呈现的"四精"理念，将生态、旅游元素融入秀美乡村建设，实现"串点、连线、成片"效果，打造一批新时代中国特色社会主义新农村的样板示范，奋力实现秀美乡村"从建成到建好、从管住到管好、从干起来到干得好"的转变。二是群众主体管长远。按照"谁受益、谁出资"的原则，群众保洁费按每人每月1元缴纳（财政统筹、乡镇自筹、群众有偿服务按8∶1∶1比例分摊），用于村庄保洁设施维护和管护员奖励。探索推行"五好家庭""清洁家庭"创评自治机制，将农户做好"门前三包"环境卫生、移风易俗等以积分制登记入册、实行积分兑换物资，量化、评比、表彰村民的文明行为，引导村民把环境管护当作自己的事。三是乡村治理走新路。实施生态管护制度以来，生态管护员队伍优先吸纳了238名有劳动能力的贫困群众就地就近就业，实现了一人就业、全家脱贫。他们"公示"上岗，积极做好卫生保洁、河道巡查、道路养护、沟塘清淤、公厕维护等工作，接受社会和群众监督。

三、主要成效

（一）深刻体现人居环境治理重大深远意义

一是武宁县搭建的农村人居环境治理"'万村码上通'5G+长效管护"平台是积极践行"全生命周期"管理理念、健全完善农村人居环境整治闭环管理的具体行动。二是该平台是落实"五定包干"责任、加快推进乡村治理体系和治理能力现代化的重要举措。三是平台集"投诉、整改、反馈、监管、便捷"等功能于一体，精准高效地回应广大农村群众的诉求，真正把问题化解在基层，是迈出乡村善治之路的坚实步伐。四是通过平台建设引导农民群众和其他社会力量参与监管，引导村民把村庄环境整治、长效管护当作自己的事，逐步构建"共建、共管、共享"美丽乡村的工作新格局，推动乡村由"一时美"向"长久美"转变。

（二）全面实现人居环境治理智能化转变

一是实现了农村管理精细化。运用"5G+"的先进技术，将农村人居环境治理工作进行可视化管理和调度，提高农村人居环境的全局化高效管理，实施智慧化管护。平台突显四大特色优势：快，信息收集反馈快，解决问题到位快，工作效率节奏快；细，工作内容更加细致，责任措施更加细化，管理项目更加细密；全，信息建设全覆盖，管理服务全覆盖，防控触角全覆盖；专，平台受理专业，管护人员专职，任务派遣专线。二是实现了问题处理及时化。信息化平台可以实时接收群众上传问题，并及时分派给工作人员，有效地增强了农村人居环境维护的队伍力量。按照管护工作量合理划分管护员管护区域，实行网格化管理，并设立"公示牌"，将管护员基本信息、管护职责、管护区域、监督电话及二维码予以公示，接受社会和群众监督。三是实现了群众上报便捷化。通过建设武宁农村人居环境微信公众号平台，搭建了一条农村群众与人居环境整治管理的新途径，广大农村群众可以通过微信公众号以图片、视频、语音等多种方式上传发现的农村人居环境问题，使得反馈问题来源更加广泛和及时。将农村人居环境整治工作从过去的看"政府干"转变为"政府、群众一起干"，将农村"一时美"变成"长久美"，使得农村群众的精神风貌、农村的乡风文明在整洁的环境中实现了大转变，努力让广大农民有更多的获得感、幸福感。

贵州省大力创新完善水利工程
供水价格机制

一、总体情况

水利工程是全社会用水的"最先一公里"，推进水利工程供水价格改革，是落实习近平总书记提出"节水优先、空间均衡、系统治理、两手发力"治水思路的必然要求，是提升水资源配置效率、提高水资源承载能力的有效途径。贵州省委、省政府高度重视水价改革工作，2021年12月，出台《关于推进水利工程供水价格改革的实施意见》（以下简称《意见》），明确了水利工程供水价格改革目标，制定了若干政策措施。贵州省以《意见》为指导，深入推进水利工程供水价格改革，努力建立有效反映市场供求、水资源稀缺程度、生态环境损害成本和修复效益的水价机制，对保障水利工程良性运行和促进水资源可持续利用、提升水资源优化配置和节约集约安全利用水平发挥了重要作用。

二、具体做法

《意见》以更好满足人民对水资源、水生态和水环境的美好需要为根本目的，以改革创新为根本动力，系统性研究设计改革举措，创新方式方法，构建了科学、规范、透明、高效的水价形成机制，并就配套推进水利投融资和监管体制机制改革、城乡供水一体化等相关领域改革提出一揽子政策措施。价格机制改革方面的主要有以下六方面创新突破。

（一）建立"准许成本＋合理收益"定价制度

将水利工程供水价格的定价方法调整为"准许成本加上合理收益"并实行定期校核，建立了以供水经营者有效资产为基础，对水利工程供水的收入、成本、价格进行全面监管的新模式。供水经营者供水业务的准许收入由准许成本、准许收益和税金构成，在强化成本约束的同时，合理确定投资回报。改革后的定价机制更加科学、规范、透明，有利于稳定社会资本投资预期，鼓励有效投资抑制过度投资，推动供水经营者提质降本增效，促进水利工程良性运行和综合效益充分发挥。

（二）创建以社会平均成本为基础的"标杆水价＋提水动力费"定价方式

突出水利工程供水准公共产品属性，打破以经营者个性化成本定价的传统路径依赖，针对"十二五"以来以融资方式投建的中小型工程，以体现行业先进和社会公允的标杆成本为基础依据，制定标杆水价。同时兼顾公平与效率，充分结合行业技术经济规律，考虑与扬程挂钩的提水动力费对供水成本的刚性影响，在提水动力费率仍按社会平均水平核定的前提下，构建"标杆水价＋提水动力费"的定价新方式，实现不同区域同类型工程水价基本衔接，避免区域间价差过大，确保水利工程供水的普惠性、保基本、均等化和可持续，为今后研究构建上网水价机制奠定基础。这一全新定价方式有利于抑制水利工程过度投资、造价管控不当和成本无序攀升，倒逼水利行业加强工程建设必要性、经济性论证，持续提升投资效率和管理水平，增进社会福利。

（三）完善有利于促进节约用水的价格形成机制

明确具备条件的地方可逐步推行向终端用户供水超定额累进加价制度。强调持续推进农业水价综合改革，要按照农业水价形成机制、精准补贴和节水奖励机制、工程建设和管护机制、用水管理机制协同推进的原则，强化农业用水刚性约束，健全农业节水激励机制，推动农业用水方式由粗放向节约集约转变。要求加快推进城乡供水一体化，实现城乡供水"同网同质同价同服务"，提高农村供水质量，改变现阶段农村供水管网漏损严重现状。要求水利工程供水要全面实施计量计价制度。

（四）制定吸引社会资本投资建设的价格政策

对社会资本参与新建的非城乡公共供水水源的水利工程等，可由双方协商定价，鼓励和引导社会资本参与工程建设运营、优化投资结构，明确当水价调整不到位时，当地政府可安排财政性资金对供水经营者进行合理补贴，有效稳定市场投资预期。

（五）优化新建工程定价方式

在遵循成本监审规则的前提下，以经审批的可行性研究或初步设计成本参数为基础，制定新建工程试行水价，确保新建工程投运收费有据可依。如贵州省跨流域调水工程黔中水利枢纽一期工程采用"折算供水量法"，按照"受益者分摊"原则，科学归集和分摊各区段、各类供水对象承担的成本，对各类用水实行差别定价。

（六）大力提升政府定价效能

定价形式由原来的基本为政府定价调整为政府定价或市场调节价；定价方式由单一的"一库一价"调整为"一库一价"、"标杆价格+提水动力费"、区域性定价等多种方式；动态调整机制着眼于打破价格调整周期长甚至长期固化的情况，改为实行3～5年定期校核、全面建立城镇供水上下游价格联动机制；围绕提升政府定价效能，明确规范企业财务制度，实行信息公开和不当收益追溯，规范定价程序和价格行为等。

三、主要成效

通过推进水利工程供水价格改革，有效解决水利工程还本付息和运行养护资金筹集难、补偿难问题，为水利基础设施建设持续推进和工程安全良性运行提供基础性、稳定性和持续性保障，有效激发市场活力和稳定市场预期，吸引社会资本进入。截至2022年5月，全省"十二五"以来建成投运的大部分水利工程近80座已陆续完成水价核定工作，剩余工程的水价核定工作正按照建成一个、核定一个的原则滚动进行。未来，改革的深入推进和价格杠杆作用的充分发挥，将进一步提升水资源供给质量效率，促进水资源科学高效配置和节约利用，提高农业生产效率和促进农民增产增收，推动水利事业可持续、高质量发展。

贵州省铜仁市万山朱砂古镇资源枯竭型城市向休闲旅游景区华丽转身

一、总体情况

贵州省铜仁市万山区，素有"中国汞都"之称，水银产量曾是亚洲第三、中国第一。进入20世纪80年代后，万山矿资源枯竭，且生态环境破坏严重。2001年相关企业被实施政策性关闭破产，万山区失去支柱产业，老矿区成了"废区"。为了复苏万山经济，铜仁市把目光定格在文化旅游上，走生态路，念山字经，打文化牌。2015年，铜仁市以独有的丹砂文化为核心，对现有遗址和文物进行修缮性开发利用，建造朱砂古镇，让老矿区变身新景区，死资源变成了活资源。有着600多年历史的汞矿遗址被建成了国家矿山公园，成功挤入中国世界文化遗产预备名单，成为国家4A级旅游景区。

二、具体做法

（一）政企合作开新局，互利双赢共谋发展

铜仁市政府采取"政府搭建平台、引进社会资本投资运作"的模式，2015年，对原汞矿遗迹遗址和文物进行保护性整体连片开发，打造朱砂古镇旅游项目。企业聚集财力，遵循"尊重自然、顺应自然、天人合一"理念，采取"修旧如旧、历史还原、保护性开发利用"的原则，全面推进朱砂古镇景区建设。

（二）高水平规划引领，科学布局旅游空间

将朱砂古镇的发展融入万山区旅游业的总体发展，在《万山区"十三五"旅游业发展规划》《铜仁市万山区全域旅游发展规划》《铜仁市"十三五"旅游业发展规划》中，科学规划朱砂古镇在铜仁市旅游业的旅游空间布局。同时，制定《贵州省铜仁市万山朱砂古镇景区总体规划暨创建国家5A级旅游景区提升规划》，充分挖掘朱砂历史文化，由"卖资源"变为"卖风景""卖文化"，围绕红色旅游、山地旅游、体育旅游、避暑度假旅游、康养旅游、智慧旅游、文化旅游新业态，发展"绿色生态、变废为宝、可持续发展"的文旅融合旅游项目。

（三）高品质建设发展，树立绿色文旅标杆

对废墟的原汞矿开采、加工工业遗址和历史文物进行修旧如旧、场景还原、生态修复、环境美化、景观道路基础设施建设等全面改造。一是对地下采矿坑道尽可能保持原状，清理废渣，排除危险矿层，局部增加矿柱支撑顶部岩层，低矮处安装防碰头软垫，地面铺设防滑地板，确保矿洞行程安全。矿洞内植入声、光、电等科技技术及景观，提升观光效果。二是对原冶炼的污染物、废弃矿渣归堆到峡谷采取集中整治，设置多重防护措施，防止污染外泄。旅游配套项目的生活污水排入市政管网、生活垃圾每天收集外运集中处理。对原矿部可视范围内的山地、荒地进行植被绿化、造林，无法绿化的区域增加旅游设施覆盖等。三是依托原汞矿工业遗迹遗址，对老旧建筑保持外立面不变，内部按现实人们生活需求和旅游要素要求改造成博物馆、展览馆、酒店、宾馆、办公楼、娱乐厅等。通过六年的精心规划建设，打造了地下长城、悬崖栈道、玻璃栈道、悬崖泳池、悬崖酒店、那个年代怀

旧文化街、工业遗产博物馆、怀旧影院等30多个工业元素的文化旅游项目。旧房换新、基础设施完善、生态环境优化，场景美化亮化、道路通畅，使昔日破败不堪的矿区变成了山水与工业文化有效融合的旅游景区。

三、主要成效

（一）社会效益

通过政企合力转型发展，朱砂古镇景区充分利用原汞矿遗迹遗址，以万山朱砂文化为背景，以贵州汞矿遗迹为依托，实施"修旧如旧、保护性开发利用"，做到文化再现与文化重构并举，大力培育以旅游为核心的第三产业，带动一二三产业融合发展，一举改变"颓垣废井、残垣败瓦"的空城景象，开创资源枯竭型城市产业转型新路。

（二）经济效益

截至2021年底，累计已接待游客600多万人次，实现旅游综合收入3亿多元，直接解决1 000多人就业，带动100多户农家乐增收，间接拉动创业近万人，有效带动当地经济的发展。朱砂古镇通过入股分红带动750人脱贫致富，直接带动就业188人，不断创新万山旅游扶贫模式。

（三）品牌效益

2014年，朱砂古镇的前身万山国家矿山公园被评定为国家4A级旅游景区。2017年，朱砂古镇入选"绿色经济'四型产业'示范项目"，荣获"2017年度网友最喜爱的贵州十大旅游景区"。2018年入选"智慧特色小城镇试点培训计划"。2020年，被中国侨联纳入第八批中国华侨国际文化交流基地。2022年，入选国家工业旅游示范基地名单，被纳入首批省级特色小镇培育创建清单，成功入选贵州省第三批省级夜间文化和旅游消费集聚区名单。

贵州省赤水河流域生态补偿创新实践

一、总体情况

赤水河是长江上游右岸重要的一级支流，流经云南、贵州和四川三省16个县（市、区），全长445公里，在四川省合江县与习水河汇合后进入长江，是长江上游区域重要的生态安全屏障。2016年贵州省在总结省内流域生态补偿经验基础上，按照《财政部　环境保护部　发展改革委　水利部关于加快建立流域上下游横向生态保护补偿机制的指导意见》的要求，研究起草了《云贵川赤水河流域横向生态补偿方案》，提出三省共治赤水河的倡议。2018年2月云贵川三省人民政府签署了《云南省　贵州省　四川省人民政府关于赤水河流域横向生态补偿协议》，议定云贵川三省按照1∶5∶4比例共同出资2亿元设立赤水河流域横向生态补偿资金，根据赤水河干流及主要支流水质情况界定三省责任，按3∶4∶3的比例清算资金。2018年12月，三省生态环境、财政部门共同印发实施《赤水河流域横向生态补偿实施方案》，至此，跨多省流域的横向生态补偿机制在赤水河流域开展试点。

二、具体做法

（一）高位推动

贵州省委、省政府历来高度重视赤水河流域环境保护工作。省人大于2011年颁布施行了《贵州省赤水河流域保护条例》，是贵州省历史上第一个流域环境保护条例。"十二五"以来，贵州省政府先后批准实施了《贵州省赤水河流域保护综合规划》《赤水河流域产业发展规划》以及《贵州省赤水河流域环境保护规划》，是全省实施保护规划最多的流域。2014年，贵州将赤水河作为全省首个生态文明改革实践示范点，践行绿水青山就是金山银山理念，将生态文明放在更加突出位置；发布《贵州省赤水河流域生态文明制度改革试点工作方案》，确定在赤水河流域开展12项生态文明制度改革任务，其中主要一项就是建立流域生态补偿制度，通过实施改革的举措，初步建立起流域上下游联防联控、共保共治、责权明晰、政企联动的长效机制。

（二）政企联动

2014年，省级财政设立赤水河流域保护省级专项资金，2014至2021年每年投入5 000万元，2022年投入1亿元，用于支持地方实施赤水河流域生态环保类项目。2014年以来，茅台集团每年捐赠5 000万元，补助赤水河流域（贵州境）有关县（市、区）开展生态环境保护和修复。通过政企联动开展生态补偿，有效保障了赤水河流域污染治理和生态修复项目的实施。

（三）省内统筹

按照"保护者受益、利用者补偿、污染者受罚"的原则，2014年，省政府批复实施了《贵州赤水河流域水污染防治生态补偿暂行办法》，规定在毕节市和遵义市开展赤水河流域水污染生态补偿，毕节市跨界水质监测断面达到或优于地表水Ⅱ类水质的标准，遵义市向毕节市缴纳生态补偿资金，反之毕节市向遵义市缴纳生态补偿资金，年度结算后，专款用于赤水河流域水污染防治、生态建设和能力建设。通过实施生态补偿，调动了上游区域强化生态环境保护的积极性和主动性。截至2021年底，遵义市向毕节市累计缴纳赤水河流域水污染生态补偿资金0.97亿元，对上游水质持续保持优良提供了有力支撑。

三、主要成效

（一）破解全流域长期存在的环境隐患

赤水河作为三省界河，流域管辖范围纵横交错，长期以来存在上下游、左右岸产业布局、环境准入、污染物排放监管、环境执法尺度、环保资金投入力度的不一致，对赤水河生态环境保护和地区经济社会发展造成不利影响。云贵川三省通过签署赤水河生态补偿协议，实现省与省之间的相互约束和管控，为解决赤水河长期存在的环境监管难题探索了新的路径。

（二）建立"权责对等，合理补偿"工作机制

云贵川三省以构筑长江上游重要生态屏障为目标，以改善赤水河生态环境质量为目的，约定共同出资2亿元设立赤水河流域生态保护横向补偿资金，并按照"权责对等，合理补偿"的原则，实施约定水质目标的分段清算，实现水质改善、水量保障"红利"，水质恶化承担相应惩处，以此促进流域生态环境质量改善。

（三）建立"合作共治、区域协作"工作机制

云贵川三省围绕"生态保护红线、环境质量底线、资源利用上限、环境准入负面清单"等约束，坚持统分结合，协同发力，实施赤水河流域环境保护"五统一"（统一规划、统一标准、统一监测、统一责任、统　防治措施）。约定每年召开一次轮值会议，共同研究探讨赤水河流域环境保护工作，落实长江流域"共抓大保护、不搞大开发"战

略，共推"生态建设、环境保护、产业发展、区域合作"任务，有效保障赤水河流域健康、绿色发展。

云贵川三省建立赤水河跨省生态补偿机制，明确以构建长江上游重要生态屏障为共同目标，有力推进了赤水河流域生态保护，形成合作共治、责任共担、效益共享的流域保护和治理长效机制，为全国探索建立多省生态补偿机制积累了经验。近年来，赤水河环境质量稳中向好，跨省国控监测断面水质达到Ⅱ类水质标准，各支流水质达到或优于Ⅲ类，水质优良率实现100%。2018年3月，赤水河荣获"中国好水"优质水源地称号，仁怀市荣获"国家生态文明建设示范市"称号，赤水市被命名为"绿水青山就是金山银山"实践创新基地。赤水河建立跨多省域的横向生态补偿的流域，为全国探索建立多省生态补偿机制积累了经验。

贵州省江口县积极探索生态产品价值实现机制

一、总体情况

近年来，贵州省铜仁市江口县深入贯彻习近平生态文明思想，积极探索生态产品价值实现机制，在量化生态系统生产总值（GEP）基础上，不断夯实生态价值实现、生态功能服务、生态环境保护机制，逐步打通"两山"转化通道。2020年入选全省首批5个生态产品价值实现机制试点县之一。

二、具体做法

（一）建立生态产品价值核算机制

一是明确核算标准。制定《江口县生态产品价值实现机制试点实施方案》，形成以生态系统物质供给、调节服务、文化服务为主的3个一级指标，和农业产品、林业产品、水源涵养、气候调节、生态旅游等15个二级指标体系。在2021年生态文明贵阳国际论坛系列论坛上发布《贵州省铜仁市江口县生态系统生产总值（GEP）核算报告》。二是推动GEP核算常态化开展。成立县生态产品价值实现机制试点工作领导小组，建立生态产品价值实现项目管理和数据收集制度，定期向各乡镇（街道）、各部门收集统计物质供给、调节服务、文化服务的项目情况和数据指标，按时间进度、专业类别分类整理，形成江口县生态价值产品目录清单。建立江口县生态产品数据库，滚动向省生态产品价值实现机制项目库申报入库。

（二）突出生态产品价值开发

一是突出优势资源发展生态农业。立足生态资源优势，围绕生态茶、冷水鱼、中药材和特色产业，大力开展生态产品公用品牌建设，积极引导支持企业开展"二品一标"认证，建立完善产品质量安全检测体系和环境监测体系，不断提高农产品价值。二是创新发展林下经济。依托江口县丰富的森林资源和独特的地理环境，因地制宜开展森林药材产业、森林食品产业等林下种植产业，大力发展林下养殖，充分利用林下空间发展立体养殖，做大做强林下养殖业，实现林上有碳汇、林中有林蜂、林下有林药的立体产业模式。三是突出生态工业发展。建立以梵净山抹茶产业、优质天然饮用水加工为主，健康医药、绿色建材、旅游商品加工制造为支撑的"2+3"绿色工业发展体系，建成凯德特色产业园区，打造形成茶产业、水产业两个10亿元级生态特色产业集群，建成年产600吨的抹茶精制单体生产车间和年产80万吨的农夫山泉、屈臣氏饮用水加工车间。

（三）探索生态旅游产品价值实现路径

一是以"梵净山"为核心，构建"一山、一城、一带、三环、多点"的旅游发展新格局，全力创建国家全域旅游示范区和国际生态旅游目的地。持续推动文旅融合、城乡融合、产业融合、产城融合，全力推动国家全域旅游示范区创建工作。二是以"梵净山"自然资源为核心，打造森林康养基地，推进山地休闲、山地避暑、峡谷避暑、生态康养、滨水度假、医疗康复等康养度假产品开发。

（四）推出生态资源"变现"措施

严格实施生态资产确权机制。分阶段组织开展水、森林各类自然资源统一确权登记工作，划清产权主体、权属边界，为推进生态产品价值实现提供基础支撑和产权保障。搭建森林资源收储平台，通过赎买、租赁等方式，将零星分散且林地生产力较高的地方公益林调整为商品林，促进生态公益林质量提升、森林生态服务功能增强、林农收入稳步增长，大力推进自然资源资产产权登记，鼓励支持企业通过流转获得农村耕地经营权或林权，积极协调金融机构以自然资源资产产权抵押开展贷款授信服务。截至2022年，完成林权登记90 331公顷，发放林权证书11 318本，以土地经营权、林权抵押贷款5笔，共24 488.24万元。

三、主要成效

（一）生态产品价值核算助推高质量发展

连续3年完成农业产品、林业产品、畜牧产品、水生产品、水资源等物质供给，固碳、释氧、土壤保持、水源涵养、洪水调蓄、环境净化、气候调节等调节服务和人文、景观等文化服务的GEP核算工作。通过监测GEP年度变化量和变化率，进一步明确全县高质量发展的方向和重点，为推动生态产品价值向生态经济价值转化提供了实践路径。

（二）生态效益放大助推生态产品增值

大力推动以抹茶产业为主导的生态茶产业集群发展，促进现有茶园基地提质增效，发展生态茶15.97万亩。成功创建"梵净抹茶·香溢天下""梵净山珍·健康养生"等公共品牌，江口萝卜猪获国家地理标志认证，贵茶公司顺利通过AIB认证、荣获"省长质量奖"提名奖，苏铜朝阳鹿业"鹿野仙盅"产品成为全省第一个鹿系列配制酒品牌，梵之语白猕猴桃酒通过SC认证。全县累计有机产品认证企业达16家，认证面积481.4公顷，绿色产品认证企业7家，认证产量580.5吨，成功创建国家农产品质量安全县，农产品单价较2016年增长近30%，其中生态茶产值实现翻番。以水体资源为基础，两年时间实现冷水鱼养殖加工从0发展到1.5亿元，冷水鱼产量占全省28%，建成年产20吨的鱼子酱及鲟鱼产品生产加工基地。建成贵州梵净山大健康医药产业示范区，构建集中药材种质资源、制种育苗、高产示范和研发、加工、生产、销售为一体的大健康医药产业体系。

（三）生态服务功能产品挖掘增加旅游资源供给

依托梵净山资源优势，编制全域旅游发展规划，开展旅游资源普查，切实增加优质旅游资源供给，新建景区景点65个，建成5A级景区1个、4A级景区2个、3A级景区1个。构建以自驾型、憩居型、田园型、民俗型、体验型等为主的生态旅游产业体系，推动非物质文化遗产与旅游业深度融合，满足游客多样化旅游消费需求。推进国有景区和涉旅国有企业改革，鼓励社会资本投资旅游项目建设，盘活闲置旅游资源。推动旅行社和旅游渠道深度合作，实现资源联动共享、客源联动互送、业态联动发展。2022年1—11月全县接待游客576.28万人次，同比增长2.66%，接待过夜游客75.77万人次，同比增长6.93%。

（四）生态权益交易实现生态资产转化

一是大力推进碳汇森林建设。2016年，江口县被中国绿色碳汇基金会授予"碳汇城市"称号。实施单株碳汇精准扶贫试点工程，充分运用"互联网+生态建设+精准扶贫"新模式，惠及群众36户，户均增收1 000元以上。建成碳汇林2万余亩，项目计入期20年，二氧化碳减排总量共13万吨，预计碳汇交易额达600万元。二是推进国家储备林建设实现生态资源"增量"。按照农村"三变"的改革经验，探索建立"联股联业、联股联责、联股联心"机制，采取"企业+村集体合作社+农户"的模式，与农户建立生态利益联结机制。经营期内，按农户土地承包权、村集体合作社土地所有权、企业经营权分别享受利润的20%、5%、75%分红。项目总投资38.53亿元，建设规模42.52万亩，成为全省规模大、融资多、推进快的国家储备林项目建设县，2019年被列入全省国家储备林项目样板基地。

海南省昌江县以绿水青山赋能古老黎乡

一、总体情况

海南省昌江黎族自治县王下乡距县城52公里，地处海南霸王岭国家森林公园腹地，被雅加大岭和黎母岭群山环抱，拥有昌化江"十里画廊"、热带雨林、喀斯特溶洞等原始而优美的生态山水资源，境内有钱铁洞旧石器时代遗址，被民族考古学界誉为"中国第一黎乡"。这里也曾是昌江县最偏远贫穷的纯黎族乡镇，整体发展长期落后于其他乡镇。近年来，昌江县通过系列"两山"转化模式和路径探索，着力把生态环境优势转化为生态经济优势。王下乡群众挖掉了"穷根"，摘下了"贫困帽"，吃上了"旅游饭"，从"过去是身在宝山空手而归"，到"现在是身在宝山硕果累累"，实现生态保护、绿色发展、民生改善相统一。2018年，王下乡获得全国第二批"绿水青山就是金山银山"实践创新基地称号。

二、具体做法

（一）建立健全空间管控和环境资源保护机制

在空间管控方面，王下乡划定生态保护红线面积为51.64万亩，遵循区域集中、开发集约的原则，统筹谋划人口分布、经济布局和生态保护格局，把经济活动控制在自然生态的承载力之内。在森林系统和资源保护方面，王下乡设立3个护林站，聘请专职护林员12名，联合王下乡由89名群众成立的联防队，在每个村、每个林段进行巡逻守护，严禁烧山、砍伐、捕猎。在生态环境和人居环境治理方面，大力宣传秸秆禁燃，提高村民环境空气质量保护意识。实行"河长制"，持续加强河道管理，及时制止侵占水域岸线、非法捕捞等违法行为。加强水源地保护，全面清理水源地保护区的垃圾和污染源。加强河道保洁，地表水域环境得到持续改善。新建和改造饮水工程10个、水利渠道工程8个，铺设饮水管道15.6公里，维修、硬化水利渠道28.4公里，有效解决全乡农户饮水水质问题和农业生产用水问题，乡域内集中式饮用水水源地水质达标率100%。通过采取人畜分离模式加强对畜禽的管理，畜禽粪污综合处理率不断提高。全面推动农村"厕所革命"，按照无害化要求新建、改建住宅厕所，在全乡范围内实施污水管网铺设工程，新建污水处理中心13个，污水处理覆盖率达到98%。

（二）建立健全森林生态补偿机制

实施森林生态补偿机制，将补偿资金列入县财政预算，最早在省内设立"王下乡森林生态效益补偿资金专户"，对补偿资金实行专户管理、专款专用。实施山林管护合同制，每年拨付专项补偿资金280余万元，将2万余亩生态公益林纳入生态补偿范围。通过与霸王岭林业局协作，让村民当上护林员，加入森林保护行列，切实提高村民生态环境保护意识。

（三）依托生态文旅探索生态产品价值实现机制

依托丰富的生态环境资源，盘活黎族人民酿酒、黎锦、藤编、牛皮凳制作技艺等非遗文化，深入挖掘古人类文化、民居文化、歌舞文化，凝练民族民俗文化和特征元素，按照"一村一品"原则打造"昌化江畔木棉红，十里画廊黎花里"旅游基地，形成具有乡域特色的民族文化旅游品牌，实现村民共建共享与绿色惠民富民相结合的绿色发展目标。在县政府主导下，通过"政府引导＋农户自愿＋市场运作"的合作模式，引进2 000万元社会资本发展民宿、餐饮等旅游配套产业，带动大量村民实现稳定就业，并且鼓励村民开设农家乐9家、民宿11家，每逢节假日都会吸引大量游客前来体验。王下乡浪论村以24.6亩集体经营性建设用地入股企业，引进社会资本打造民宿产业。洪水村以黎族"活化石"船型屋等文化资产入股企业，打造特色民宿和船型屋遗址文化公园等项目，由企业运营管理，村集体获得30%的经营利润收益。

（四）因地制宜发展生态农业

王下乡充分利用独特的地理位置和林业资源条件，以维护生态安全为前提，以促进农民增收为目的，以提高林地利用效率和林业综合效益为核心，充分发挥林地资源、林荫空间优势，整合资源，突出特色，科学规划，壮大规模，大力发展橡胶、槟榔、黄花梨、沉香、益智等经济林，扶持农家山鸡养殖产业，推动林下经济规模化、集约化，使其成为转移农村劳动力、促进农民增收、推进林业经济发展的新增长点。

三、主要成效

（一）生态补偿带动可持续的森林资源保护

王下乡是霸王岭核心生态保护区的重要组成部分，乡政府与村委会、村委会与农户签订山林管护合同，一草一木不得擅自砍伐，每人每月可享受70元的生态补偿资金。森林生态补偿机制的实施，使得村民获得实实在在的收益，森林生态系统和森林资源切实得到保护，王下乡森林覆盖率从2006年的55%提高到2021年的98%。霸王岭保护区内现有国家一级保护动物海南长臂猿、海南坡鹿等9种珍稀动物，其中长臂猿种群数量已经从1980年的2群不到10只持续增加到5群36只；保护区内常年有国家二级保护动物海南水鹿、白鹇等64种，鸟类130余种，昆虫2 100多种。保护区内分布有野生维管束植物2 216种，其中有坡垒、葫芦苏铁等4种国家一级保护植物，有海南油杉、青梅等26种国家二级保护植物，还分布有兰花110种，菌类335种。保护区内的五指神树（陆均松）和红花天料木（母生）被中国林学会列入中国最美古树（海南仅有这2株入列，全国共85株）。

（二）生态产业带动生态民生"双赢"

逐步形成以"经济林业为主、养殖业为辅"的绿色生态产业，引领本地种养殖产业向"生态、高效、品牌、安全"方向发展。同时，结合扶贫开发项目，先后投入帮扶资金2 369.96万元入股4家企业，每年获得分红174.545 2万元；三派、大炎、钱铁3个村的村委会各投入500万元、洪水村村委会投入650万元入股企业发展集体经济，实现三派、大炎、钱铁村村集体每年收入35.5万元，洪水村村集体每年收入43万元；通过购买橡胶保险的方式鼓励引导群众壮大橡胶产业，2020年全乡割胶面积从8 000亩扩大到16 000亩，实现产值达到1 000万元以上，人均橡胶产值达3 000元以上，橡胶收入已成为农民脱贫致富的经济增长点。

海南省儋州市莲花山"废矿变宝山"的生态修复及价值实现

一、总体情况

海南省儋州市莲花山位于兰洋镇，距离儋州市区11公里，自然资源丰富，当地"福"文化源远流长，被誉为"千年儋州城，万福莲花山"。20世纪50年代以来，因生产和生活需要，海南农垦集团原蓝洋农场在莲花山开采石灰矿，留下了6个巨大的采石矿坑和塘体，导致区域内森林植被损毁、水土流失和自然生态系统退化，原农场职工和周边群众的生产生活和财产安全受到影响。

2018年开始，海南农垦旅游集团有限公司推动区域内矿坑修复、环境治理、文化注入、产业发展"四位一体"联动，将昔日因矿产开采而满目疮痍的莲花山，建设成为生态良好、文化融合、产业兴旺的4A级景区和"全国第二批森林康养示范基地"，实现生态环境保护修复和生态产品经营开发的良性联动，走出了一条生态环境修复、文旅产业聚集、传统文化弘扬、居民收入提高、区域绿色发展的转型之路。

二、具体做法

（一）科学开展生态修复和治理，增加生态产品供给

为增强工作的科学性和针对性，海南农垦旅游集团有限公司专项编制了莲花山生态修复和文化景区建设规划，在不新增建设用

地、不砍树不毁林、不搞房地产开发的前提下，采取了生态修复、环境治理、文化传承、产业带动"四轮驱动"模式，利用莲花山的废弃矿坑和6个裸露山体，开展矿山修复和旅游景点建设，形成了以传承当地福文化、森林温泉康养等为主题的六大功能区。修复过程中，按照"安全功能、生态功能、兼顾景观功能"的次序，对矿坑及周边山体实施自然恢复、山体加固、林草种植和环境治理，采用网丝铆钉加固修复法，加固了破碎山体4座，治理面积4万多平方米，消除区域内地质灾害隐患；对矿坑及周边10余个垃圾场全部进行清理，提高区域环境质量；对相对平坦的废石堆，通过填放肥土1万多车、铺设滴灌水管3.9公里等方式栽种树木，逐步恢复区域内自然生态系统的水源涵养等功能；在带土斜坡区域种植草皮、灌木等，充分发挥植被的固土护坡作用，有效解决了矿区内水土流失等问题。

（二）因地制宜建设旅游景区，提升生态产品价值

海南农垦旅游集团有限公司直接投资1.5亿元，带动其他社会资本投资4.3亿元，开展莲花山生态修复和旅游景区、配套设施建设，加宽蓝洋区域乡村公路5公里，在矿坑周边修建道路、游览步道15公里，联结景区内六大功能区和各景点；协调有关部门开辟了洋浦—万宁高速公路的莲花山互通口，提高出入莲花山文化景区的便捷度。生态修复和景区建设中，充分利用当地传统的祈福文化，以"生态修福福满山"为主题，将"福、禄、寿"等中华福文化注入其中，依托不同矿坑的独特形态和山体起伏，建设五福临门、独占鳌头、十全十美、孝行天下等文化景观；充分利用历史文化遗存资源，挖掘苏东坡的文化影响力，以苏东坡在莲花山苦心育莲、苦心育人的典故为基础，开发"东坡育莲"等景点，传承传统文化，弘扬社会正能量，在打造文化旅游IP的同时，充分展现生态文化景区的作用和魅力。

（三）利用资源优势发展生态产业，促进生态价值实现

海南农垦旅游集团有限公司将莲花山生态修复、资源开发与旅游产业规划相融合，推动建设"文康旅、吃住行"全产业链，让矿山生态保护修复与企业经营开发、区域绿色发展相互促进、相得益彰。依托地热资源发展康养产业，发挥氡泉水治疗心脑血管等疾病的优势，把原蓝洋农场内的"国家级医疗级矿泉"热氡泉引入莲花山景区，将温泉理疗与森林康养、树屋民宿等旅游产品有机结合，在跨界融合的同时让自然生态产品的价值倍增。依托矿坑资源发展特色旅游，将区域内长800多米、宽50多米的废弃矿坑"变废为宝"，修复后建成6万多平方米的矿坑剧场，并编排"古韵儋州、水沐莲花"光影秀，吸引大量游客参观游览。引入化石资源开发创意文娱，从辽宁锦州引入387根硅化木化石，创意开发福文化、生态文化产品。

三、取得成效

（一）生态修复治理效果明显，生态效益显现

莲花山生态修复过程中，共修复废弃石坑面积600余亩，恢复生态水面400多亩，植树造林6万余棵、竹子20万余丛，铺种草皮和花木近30万平方米，恢复周边林地面积近3000多亩，通过生态修复工程将原来的矿山垃圾堆建设成为海南最大的热带樱花园，山水林田湖草生态系统得到恢复，区域内地表水水质、森林覆盖率、空气质量等指标稳步提升，为周边地区提供了良好的生态环境和高质量的生态产品。

（二）生态旅游发展良好，经济收益增加

通过持续的生态修复和设施建设，莲花山4A级景区运行良好，开业至2021年底一年多时间共接待游客70万人次，直接和间接经济效益超过1亿元，上缴税收超过1千万元，景区资产价值得到了较大提升，有效实现了国有资产的保值增值。

（三）产业带动作用明显，社会效益显著

随着生态修复和景区建设的逐步推进，莲花山周边村庄的40多户农民也由原来的割胶工逐步转为从事餐饮业和零售业，人均年收入得到明显提升。景区内的200多个商铺门面，优先安排给附近的贫困户免费承租1年，每户年收入都在3万元以上，带动近百个贫困户稳定就业和脱贫致富。同时，海南农垦旅游集团有限公司与原住民合作，投入上千万元资金将景区内原有的废弃民居修缮改造为景区民宿，带动200多名村民就业、景区环境改善和区域内民宿产业的发展，实现了生态"修复"到生态"造福"的转变。

第五章

建立健全环境治理体系

———

　　国家生态文明试验区坚决贯彻"良好生态环境是最普惠的民生福祉"的理念，以改善环境质量为核心，深入推进环保垂直管理改革、排污许可一证式管理、全链条监管执法，建设信息化、智能化平台，针对陆海、水土气、城乡等实施系统治理、精准治理、科学治理，集中攻克百姓身边的突出环境问题，推动环境质量在较高水平上持续改善。

福建省深入推进环保垂管改革

一、总体情况

作为省以下生态环境机构监测监察执法垂直管理制度改革试点省份，福建省深入贯彻落实习近平生态文明思想，立足制度设计，突出体制创新，积极、平稳、有序推进环保垂管改革。2019年，福建省生态环境系统已完成机构编制调整、人员划转、干部管理体制调整、机构更名挂牌等工作，全面实现省以下生态环境机构监测监察执法垂直管理，构建起高效协调的生态环境保护管理新体制。

二、具体做法

（一）致力"优体制"，建立健全生态环境管理新体系

一是条块结合，理顺生态环境行政管理体制。设区市生态环境局实行以省生态环境厅为主的双重管理，县（市、区）生态环境局调整为设区市生态环境局派出机构，从体制上强化生态环境监管的独立性。二是事权上收，理顺生态环境监测管理体制。九市一区环境监测站调整为省生态环境厅下属事业单位，县（市、区）环境监测站统一上收市级。厘清监测机构事权，将主要流域、县级以上集中式饮用水源地、小流域等省级考核涉及的853个监测断面的监测事权上收省级，将重点污染源执法监测工作全面下放至市级生态环境部门统一组织实施。通过机构改革和事权调整，更好适应生态环境质量省级监测、考核的要求。三是督政为主，理顺生态环境监察体制。落实"督政"职能，

在省生态环境厅设立省生态环境保护督察监察办公室，按区域设立3个环境监察专员办公室，负责对市县两级党委、政府及相关部门执行环境保护法律法规、标准、政策规划情况，履行"一岗双责"情况以及环境质量责任落实情况进行监督检查。四是重心下沉，理顺生态环境执法管理体制。县（市、区）环境执法机构上收市级，具体工作仍接受县级生态环境局领导，市级生态环境部门可统一管理、指挥。加强基层执法队伍建设，市级环境执法机构升格为副处级，县级环境执法机构升格为副科级（或正科级），进一步提升环境执法效能。

（二）突出"机制活"，积极探索环保垂管改革新路径

一是探索流域监管新机制。围绕"构建多元共治、打破局部治理、实现统一监管、推进水质提升"的思路，试点设立九龙江流域环境监管和行政执法机构，依法受委托承担九龙江流域有跨设区市影响的重大建设项目环境影响评价和监管执法工作，推动流域环境保护统一规划、统一标准、统一环评、统一监测、统一执法。二是探索核与辐射监管新机制。不断健全完善核与辐射监管体制，将福州、漳州、泉州、莆田、宁德5个设区市辐射环境监督站上收省级管理，按区域组建辐射环境监督分站，强化辐射安全监管的统一性和规范性。三是探索生态环境大数据监管新机制。将环保垂管改革与提升生态环境治理能力相结合，运用大数据整合分散的生态环境数据，建设覆盖省、市、县三级的生态云平台，汇聚21个部门135类生态环境数据，强化部门间互联互通、共享共用。

（三）着眼"责任实"，构建生态环境工作大格局

一是党政同责抓责任落实。由省委书记、省长与九市一区党政"一把手"每年签订党政领导生态环境保护目标责任书，以制度为抓

手促进地方党委、政府主动履职尽责。成立以省委书记为组长、省长为常务副组长的生态文明建设领导小组；建立健全省市县生态环境保护委员会，由党委或政府主要领导任主任。二是横向拓展抓责任落实。出台《福建省生态环境保护工作职责规定》，明确各级党委、政府及52个部门共130项生态环境保护工作职责，同时要求省直相关部门确定一名副厅级领导，负责对本系统生态环境保护职责履行情况进行监督检查，形成全链条、多层次、广覆盖的部门责任体系。三是纵向延伸抓责任落实。健全完善乡镇生态环境管理体制，乡镇（街道）党委、政府明确1名班子成员分管环境保护工作，明确具体机构并配备专兼职人员。

三、主要成效

一是有效理顺了环保行政管理职能，显著增强了省市两级生态环境部门对生态环境保护工作统筹调控能力，建立了高效顺畅的运行机制，让环保行政管理由"地方为主"转向"上下协调"。

二是有效解决了地方干预生态环境保护的问题，环境监测数据更加准确、更加客观，进一步增强了环境监测数据真实性和权威性，提升了政府公信力。生态环境执法更加规范公平，让生态环境执法由"地方保护"转向"统一监管"。

三是有效完善了生态环保领导责任体系，建立权威高效的环境监察体系，有效解决了地方党委和政府及其相关部门环保责任不落实问题，让生态环境保护由生态环境部门"单打独斗"转向各级各部门"共同发力"。

福建省创新海漂垃圾综合治理长效机制

一、总体情况

近年来，福建省牢记习近平总书记关于"我们要像对待生命一样关爱海洋"的重要嘱托，坚持生态惠民、生态利民、生态为民，在治理理念、路径、模式、手段等方面大胆创新，探索出一条具有福建特色的海漂垃圾综合治理之路。

二、具体做法

（一）坚持"齐抓共管"，构建协同高效推进机制

针对海洋环境治理条块分割、权责不清、力量分散、治理低效等问题，福建省建立了一套职责明、机制活、合力强的管理体系。一是统一谋划、统筹推进。出台实施《进一步加强海漂垃圾综合治理行动方案》，明确治理目标，对福建省近岸海域、海岸带、13个主要海湾以及主要江河入海口等，集中开展存量海漂垃圾的全面攻坚整治。二是协同配合、联动治理。由省生态环境厅牵头14个省直部门建立联席会议制度，加强组织领导和调度会商，做好对沿海市县的指导、协调和督促等工作；明确交通运输、水利、文化旅游、海洋渔业、海事等省直部门具体职责。三是逐级挂钩、压实责任。沿海各地结合推进河湖长制和湾滩长制，成立本地区海漂垃圾治理工作领导小组；按照"谁污染、谁治理，谁开发、谁保护"原则，对所辖流域、岸线和海域分段、分片确定治理责任单位，强化落实港口码头、渔港等沿海岸单位

的主体责任。四是狠抓落实、严格考核。将海漂垃圾治理工作纳入地方党政领导生态环境保护目标责任书考核指标。福建省级刊物《八闽快讯》和省生态环境厅官方微信等定期对各地突出的海漂垃圾问题进行通报，对整治不到位的，纳入省级生态环保督察重要内容。

（二）突出"标本兼治"，构建系统精准治理机制

针对海漂垃圾治理环节多、工作链长，且易受潮流、气象等影响的问题，福建坚持源头、过程、末端同步治理，建立全方位、立体式环环相扣的陆海统筹治理链条。一是源头预防、遏制增量。针对城乡生活垃圾、渔业养殖垃圾以及港口码头等海漂垃圾主要来源，对症下药、开对处方，分门别类制定入海管控办法等。二是过程管控、力促减量。依托河湖长制，将河漂垃圾治理情况纳入河长办考核范畴，加强巡河管护，及时打捞河流湖库漂浮垃圾，防止河流垃圾漂流入海。三是末端清理、消化存量。强化海上垃圾治理，以渔排、渔船为重点，淘汰传统养殖设施，改造升级为环保塑胶制成的深水抗浪网箱等。根据潮汐和垃圾漂移规律，对养殖集中区、潮流回旋区、湾区澳内等区域开展重点清理，对台风、天文大潮退后造成的集聚垃圾开展集中清理。

（三）注重"精干专业"，构建常态运行管护机制

针对海漂垃圾治理易反弹、反复的情况，福建着力打造制度化、专业化、常态化管护机制。一是组建专门队伍。沿海设区市组建海上环卫队伍，在沿海各县（市、区）因地制宜设立环卫分支队伍，建立巡回保洁制度，并与陆上环卫无缝对接。二是保障专项经费。设立省级海漂垃圾综合治理专项资金，按每公里海岸线1万元标准对沿海地区予以奖补；同时积极探索污染付费政策，按照"谁污染谁付费"原则，

分步骤推进沿海重点企事业单位付费承担海漂垃圾清理处置费用的机制。三是强化社会共治。深化"志愿者净滩"活动，实现志愿者队伍多元化，从以报名个人为主到沿海公益组织、企业等广泛参与；实现净滩活动常态化，从海洋日活动到多个组织常态化活动。

（四）强化"智慧治理"，构建科技支撑保障机制

针对海漂垃圾面广点多，福建依托生态云平台等现代科技和信息化手段，将福建13个重点海湾、235个近岸海域监测站点、11条主要入海河流、25条主要入海小流域的信息汇聚成"海洋信息一张图"。一是智能分析预警。应用数值模型，基于水深、岸线等基础数据，提前研判海漂垃圾扩散轨迹，指导沿海基层和环卫队伍精准治理。二是智能调度管理。共享沿海通信铁塔设施，建设海漂垃圾智能监控系统。基于高清探头设备和大数据等技术，实现重点岸段海漂垃圾种类、数量、面积、密度等智能计算分析，执行告警、派发任务单、接受任务单、打捞清理、整改反馈和考核监督的闭环管理流程。三是智慧化评估。通过省级生态云平台，建设可视化指挥调度中心，将实时信息传输至可视化大屏上，形成24小时立体防控网。沿海各地随时上传治理后图片视频素材等整改工作情况；省级定期调度无人机航拍、卫星遥感和岸基监控探头，核实评估海漂垃圾突出问题整改实效。

三、主要成效

（一）海漂垃圾监管体系基本建成

省委、省政府将海漂垃圾治理写入《福建省国民经济和社会发展第十四个五年规划和二〇三五年远景目标》《加快建设"海上福建"推进海洋经济高质量发展三年行动方案（2021—2023年）》等政策规划，

省政府印发实施《关于进一步加强海漂垃圾综合治理的行动方案》，省级层面建立联席会议机制，设立省级专项奖补资金，海漂垃圾综合治理纳入生态环境目标考核体系。沿海地市均成立海漂垃圾综合治理领导小组，出台相应方案，结合河湖长制、网格化管理等机制，层层压实责任。一个高位推动、政策完备、权责明晰、治理高效的海漂垃圾监管体系已基本建成。

（二）海上环卫机制基本建立

沿海六市一区全部建成海上环卫机构，实现大陆岸线及有居民海岛海漂垃圾清理全覆盖。全省共组建22支环卫队伍，配备保洁人员2 000多名，各类船只240多艘、作业车辆100多辆，设置环卫码头49个，岸上垃圾中转站、转运点或临时堆放点184个，海陆环卫衔接基本顺畅，基本建成海漂垃圾收集、打捞、运输、处理体系。

（三）全链条治理模式基本形成

建立"岸上清、水域拦、海面清"的全链条治理模式，岸上遏制垃圾源头产生量，流域拦截垃圾入海量，海面消减垃圾存有量，同时攻坚整治重点区域重点行业垃圾。通过常态化、网格化、动态化综合治理，近海海面和岸滩可见垃圾明显减少，截至2022年9月底，重点岸段海漂垃圾分布密度比2020年下降46.2%。福建省海漂垃圾综合治理经验获得生态环境部、国家发展改革委认可并全国推广。宁德市海上养殖综合整治和海上垃圾源头减量经验做法，被列为中央生态环保督察"督察整改看成效"典型案例和全国水产养殖高质量发展绿色典型案例。八闽百姓临海亲海的获得感、幸福感、安全感不断提升。

福建省海上养殖综合整治宁德模式

一、总体情况

福建省宁德市海域面积4.46万平方公里，占福建省1/3左右，从事海上养殖、捕捞和销售的人员有60万。随着海上养殖业的盲目扩张，无度、无序、无质养殖问题愈加突出，严重影响了海洋生态环境和三都澳可持续开发。2018年7月，宁德市深入践行习近平生态文明思想，牢记习近平同志"要把三都澳规划好、开发好"的殷切嘱托，全面打响海上养殖综合整治攻坚战，全市累计投入45.48亿元，完成升级改造渔排69.6万口、贝藻类33.74万亩，走出了一条依法养殖、科学养殖、环保养殖的路子。整治成效得到国家有关部委的充分肯定，"清海"工作"宁德模式"被列为中央生态环保督察"督察整改看成效"典型案例和全国水产养殖高质量绿色发展典型案例。

二、具体做法

（一）立足"全面清"，下定决心攻坚突破

一是强化领导，多方协同。成立党政主要领导挂帅的整治指挥部，将公、检、法机关及海军驻宁部队一并纳入指挥部，定期召开现场会和协调会。各机关单位、各沿海县（市、区）以及乡镇也建立健全相应领导机构和工作机制，形成市、县、乡、村分级负责、齐抓共管的良好格局。二是规划引领，疏堵结合。重新编制颁布市、县两级的海水养殖水域滩涂规划，将宁德市海域划分为禁养区、养殖区和限养区。

颁布实施《宁德市三都澳海域环境保护条例》等地方性法规，制定出台升级改造实施方案等80多份文件，确保各项整治工作有法可依、有章可循。三是全力攻坚，系统整治。以县为单位多次组织开展"千人作战"和"百日攻坚"行动，并协调开展县际海域联合整治，实现了256万亩禁养区养殖设施全部清退，并从严查控外地流入的非环保养殖设施，实现了本地生产完全禁止、外地流入属地管控、新增下水有效杜绝。

（二）聚焦"规范养"，多措并举升级改造

一是依法用海严格准入。按照"海域所有权属于国家、审批权归于政府、使用权赋予各村、承包权授予养殖户（企业）"的原则，加快推进条件成熟、符合用海规划的海域使用权和水域滩涂养殖证的发放，强化群众依法用海、持证养殖的观念。二是创新模式优化服务。针对养殖设施技术规范标准空白问题，宁德市摸索编制了港湾塑胶养殖设施建设工程技术规范，并专门成立宁德市塑胶产品质量检验中心，对浮球、踏板及管材等开展监督抽查，切实保障塑胶养殖设施整体质量。针对升级改造资金不足问题，宁德市主动对接金融机构，争取到18.1亿元的环保专项抵押补充贷款（PSL）和30亿元的养殖设施升级改造授信，并创新"渔排养殖贷"，实现养殖权证、塑胶渔排等可抵押贷款，为养殖户提供资金保障。针对塑胶设施防范台风问题，宁德市组织编印了《海上塑胶渔排固泊系统和减压阻流设施建设工作手册》，指导养殖户做好塑胶渔排下水组装、锚固及挡流防浪设施安装；并创新推广养殖台风指数险以及塑胶设施财产险、质量险和大黄鱼养殖目标价格指数险，引导养殖户购买保险，进一步分散养殖风险。三是大胆探索促进转型。积极推动打造万亩连片示范区，通过示范引领、分片推进，宁德市已形成10个万亩连片示范区。同时推广海上渔排"风、光、储、充、用"一体化、"海上田园"综合体等模式，推动旅游、娱乐与

生态渔业有机融合。

（三）突出"长效管"，健全机制巩固成效

一是常态巡查，露头就打。出台《宁德市海上养殖综合整治长效管控制度》，建立县级"日巡查"与市级"周巡查"无缝对接机制，发现违规养殖，及时通报、及时清理、及时反馈。二是军地合作，多方监督。海事、港口部门分别负责港口水域、航道、锚地的监督检查和日常管控，海军部队负责做好已整治的军事用海区域的维护巩固，海洋渔业部门负责牵头组织海事、港口、海军部队及沿海县（市、区），定时派船派员到指定区域巡查，实行不间断监督。三是网格管理，夯实责任。按照沿海县、乡、村三级海域界线，划定海上管控责任三级网格，确定网格长和网格员，并在沿海乡镇（街道）聘用信息员，设立市、县两级海上违规养殖举报中心等方式，实现监督多元化、零死角、无盲区。四是加强"一张图"管控。以县为单位、以卫星影像为基础、以调查登记的养殖信息为内容，建立海上养殖网格化管理信息系统，实现养殖属性及空间信息"一张图"管理，防止违规养殖反弹回潮。

（四）围绕"同步治"，陆海统筹清理垃圾

一是常态化清理。为防止陆域与海漂垃圾保洁相互推诿，实施沿海乡村垃圾保洁与海漂垃圾陆海统筹，统一委托市城投蓝海新材料有限公司（以下简称蓝海公司）一体化运作。蓝海公司组建海上环卫队伍，统一负责近岸海域海漂垃圾打捞，建立海上养殖区垃圾收集转运制度，落实渔业船舶"两桶"（垃圾桶、油污桶）配备，实现垃圾统一收集转运上岸。二是无害化处理。由蓝海公司与沿海县（市、区）共同研究确定一批海漂垃圾上岸装卸码头和固定堆场，建设一批海漂垃圾转运处置点，并配备无害化处理设备，对打捞上岸和岸边清理的海漂

垃圾进行分类堆存并及时转运处置，确保垃圾都能得到循环利用或环保处理。

三、主要成效

（一）改善了海洋生态

海漂垃圾密度大幅降低，近岸海域生态环境和自然景观得到了根本性改善，"颜值"更高。特别是对海洋生态环境最为挑剔的"海上大熊猫"——中华白海豚，在销声匿迹20多年后，频繁重返闽东这片蔚蓝的海域。

（二）恢复了用海秩序

进一步厘清海域权属权证关系，群众原本根深蒂固的"祖宗海""门前海"等观念逐步淡化，海域国有、依法用海、有偿用海、持证养殖成为普遍共识，因养殖用海引发的各类矛盾纠纷明显减少，社会更加安定和谐。

（三）提升了养殖质效

养殖深度大幅增加，养殖密度大幅降低，渔业病害明显减少，鱼类成活率大为提高，鱼类品质持续优化，海水养殖产量、海水养殖产值、渔民人均纯收入较整治前分别提高了27.3%、49%、40.9%。

福建省厦门市打造生活垃圾分类模式

一、总体情况

多年来，福建省厦门市坚决贯彻习近平总书记关于垃圾分类的重要指示批示精神，抓住分类投放、分类收集、分类运输、分类处理"四大环节"，基本形成"以法治为基础、政府推动、全民参与、城乡统筹、因地制宜"的垃圾分类工作格局。目前，厦门市已基本实现城乡垃圾分类全覆盖，垃圾分类知晓率100%，参与率超95%，准确率达85%，分类体系基本完善，四类垃圾均实现了直运，在全国垃圾分类工作历次考评中始终保持前列。

二、具体做法

（一）坚持"一把手"工程，持续依法高位推进

始终把推进垃圾分类工作作为政治任务，坚持"一把手"工程，坚持党委、政府统筹，城乡一体设计，前中后端一起抓，从全局高度，系统谋划、高位推进。市长担任全市垃圾分类工作领导小组组长，各区区委书记、区长，各街（镇）主任（镇长），各部门"一把手"上下联动、通力协作，层层落实责任。颁布生活垃圾分类管理办法，配套制定《厦门市餐厨垃圾管理办法》《厦门市大件垃圾管理办法》等20多项配套制度，依法推进垃圾分类工作。

（二）大力宣传教育，助推文明习惯养成

一是全方位宣传发动。围绕"让垃圾分类成为厦门新时尚"的工作目标，开展全媒体、全方位、多层面、密集型的宣传教育，让垃圾分类理念进社区、进村宅、进学校、进医院、进机关、进企业、进公园，营造浓厚氛围。二是坚持"小手拉大手"。编写了中学、小学和幼儿园三种版本的生活垃圾分类知识读本，将垃圾分类融入学校课堂教学，形成"教育一个孩子、影响一个家庭、带动一个社区"的良性互动。三是强化党建引领，志愿服务带动。党政机关带头，开展"支部认项目、党员认岗位"活动。厦门市9300多个党组织、32000多名党员志愿者，220个单位及团体加入鹭岛巾帼志愿联盟，常年参加垃圾分类主题实践和宣传工作。

（三）坚持典型引路，示范带动整体提升

一是推动公共机构带头。厦门市100%公共机构已建成示范单位，形成"全面覆盖无死角、部门联动无盲区"的工作布局。二是推动示范小区引领带动。2017年确定20个小区作为示范点，2021年有6个街（镇）创建为省级示范片区，有98个村（居）创建为市级样板片区，2022年创建两个省级示范区。三是推动创新试点小区。2022年继续抓市级样板片区打造，并推出"无桶小区"试点和督导模式优化创新试点小区等，不断推动垃圾分类创新发展。

（四）狠抓设施建设，夯实分类工作基础

一是规范统一的分类投放收集设施。按照方便群众的原则，在小区指定位置分别设置了喷涂统一规范、标识清晰的有害垃圾、厨余垃

圾、其他垃圾、可回收物四种垃圾桶、垃圾箱。二是以直运为主的分类运输设施。2020年实现四类垃圾"定点收集、桶车对接、公交化运输"全面直运。建成5座大件垃圾处理厂，采取电话预约上门收运或由产生主体直接运送至处置厂，有效解决了厦门市大件垃圾去向问题。三是高效匹配的分类处理设施。已基本形成集垃圾焚烧、厨余垃圾资源化利用、有害垃圾集中处理于一体的垃圾处理配套体系格局，全市焚烧日处理能力达4 350吨（2023年将达5 850吨）、餐厨垃圾日处理能力500吨，厨余垃圾日处理能力1 100吨，有害垃圾和工业固废年处置能力4.65万吨。

（五）坚持城乡统筹，推进农村垃圾分类工作

一是加大基础设施投入，落实分类桶更新维护，把分类直运、可回收物收处体系向农村地区延伸。二是落实"纯农村"厨余垃圾通过"种植消化"和"过腹消化"进行源头减量处理。增强宣传针对性，突出农村特点，把垃圾分类宣传渗透到乡规民约以及田间地头的村民集会。

（六）着眼科学管理，完善长效工作机制

一是常态化的督导考评机制。实行周调度、月例会、现场协调会等制度，完善暗访督查、第三方考评、专业考评等机制，每月在厦门日报、新闻媒体、微信平台公布考评结果排名，加大"晒"的力度；将各区季度考核结果通报给各区政府主要领导。年终将考评结果纳入年度工作绩效考评，层层传导压力。二是严格的执法处罚机制。构建生活垃圾分类联合执法工作机制，对垃圾分类各个环节进行常态化、全覆盖执法，通过媒体及时曝光典型执法案例，扩大执法影响力和约束作用。三是高效的信息监管机制。推进生活垃圾分类数字监管系统

建设，通过智能监控、GPS定位等措施，对分类收集、运输、处理实现全过程监控。

（七）坚持目标导向，持续破解难题

一是完成高楼撤桶、合并投放点。投放点由2017年的3.6万个，合并到目前的4 660多个，均已进行提升改造。二是实施错峰直运，避开早晚交通高峰期和防止噪音扰民，现已设置643条直运线路，对近一万个接驳点进行错峰直运。三是日处理能力50吨的海沧低值可回收物分选中心于2022年11月建成投用，加大低值可回收物回收利用力度，推进源头减量和提升资源利用率。

三、主要成效

（一）垃圾分类氛围基本形成

厦门市形成主要领导亲自抓、四套班子合力推、纵横统筹系统促、全员参与齐动手的垃圾分类工作格局。全市居民从"要我分"转变为"我要分""分得好"，垃圾分类已逐渐内化为厦门人心中的文明共识，外化为践行绿色发展的具体行动。

（二）分类投放收运系统健全完善

厦门市所有小区都完成楼道撤桶和点位合并，60%以上的小区已实行定时定点投放，有力推动了垃圾分类的落地见效。四类生活垃圾均实现"公交化"直运。

（三）垃圾减量化水平持续提升

实行垃圾分类后，人均垃圾日产量从原来的 1.3 千克减少到 0.95 千克，垃圾回收利用率达 50%，吨垃圾焚烧发电量提高 30% 以上；日均收集厨余垃圾 800 多吨、餐厨垃圾 400 余吨、有害垃圾约 0.3 吨。从近年厦门市垃圾日产量看，呈现微增长趋势。

（四）末端处理能力增强

厦门市生活垃圾处理能力与垃圾产量实现科学匹配。2020 年实现原生生活垃圾基本"零填埋"的目标，比住房和城乡建设部要求的 2023 年提前 3 年。根据适度超前要求，2023 年，将实现增加焚烧能力 1 500 吨/日、餐厨垃圾处理能力 400 吨/日、厨余垃圾处理能力 600 吨/日，全部垃圾处理能力达 7 900 吨/日。

（五）分类制度标准基本配套

在《厦门经济特区生活垃圾分类管理办法》的基础上，每年根据重点难点制定年度工作要点和考评办法等指导文件，以及系列配套导则，形成"1+2+N"全链条管理制度体系。全市垃圾分类工作有法可依，有章可循。

福建省福州市创新完善水生态环境治理新机制

一、总体情况

福建省福州市河网密布，城在水中、水在城中。2021年3月，习近平总书记来福州考察时嘱托："希望继续把这座海滨城市、山水城市建设得更加美好，更好造福人民群众。"近年来，福州坚持"节水优先、空间均衡、系统治理、两手发力"治水方针，将城区内河水系治理经验做法推广应用到闽江—乌龙江"两江四岸"、福清龙江流域等大江大河的环境治理提升中，探索形成一套以改善环境质量为导向，监管统一、多方参与的水生态环境治理新机制。

二、具体做法

（一）传承理念、久久为功，构筑全民治水大格局

一是签订治水"责任状"。福州市各级政府逐级压实治水责任，签订治水"责任状"；市纪委监委牵头建立"6+X"日常监督联席会议制度，对部门落实治水责任全程监督；各级党政"一把手"每月带头开展"护河爱水、清洁家园"行动，研究部署推动水系治理工作。二是亮晒"一县一清单"。以水污染防治和水生态修复为重点，逐县逐项制定饮用水源、城市内河等方面13份治水清单，建立属地政府年度治水重点任务"一本账"；严格落实"领导包案""挂账销号"制度。三是设立"综合指挥部"。在全面推行河湖长制基础上，永泰县整合县生态

建设中心、生态环境保护协调中心等单位职责，试点成立福州市首个县级生态环境中心，以实体化运作模式强化在水系治理中的统筹指挥作用。四是调动社会"众力量"。创新社会力量参与机制，台江区成立26人组成的"民间河长"队伍，协助河长监督涉水问题。

（二）统筹"三水"、系统治理，建立综合治水新模式

一是水里与岸上打通。在水里，组织开展河床清淤工程；在岸上，坚持全面截污、全面治乱两手抓；在两侧，按照"建一批、治一批、改一批"思路，统筹推进污染源治理。二是防治与修复协同。协同开展内涝治理、黑臭水体治理等工程，全面完成闽江流域福州段89个山水林田湖草生态保护修复项目。三是建设与运维一体。探索建立包括水质维持、环卫保洁、设备运行等指标在内的内河运营管护综合评价体系，评价结果与运营、服务费挂钩，确保"谁建设、谁养护"。四是节水与治水并重。福州市出台《福州市城市节约用水管理办法》等8个规范性文件，加强节水用水刚性约束；实行非居民用水超计划累进加价制度，引导企业采用先进节水技术、工艺和设备，开展污水资源化利用。

（三）数字赋能、智慧监管，创新精准治水云机制

一是绘制"一张图"。通过生态云平台，构建"水环境监测、污染源监管、网格化巡查、治理工程、环境质量跟踪"体系。二是编织"一张网"。将根据各片区、各辖区污染源分布特点、监测人员上岗及仪器设备配套情况，培育各县级监测站特色监测能力，补齐水质监测短板，形成覆盖全市的水系监测网络。三是打造"全链条"。建设"福州市建设项目全链条监管平台"，对"两江四岸"周边建设项目根据环境敏感程度实施精准管理，打通审批和监管、监测和监管、执法和监

管的壁垒，建立事中事后、测管联动、联合执法的扁平化全链条监管机制，形成"全周期、全链条、全要素"的建设项目环境监管体系。四是创新"电力+"。生态环境和电力部门联合对企业用电行为、行业集中度、历史用电数据等建模分析，研判潜藏于居民社区、小工业园区的疑似"散乱污"企业，并实行长效动态监测。福州"两江四岸"散乱污企业整治完成率达100%。

（四）以人为本、人水共生，打造亲水宜居幸福城

一是城市规划深度融水。总规、控规层面保护山水界面不受破坏，分类推进山水生态廊道范围内整治提升；城区段通过控制山水界面间建筑高度、结合城市更新预留视线通廊等措施，保护山水生态廊道；村庄段通过查违拆违等措施，美化山水廊道景观界面。二是河道整治注重亲水。在完成所有规划河道整治基础上，延伸开展城中村沟渠支流整治，同步治理水系周边环境，以沿河步道和绿带为"串"，以有条件的块状绿地为"珠"，建成串珠公园379座、滨河绿道501.7公里，沿河打造生态休闲空间。三是打造品牌助力护水。充分利用"两江四岸"沿线资源，联动建设闽江核心段、烟台山—上下杭等一批精品景观带，做好精品景观带提升，打造"清水绿岸、鱼翔浅底、文盛景美、人水和谐"的美丽河湖，闽江干流福州段作为"美丽河湖"优秀案例报送生态环境部。

三、主要成效

2021年，福州市主要流域优良水质比例94.4%，同比提升4.4个百分点；县级以上集中式饮用水水源地水质达标率多年稳定保持在100%。小流域优良水质比例达94.4%，较2016年提升30个百分点。全市主要流域、小流域国省考断面首次全面消除Ⅴ类及以下水质。福州

水系智慧调度项目获得2021年世界智慧城市大奖（中国区）能源和环境大奖，"闽江之心"青年广场城市更新项目连获全球未来设计奖金奖等四项国际大奖，闽江河口湿地列入我国世界遗产预备项目，不断成为数以万计的迁徙鸟类理想越冬地、驿站地和栖息地，市民日益享受到"推窗见绿、出门见园、行路见荫"的生态福利，公众生态环境满意率达92.32%，获评中国十大"大美之城"。

福建省乡镇生活污水处理整体打包推进机制

一、总体情况

2006年起，福建省开展"家园清洁行动"，推动建立"村收集、镇转运、县处理"的农村生活垃圾处理机制。2013年，福建省政府印发《关于加快推进乡镇生活污水处理设施建设的实施意见》，大力推进乡镇生活污水处理设施建设。针对乡镇生活污水处理设施建设运营、农村生活垃圾治理资金投入压力大、专业技术人才紧缺等问题，2017年，福建省借鉴国内外推行PPP等模式的先进做法，总结城市生活污水垃圾产业化经验，提出整体打包市场化推进思路，推动各地以县域为单位，将乡镇生活污水、农村生活垃圾处理项目分别进行整体打包，采用PPP等市场化模式，委托有资质、有经验的企业统一规划、设计、建设、运营，以市场化促专业化、规范化，不断提高乡镇生活污水和农村生活垃圾处理水平。

二、具体做法

（一）实施市场化运作

福建省政府出台《福建省培育发展农村污水垃圾处理市场主体方案》，省住建厅、省财政厅联合制定《鼓励社会资本投资乡镇及农村生活污水处理PPP工程包的实施方案》《鼓励社会资本投资垃圾处理PPP工程包的实施方案》，鼓励指导各地以县域为单位，将辖区内农村生活污水垃圾治理项目捆绑打包，采取PPP模式建设运营，引导社会资本投入。

（二）落实资金保障

通过"五个一点"（省级奖补一点、市县配套一点、企业投资一点、乡镇筹措一点、村民缴费一点），建立资金保障机制。省级财政每年安排以奖代补和专项补助资金给予支持，内容包括乡镇生活垃圾转运系统建设、乡镇污水处理设施建设及运营，村庄生活垃圾常态化保洁经费等，要求各市、县按不低于省级补助标准配套。村庄采取"一事一议"方式，向村民每户每年收缴60~120元保洁费。

（三）强化考评督查

出台《2017年农村生活污水垃圾治理考核评比办法》，将市县推动PPP项目建立长效机制工作纳入考核评比工作并进行重点考评打分，要求以市、县域为单位打包生成项目，并作为每次督查、考评、通报、约谈的重点内容。每季度进行考核评比排名公示、约谈曝光，推动实现省、市、县、乡镇四级督查考评全覆盖，结合暗访调研，初步形成一级抓一级，层层抓落实的良好局面。

（四）发挥财政引导作用

乡镇污水治理方面，采用PPP模式的工程包项目，省级专项资金补助上浮10%。对每个县（市、区）PPP工程包安排总额不超过100万元的前期经费补助。农村生活垃圾治理方面，对当年度新增以县域为单位捆绑打包村庄保洁、垃圾转运、公厕管护三项合并实施市场化（签订市场合同）的县（市、区），根据年度资金安排规模并结合各地农村常住人口数予以适当倾斜支持。

三、主要成效

（一）市场化工作成效明显

通过不断推动，福建省已有60个县（市、区）开展全县域捆绑打包实施乡镇生活污水处理市场化，占比73.17%；有37个县（市、区）开展全县域捆绑打包实施农村生活垃圾治理市场化，占比44%，缓解了乡镇生活污水和农村生活垃圾治理资金投入压力大、专业人才紧缺、运营水平不高等问题。

（二）治理效果显著提升

农村生活垃圾和乡镇生活污水处理设施加快完善，已实现乡镇生活垃圾转运系统全覆盖，行政村全面建立生活垃圾治理常态化机制，乡镇生活污水处理设施基本建成全覆盖。2022年福建省建制镇生活垃圾无害化处理率100%，相比2016年（56.35%）增长了43.65个百分点；建制乡生活垃圾无害化处理率100%，相比2016年（49.33%）增长了50.67个百分点。建制镇生活污水处理率78.23%，相比2016年（46.56%）增长了31.67个百分点；建制乡生活污水处理率82.31%，相比2016年（31.39%）增长了50.92个百分点。

（三）典型经验做法涌现

各地积极探索县域捆绑打包做法。如闽清县全域谋划，推出城乡环卫一体化PPP项目，总投资2.4亿元，以县域为单位将农村生活垃圾转运、清扫保洁、公厕管护一并打包，覆盖15个乡镇，统一委托第三方运营，全面提升农村生活垃圾治理水平。将乐县积极推动"三合一"

市场化运作。一是采用"一体化"模式。多次比选，确定采用EPC+O模式（设计、采购、施工及运营一体化总承包模式），将生活污水处理设施改造提升、管网铺设和运行管护"三位一体"捆绑打包进行市场化运营管理，推进乡镇生活污水治理"建管一体化"。二是建立"五统一"机制。总结实践经验，探索建立"统一规划、统一工艺、统一施工、统一运营、统一考评"的工作机制，保障设施布局合理、运行稳定、尾水达标排放，强化第三方运维实效考核。三是搭建"一平台"。联合生态环境部门，搭建农村生活污水智慧监管平台，发挥"顺风耳、千里眼"的作用，实现远程监督，实时掌握站区运行情况，采集流量、电量等相关数据，提高监管效率，助力乡镇生活污水治理长效管护。

福建省创新百姓身边突出生态环境问题
信访投诉工作机制

一、总体情况

近年来，福建省坚持把解决群众"身边事"作为实现民生福祉"重要事"，不断创新完善信访投诉工作机制，解决百姓身边突出生态环境问题，群众生态环境获得感、幸福感、安全感不断增强。

二、具体做法

（一）构建齐抓共管大格局，从"独角戏"向"大合唱"转变

一是签订"军令状"。省、市、县、乡四级党政领导落实"党政同责、一岗双责"，逐级签订年度生态环保目标责任"军令状"，进一步提高信访投诉办理质量、数量、时效等考核指标在"军令状"中的分值占比。二是建立"四个一"。建立"一月一督办、一会诊、一协调、一推动"的"四个一"工作机制，由15位省领导包案49个重点信访问题，带动各级党政领导挂钩督办信访问题3 153个。三明、宁德、南平党委、政府主要领导深入一线调研并化解尼葛开发区异味扰民、宁德中心城区黑臭水体等信访突出问题。三是全省"一盘棋"。形成由省生态环境厅统一编号、登记造册，省直有关部门按职责分工统一受理、交办问题、信息公开，市直有关部门统一承办、整改、反馈的工作机制，改变以往"条块分割、各自为战"的工作局面。

（二）铸造信访工作全链条，从"案件结"向"事情了"优化

一是围绕怎么"接"明确职责分工。按照"一个部门、一支队伍、一套制度"管理模式，省级整合成立百姓身边生态环境问题信访投诉处理中心，各地参照实行集中办公，统一履行接待受理等职责。二是围绕怎么"转"加强分析研判。出台《福建省生态环境领域群众信访问题整治工作指南（试行）》，及时分析研判受理的信访问题，按照信访投诉事项区分，第一时间转交承办部门。三是围绕怎么"办"实施分类施策。对一般性信访投诉问题，实行立查立改，提高初信初访化解率；对突出问题，按照性质、影响范围和难易程度分类处理、精准施策；对信访总量居高不下的地区，群众反映集中、长期得不到解决、整改难度大的问题，组织开展共同会商、集中攻坚。四是围绕怎么"核"保障整改实效。对初信初访、整改难度低、影响范围小的问题，以线上云平台调度分析为主；对影响恶劣、涉及搬迁取缔、环境质量提升改善的问题，加大线下现场督查督导频次。五是围绕怎么"验"强化制度约束。参照督察转交信访件验收销号做法，由市级业务主管单位联合相关职能部门，对"12369"重点难点信访件提出明确的验收或整改意见，确保保障整改措施一一落实。

（三）创新智慧监管新模式，从"事后罚"向"事前控"拓展

一是全要素管控。依托生态云平台，以生态环境部"12369"系统数据为支撑，汇聚在线监控信息、生态环境质量、地方"12345"平台等系统数据，开发福建省生态环境信访投诉云平台，建立信访问题"一企一档"，生成生态云信访投诉"一张图"，实现96 289件生态环

境信访投诉全要素上平台。二是点穴式打击。结合群众信访投诉问题，对"一张图"上存在的局部生态环境质量下降、在线监控数据超标等特殊情况进行溯源分析，研判企业位置、污染设施运行情况，快速排查、精准定位，为点穴式打击违法排污企业提供有力支撑。三是全天候联动。通过亲清服务平台，及时将群众反映的问题推送到相关企业，并开设在线环保课堂，指导企业做好整改。对整改进度滞后的，由亲清服务平台归集数据，量化成动态信用评价分值，并与绿色信贷联动挂钩，营造"守信者时时受益、失信者处处受限"的良好氛围。

（四）坚持群众满意高标准，从"送上门"向"请上门"提升

一是发出"邀请函"请群众参与。坚持开门搞整改，采取开设电话专线、推行"社工＋义工"等方式，建立健全群众共同参与、共同治理、共享成果机制，让更多群众参与到环境问题的执法监管、整改方案制定等各环节、全过程。二是写好"公告栏"请群众监督。在主流媒体上公开通报各地信访投诉总量排名情况和严重生态环境违法典型案例，并推送到市县党政主要领导和分管领导手机。制定《福建省生态环境违法行为举报奖励暂行办法》，让群众监督、促问题整改。三是做好"答题卷"请群众评价。邀请当地村（居）委、第三方治理和评估机构、群众代表、律师、热心环保的公益人士等参加整改验收座谈会，答好群众每个问题。

三、主要成效

（一）控制了信访投诉增量

2021年福建生态环境信访投诉总量在2020年同比下降52.50%的

基础上，又同比下降了18.30%，每件信访件平均受理时间由过去的1.35天缩短至0.4天，平均办结时间由10.5天缩短至7.1天。

（二）化解了重点信访事项存量

2021年通过领导干部包案化解108件、《福建日报》等主流媒体曝光典型案例62起、12 369平台督办31起、生态环境亲清服务平台挂牌督办15起，推动解决了一批"骨头案""钉子案"。

（三）维护了生态环境形势稳定

福建省投入资金381.5亿元，推动生态环境信访投诉问题整改整治，在助力"六稳""六保"中发挥了重要作用，群众满意度不断提高，生态环境信访投诉举报问题办理情况的群众满意度位居全国前列，群众对本地区生态环境质量改善满意度达91.2%。

福建省创新"放管服"下建设项目全链条环境监管

一、总体情况

福建省坚持以习近平生态文明思想为指导，坚持"依法依规、公正透明、分级分类"的原则，根据建设项目环境敏感程度实施精准管理，充分发挥信息化智能监管作用，联动环境信用强化失信惩戒，进一步压实企业主体责任和各级监管责任，加快完善建设项目"全周期、全链条、全要素"的环境监管体系，推进生态环境治理体系和治理能力现代化。

二、具体做法

（一）注重"三个联动"，解决"谁来管"问题

针对审批备案项目多、环评执法人员少的矛盾，通过厘清责任边界、深化互动联动，构建形成上下协同、左右配合的立体监管体系。一是注重环评与执法联动。各级审批机构环评批复后三个工作日内，将项目环评文本、审批决定和技术审查意见等资料移交同级环境执法机构，实现无缝衔接。环境执法机构推行建设项目环保"三同时"，将新增环评项目、历史项目工程一并纳入检查计划，并第一时间将检查情况抄告同级环评审批机构。二是注重上级与下级联动。依托福建省四级环保网格监管网络，整合网格监管力量，建立常态化巡查与监督机制，延伸监管覆盖面，提高监管实效性。三是注重监管与自律联动。

鼓励企业自主发现问题、自主报告进展、自主整改提升，在此基础上，对违法行为给予一定过渡期，酌情减轻或从轻处罚。

（二）坚持"三个精准"，解决"管什么"问题

针对环评审批"严进宽出"，监管一刀切、重点不突出等问题，实施差别化监管，将更多的行政资源从事前审批转到事中事后监管上。一是行业精准监管。综合考量建设项目所属行业类别、可能的环境影响程度等因素，区分一般项目与重点项目，各级生态环境部门科学制定监督检查计划。对已完成规划环评的产业园区等35类基础设施项目，试行环评审批告知承诺制，简化环评流程。二是阶段精准监管。坚持"事中与证后执法、事后与日常监管"两个统一，将监管流程细化为"拟定年度方案""批后限时移交"等六个环节，全面实施以"双随机、一公开"监管为基本手段、信用监管为基础、重点监管为核心的监管机制。三是内容精准监管。通过列清单，明确事中事后的监管重点，事中衔接排污许可，主要监管环评文件及批复的落实情况、施工期环境监理和监测开展情况，事后衔接日常监管，主要监管竣工环保验收和排污许可申领实施情况，建立事中事后监管内容一览表和日常监管登记表，明确监管频次和要求，确保同一事项同一监管标准。

（三）强化"三项智能"，解决"怎么管"问题

针对环评监管行业性强、需动态推进的实际，依托生态云平台，积极推进环评审批、移动执法、信用评价、排污许可等信息数据对接、操作整合。一是"智能+转办"。在生态云平台下，融合环评审批信息联网报送系统、移动执法平台和生态环境亲清服务平台，生态云平台归集项目建设和监督执法等信息，建立"一企一档"信息后，由移动

执法平台将问题台账推送到亲清服务平台，环评审批报送系统通过网络链接跳转。二是"智能+执法"。加强智能化网络化装备配备，将重点生产环节视频监控和环保设施物联网监控与污染源在线监控相结合，扩大自动监控的覆盖面，提升对隐蔽违法行为的打击力度。三是"智能+信用"。将各类环境信用失信行为纳入环评信用平台，及时公开环境违法处罚信息，并纳入社会诚信体系。

三、主要成效

（一）监管范围从"广覆盖"到"全覆盖"

福建省报告书项目、报告表项目批后以及备案表项目备案后建设期内检查覆盖比例，由2020年9月的44.4%、29.9%、14.1%分别提升到2022年4月的66.2%、47.0%、33.1%，事中事后监管效能得到提升。

（二）建设项目从"长个子"到"强体质"

项目批复后及时介入检查，促进建设单位从设计、建设阶段就重视并落实环保工作。

（三）环境问题从"晚发现"到"早预防"

据初步统计，事中事后监管改革后，累计提前发现219个生态环境问题，通过反馈给建设单位提前整改预防，避免小问题酿成大祸端。

（四）亲清服务从"单沟通"到"双互动"

依托生态环境亲清服务平台，建设单位可在线咨询，获取专家帮助；生态环境部门也可及时了解企业需求，实现"双向沟通"。据初步统计，通过平台线上核查调度企业环境问题整改情况，累计推送预警提示信息80多万条，帮助企业累计完成整改问题7 000余个。

福建省建设应用生态环境大数据平台

一、总体情况

福建是习近平生态文明思想的重要孕育地和"数字中国"建设的实践起点。福建省牢记总书记嘱托，始终注重生态文明与"数字福建"融合发展，按照"大平台、大整合、高共享"的集约化建设思路，建成省级生态环境大数据平台（生态云平台）并投入使用，为打好污染防治攻坚战、实现生态环境治理体系和治理能力的现代化提供科学助力。

二、具体做法

（一）坚持全省一盘棋、突出技术一体化，着力构建系统规范的云平台体系

一是构建"一张图"。针对原来一个业务系统一张图、应用割裂的现状，以高精度天地图为统一底图，整合关联、分层叠加水、大气、土壤等139个专题图层，全要素智能搜索，打造可支撑全省生态环境科学决策、精准监管、高效服务的"电子沙盘"，形成"一张图+N应用"的架构体系。二是搭建"一中台"。针对以往数据分散、业务独立、利用率低等问题，以"微服务、组件化"的技术支撑体系为基础，梳理、汇聚373类数据清单、4 152个数据项，统一系统数据库，构建插件式、通用式的数字生态中台，实现易扩展、高性能、弹性化、可复用。三是创建"一标准"。针对以往各个业务模块标准不一、数据

打架、质量不高等问题，研究编制共享目录、数据采集等20多项基础架构标准和一源一码、一企一档等40多项应用标准规范，实现不同模块、系统和平台之间的互联互通、即时深度融合。

（二）坚持融合共享、打破信息孤岛，助力精准科学治污

一是着眼数据全汇聚。把生态环境系统从生态环境部到企业的纵向数据和发展改革等22个部门横向信息有机融合，实时动态抓取物联网前端传感器监测数据、应用系统使用数据和互联网数据等，汇聚135类98亿多条1 193TB数据，6 000多个前端传感器、走航车、无人机等生成的巡查数据实时上传，源源汇入。二是着眼业务大融合。强化各要素信息的系统、集成、综合，通过多因素综合分析，形成系统诊断治理方案。比如，将全省水系12条主要河流、522条小流域、5 000多个汇水区域相关信息全部数字化，形成流域脉络"一张图"，实行水质常态化、立体化、实时化监管，精准溯源，对症下药，综合施策。三是着眼治污更精准。通过环境质量动态监控、污染物扩散模拟、敏感点识别，对企业实施分级分类管理，精准"切一刀"，不搞"一刀切"。2019年以来，运用云端自动识别预警、热点网格、走航分析等，精准确定"黑白灰"名单进行精细管控，在错峰生产企业数量大幅减少的情况下，有效减少污染天数60%以上。

（三）坚持扁平化管理、推动去行政中心化，形成以问题为中心的鲜明工作导向

一是织密一张监管天网，做到"耳聪目明"。建立由全省17 393个网格单元和26 585名网格员组成的网格化环境监管体系，打通基层末梢，形成全面覆盖、反应及时、响应高效的监管天网，通过"生态云"平台第一时间、第一线排查解决环境问题。二是建立一本

环境台账，聚焦问题画像。建成全省突出生态环境问题和信访督导体系，将各类问题线索全要素上平台，进行立体式透视画像，全程跟踪督办，逐一交账销号。建立工业园区和重点监管企业360度数字化图库，对排污口、风险点等全天候实时监管。三是实施一线云端会商，常态传导压力。坚持哪里有问题，哪里就是指挥中心，开发实时指挥决策"驾驶舱"；建立搜索引擎，实时查询、汇聚各类生态环境信息，锁定问题区域、问题单元；构建跨地域、跨层级、跨部门的云端"一市（事）一会商"机制，线上协调指挥、线下精准施治。

（四）坚持寻求最大公约数、画出最大同心圆，着力引领企业公众相向而行

一是打造生态环境亲清服务平台，引领企业绿色领跑。整合各类涉企环境管理系统和56项审批服务事项，做到"一个门户""一号通行""多表合一""一网通办"，实现省级100%不见面审批。列出企业环保主体责任清单，帮助企业健全环境管理档案，执行绿色信贷联动等信用奖惩，引导企业自我管理、绿色领跑。二是创建"绿盈乡村"信息管理系统，推动基层生态环境管理同频共振。集成乡村基础信息、环境整治项目等要素，推动全省1.4万多个村庄建立"一村一档"，将发现的各类问题定期推送基层，通过生态云平台信息公开，让基层管理者和村民清楚村庄生态短板弱项、整治方向，主动参与"绿盈乡村"建设，提升美丽生态获得感。三是构筑公众参与平台，促进社会共治共享落到实处。开发福建环境App，鼓励公众及时反映各类环境违法行为；建立信访举报回访制度，以公众满意率作为交账销号依据；推行"百姓河长"，引导公众利用云平台参与流域环境保护；开设线上"环保超市"，提供九大类1 108多名专家"把脉会诊"和275家第三方机构服务。

三、主要成效

（一）实现由"经验决策"向"科学决策"转变

围绕"实现污染防治攻坚战的指挥决策"需要，采用时序算法、语义分析、环境业务模型等分析算法引擎，深度挖掘海量"沉睡"数据价值，实现可靠溯源、有效预测、精准治污、周期管理。

（二）实现由"粗放监管"向"精准监管"转变

利用大数据技术打通各种污染源监管数据，通过数据对比分析、模型分析等技术手段，让生态环境保护督察执法拥有"千里眼"和"顺风耳"，切实提高生态环境监管精细化水平。

（三）实现由"单一手段"向"立体多元"转变

集成自然保护区山水林田湖草全要素，利用卫星遥感和大数据分析技术比对，形成第一时间发现问题、推送问题、解决问题的机制。

（四）实现由"单向管理"向"开放互动"转变

融合建设生态环境亲清服务平台，帮助企业实现绿色领跑、自我管理，目前平台企业用户已达13万多家，提供行政和公共服务56项，引入第三方服务机构275家，为培育产业生态化、生态产业化的绿色发展新动能提供助力。

福建省深化排污权交易制度

一、总体情况

福建省充分发挥市场在资源配置中的决定性作用，借鉴国内外排污权交易的经验做法，于2014年自主开展排污权交易改革试点，并于2017年起全面推行，逐步建立起以改善环境质量为目的、绿色发展为核心，"成体系、全覆盖、多层次、常更新"的排污权政策体系。试点以来，福建省排污权交易市场快速增长、二级市场（企业间自主交易）交易活跃，交易金额突破15亿元，其中二级市场占比达六成以上，位居全国前列，在全国形成一定示范效应。

二、具体做法

（一）以激发市场主体活力为出发点，建立健全排污权交易市场

一是企业完全自主参与。明确排污权交易的主体为全省所有工业企业和集中式污染治理单位，允许其根据需求自主交易。二是价格完全由市场决定。企业出让可综合考虑产业结构、区域政策和治理成本等因素，随时调整挂牌价格，交易价格围绕供需关系合理波动。三是全省统一市场。在满足区域环境质量要求的前提下，允许排污权指标跨流域、跨区域流转，防止交易碎片化，增加交易灵活性，最大范围发挥市场调节作用。四是开发多元金融产品。允许企业将有偿取得的排污权进行抵押贷款或租赁，拓宽企业融资渠道，减轻企业资金压力。

如福建省三钢（集团）有限责任公司以可交易排污权为抵押物，向兴业银行贷款3 000万元，用于实施超低排放改造，助力提升大气环境质量。

（二）以构建亲清政商关系为出发点，持续优化排污权交易形式

一是统一平台、统一规则。以兴业证券股份有限公司为主合资组建海峡股权交易中心，作为排污权、用能权、碳排放权等公共资源的统一交易平台，将交易从政府部门职能中分离出来，保障交易的独立性。出台排污权交易规则和电子竞价交易规则，要求参与交易的企业遵循相同交易规则、流程，接受相同交易管理。二是形式多样、程序便捷。设计网络竞价、协议转让、买方挂牌、储备出让等多种交易形式，以满足企业不同需求，其中网络竞价采取"申请—竞价—转让"三步骤，扣除法定公示时间最快两个工作日即可完成；协议转让最快当天即可完成。新冠肺炎疫情期间，设立排污权交易线上超市，实现企业点选、随买随办。三是全省联通、全程网办。依托福建省生态环境亲清服务平台，推行在线核量、咨询、答疑，实现亲清服务"走云端""零距离"；建成全省排污权交易网络，开通网络竞价平台，实现买卖双方"足不出户""在线交易"。

（三）以保障交易市场安全为出发点，科学把握排污权供求关系

一是限定购买条件。规定只有需租赁排污权或因实施新（改、扩）建项目确需获取排污权的排污单位，以及排污权储备管理机构等才能申请交易。二是实行分档交易。根据买方指标需求数量，划分不同规模、不同层次的6个档次，同档次同场竞价，以保障竞价行为的相对

公平。三是建立政府储备机制。市场供大于求时开展有偿收储，回购排污权，减少市场存量，缓解市场供给压力；供小于求时出让政府储备，作为市场补充来源，缓解市场需求压力。

（四）以推动产业绿色转型为出发点，合理设计排污权交易规则

一是明确出让条件。规定核定的可交易排污权必须来源于新增污染治理设施、清洁能源替代、技术改造等不可逆的、实打实的减排措施。对于临时性措施"虚假"减排的，不予出让。二是实行行业总量控制。对于产能过剩、排污量大的重点行业，其新上项目所需排污权必须从本行业内交易获得，"只出不进"，促进行业内部加快整合。三是实行区域环境质量调控。对环境质量达不到要求以及未完成污染减排约束性任务的区域，不得进行增加本区域相应污染物总量的排污权交易和政府储备出让。四是实行行业倾斜扶持。对于鼓励发展的战略性新兴产业、清洁生产水平达到国际先进水平的，减半征收初始有偿使用费；政府储备排污权重点支持重大项目，引导高水平、高效益、低排放项目落地。

三、主要成效

（一）增强了企业自觉减排的意识

排污权交易改革试点的推进，使"资源有偿、环境有价"意识逐步形成，"污染付费、减排获益"理念深入人心，节能减排逐渐从外生政策压力转为内生经济需求，广大企业从"要我减排"变为"我要减排"，有力提升了减排的主动性自觉性。

（二）减少了主要污染物排放总量

排污权交易改革试点的推进，通过经济杠杆强化了污染物的排放控制，一方面促使新上项目采取更先进的工艺技术减少产污和排放，实现源头减排。如厦门三安光电有限公司新项目主动升级生产工艺后，最终申购的化学需氧量、氨氮排污权指标分别减少了76.5%、76.4%。另一方面，促使现有企业采取更有力的污染治理措施，提升末端减排水平，每年有超3 000个减排工程建成。

（三）补上了环境基础设施短板

排污权交易改革试点的推进，构建了政府储备体系，明确政府投资的集中式污染治理设施形成的排污权可交易，使各级党委、政府认识到环境基础设施建设不是只有"投入"而没有"产出"，不是一种"负担"而是一种"资产"，加大了增投资、补短板的力度。如大部分热电厂集中供热覆盖范围内企业实现集中供气，石狮市30家印染企业通过热电厂集中供热，淘汰燃煤锅炉，共削减二氧化硫1 934.4吨，氮氧化物507.6吨。

（四）促进了产业绿色转型升级

排污权交易改革试点的推进，既巩固提升了福建省良好的环境质量，也为经济增长腾出发展空间，有效引导企业往工业园区、重点流域下游转移，初步形成从造纸、水泥等高耗能重污染产业向光电、生物等高科技产业转型的良好趋势。2021年，福建省以约占全国3%的人口、1.3%的土地、2.9%的能耗，创造了全国4.3%的经济总量。

江西省按流域设置生态环境监管机构实践经验

一、总体情况

赣江流域由南至北纵贯江西全境，占鄱阳湖流域面积的51.5%，涉及江西省8个设区市、51个县（市，区），是党中央、国务院选取的三个省内流域监管体制改革试点之一。江西省出台《江西在赣江流域开展按流域设置生态环境监管和行政执法机构试点实施方案》，坚持政治引领、问题导向、改革创新、因地制宜，建立赣江流域多方参与的水生态环境保护协作机制，实现流域内不同行政区域环境保护责任共担、效益共享、协调联动、行动高效，进一步加强流域生态环境监督管理，保护和改善赣江流域生态环境质量。

二、具体做法

（一）搭建框架，着力完善顶层设计

一是建立赣江流域生态环境保护协调机制。在省生态环境保护委员会构架下设立赣江流域生态环境监督管理协作小组，省政府分管副省长担任协作小组组长，省生态环境厅、省发展改革委等省直部门和相关设区市政府分管负责同志为协作小组成员。二是设立赣江流域生态环境监督管理办公室。作为省生态环境厅内设机构，承担流域协作小组日常工作，主要负责落实赣江流域生态环境"统一规划、统一标准、统一环评、统一监测、统一执法"工作。

（二）精心谋划，统筹推进流域监管"五统一"

一是统一规划。按照"三水"统筹的总体要求，系统推进重点流域水生态环境保护规划，结合赣江流域生态环境监管和行政执法机构试点要求，遵循"流域统筹、区域落实、属地管理"等原则，启动赣江流域水生态环境保护规划编制。二是统一标准。发布《工业废水铊污染物排放标准》《离子型稀土矿山开采水污染物排放标准》《农村生活污水处理设施水污染物排放标准》，规范工业废水铊、稀土矿山开采和总磷、农村生活污水处理设施等污染物排放，在袁河流域（芦溪至江口水库坝址段）执行总磷水污染物特别排放限值，填补了一系列地方标准空白。三是统一环评。在赣江流域8个地级市制定了生态环境准入清单；印发了《关于加强建设项目环境影响评价事中事后监管的通知》，从源头上抓好赣江流域生态环境保护和污染防治工作。四是统一监测。建立完善赣江流域环境监测制度，明确和落实统一的监测内容、频次、项目、时间；统一发布赣江流域监测信息。在《江西环境质量月报》《江西环境质量季报》、江西省生态环境厅官网统一发布赣江流域内8个设区市水质优良比例、主要市界及入鄱阳湖断面水质状况等；用无人机对赣江干流511公里的入河排污口进行航测，共排查长江及赣江干流入河排污口3 830个。五是统一执法。江西省生态环境保护委员会印发实施了《赣江流域生态环境保护联合执法办法（试行）》，明确了联合执法范围、统筹协调主体、区域协作机制、部门联席会商机制及联合执法程序和要求等，并按文件要求积极组织赣江流域相关设区市及县（市、区）开展上下游跨区域联合执法检查行动，截至2021年底，共组织开展赣江流域及其他流域联合执法检查71次；组织开展县级及以上集中饮用水水源地交叉检查，全面核查县级及以上集中式饮用水水源地"划、立、治"三个方面的整治情况；制定赣江流域突发性环境事件联防联控框架协议，建立赣江流域同域共责、联防联控、协调协同、互助互通、有序有效的突发性环境事件应急联动工作机制。

（三）铁腕治污，积极开展水生态环境保护专项行动

依据《江西省县级及以上集中式饮用水水源地交叉检查暂行办法》定期开展交叉检查，及时纠正水源地保护中的违法违规行为，严防问题反弹，确保饮用水水源地环境安全；深入开展江西省"五河一湖一江"排污口专项整治行动，按照"有口皆查"的原则，对江西省入河排污口进行了排查；开展鄱阳湖生态环境专项整治，大力推进消灭Ⅴ类及劣Ⅴ类水专项行动，断面水质持续好转，2021年赣江流域各断面水质年度均值都无劣Ⅴ类。

（四）建章立制，推进出台赣江流域水生态环境保护条例

江西省人大和省司法厅将《赣江流域水生态环境保护条例》列入了2021年重点立法调研计划。省生态环境厅积极谋划、扎实推进，对5个设区市的13个县（市、区）开展了调研，完成了条例立法调研工作，形成立法调研报告。在充分调研的基础上，重点针对赣江流域的实际情况和存在的问题，编制了《赣江流域水生态环境保护条例》草案初稿，正积极推进《赣江流域水生态环境保护条例》的立法工作。

三、主要成效

（一）赣江流域水生态环境质量显著提升

赣江干流33个断面全部达到Ⅱ类水，全面完成省政府工作报告提

出的目标要求；长江干流10个断面继续稳定保持Ⅱ类水质；鄱阳湖总磷浓度0.068毫克/升。

（二）保障民生，饮用水源地得到全方面防护

县级及以上集中式饮用水水源地遗漏的、新产生的、整治未到位的或者死灰复燃的环境问题得到彻底解决，切实保障饮用水安全。截至2021年12月底，全省县级及以上城市集中式饮用水水源共划定保护区158个。全省农村乡镇（含村级"千吨万人"）水源共划定保护区934个。全省158个县级及以上饮用水水源地共排查257个问题，已整治完成248个。

江西省鹰潭市探索生活垃圾第三方治理的
"四化"机制

一、总体情况

2016年以来，江西省鹰潭市以列入全国城乡生活垃圾第三方治理试点城市为契机，坚持"全域一体、政府主导、市场运作"原则，实现城乡生活垃圾处理全域一体，实现城乡垃圾处理从清扫、收集、转运到焚烧发电的全流程市场化运作，将窄带物联网技术运用到垃圾处理中，建成"统一保洁、统一收集、统一转运、统一处置"的城乡生活垃圾一体化处理体系，实现"一把扫帚扫城乡，一套体系管全域"，打造国内城乡生活垃圾综合处理的"鹰潭模式"。

二、具体做法

（一）市场化运作

在垃圾处理前端，采取PPP模式，引入一家公司负责城乡15年的生活垃圾清扫保洁、收集、转运管理等全过程服务。在垃圾处理末端，采取BOT模式，引进一家公司负责投资、建设、运营生活垃圾焚烧发电项目。分为两期建设，一期投资1.86亿元，日处理垃圾400吨/天，已点火投产；二期总投资5.53亿元，日处理能力1 000吨/天。

（二）全域化作业

针对地域面积小的市情，全域由一家公司统一负责收集转运，全域生活垃圾由一家焚烧发电厂焚烧处置，在管理上打破行政区划的限制，有利于缩短垃圾收集与运输路线，降低管理成本。一是统一规划建设标准。编制城乡环卫一体化工作规划，分年度确定环卫基础设施布局、规模、用地和城乡生活垃圾处置规划。二是统一设施配置标准。按照人口基数合理配置环卫设施，村庄每450人配置一名保洁员及电动三轮密封式保洁车；每户配置两个垃圾分类桶，镇区街道每1 500人配置一个数字化深埋桶。三是统一作业质量标准。对农村道路、垃圾桶（容器）、水面等保洁作业标准进行细化量化，规范环卫作业流程。四是统一经费投入标准。按照"谁污染谁付费"和"有偿服务"的原则，以各区（市）人口为基数，建立"省、市奖补，以县为主，乡镇为辅，农户分担"的经费保障机制。五是统一检查考评标准。在市城管局下新增设正科级全额拨款事业单位，负责全市城乡生活垃圾第三方治理考评工作的组织实施。

（三）智能化融合

一是实施"互联网+"，引入"互联网+智慧环卫"，将城区"智慧城管"平台与农村"智慧环卫"平台有机结合，将垃圾桶、收集站、电动车等设备集成在一套数字化管理平台下，实现全过程"数字化、视频化"定位监控，让农村垃圾"无处藏身"。二是实施"物联网+"，采用以设置深埋桶为主、垃圾中转站为辅的城乡垃圾转运方式，计划在全市农村设置智能垃圾驿站约500座，并在城区新建小区逐步推广配置基于窄带物联网技术数字化管理模块的智能垃圾驿站模式。该模式通过调度中心后台可以规划最经济的垃圾收运线路，减少转运车

"空跑"现象，减少垃圾转运环节和运输成本。

（四）一体化推进

一是坚持与精准脱贫工作相结合。将城乡生活垃圾治理与精准脱贫深度融合，每年可吸收近2 000个劳动力、创造3 325万元的人工收入，为农村贫困人口精准脱贫提供项目支撑，使精准脱贫由"输血"向"造血"转变，实现经济效益与社会效益双丰收。二是坚持与新农村建设、宅基地改革相结合。做到同步考虑、同步部署、同步实施，把城乡垃圾一体化处理作为宅基地改革的延伸拓展，作为实施"整洁美丽，和谐宜居"乡村建设行动的"点睛之笔"，每年完成近1 000个村点建设任务，真正实现"走遍鹰潭大地，处处不见垃圾；走遍鹰潭大地，处处整洁美丽"。

三、主要成效

一是提升城乡环境卫生水平，农村道路、沟渠、河道变得干净整洁，乱扔乱倒的现象明显减少，乡村面貌发生翻天覆地的变化。城市、农村生活垃圾无害化处理率分别达100%和95%。二是提升城乡环卫作业效率，充分发挥第三方企业的专业特长，构建起科学、合理的农村生活垃圾治理体系与运营管理体系。城乡生活垃圾第三方治理PPP项目方面，人均每年生活垃圾处置费用约为70元，较之于以往的政府大包大揽式的垃圾处理模式，既减少精力，又节约开支。三是提升全域一体意识，改变单打独干的局面，避免出现垃圾互倒、交叉污染现象。

贵州省"1+3"组合拳提升农村生活垃圾治理能力

一、总体情况

为贯彻落实中共中央办公厅、国务院办公厅印发的《农村人居环境整治三年行动方案》、住房和城乡建设部发布的《关于建立健全农村生活垃圾收集、转运和处置体系的指导意见》等文件精神，贵州省印发了《贵州省农村人居环境整治生活垃圾治理专项行动方案》《贵州省生活垃圾治理攻坚行动方案》，明确各地从优化垃圾收集站点、建设垃圾转运设施、整治非正规垃圾堆放点等方面着手，进一步推进农村生活垃圾收运设施建设完善，有效提升农村生活垃圾治理。

二、具体做法

（一）聚焦顶层设计，为农村生活垃圾治理提供方向

为进一步明确"做什么、谁来做、怎么做、标准是什么？"等问题，先后印发《贵州省农村人居环境整治生活垃圾治理专项行动方案》《贵州省农村生活垃圾治理技术导则（试行）》，为各地因地制宜开展农村生活垃圾治理提供工作依据和技术指引。同时，督促各地从优化垃圾收集站点布置、完善垃圾转运设施建设、构建稳定长效保洁机制等重点工作出发，不断强化制度保障，推进设施建设，加强工作创新，扎实推进农村生活垃圾治理。

（二）推进农村生活垃圾收运数字化管理

为切实减轻基层负担，改变原有层层填表报数、逐级陪同入户排查等传统模式，建设"贵州数字乡村——农村生活垃圾收运体系监测平台"。以高分辨率的卫星影像为底图，将所有农村生活垃圾收集点、转运站、清运车、转运车全部纳入数字监测平台监管，对垃圾收运车辆实施自动定位监测，收运路径全过程监管，车辆行径路线、清运工作完成进度、垃圾收集点位置均实时线上监控，实现农村生活垃圾治理省、市、县三级"一张图"管理，达到集成式、自动化、全覆盖、高效化治理目标。

（三）探索以县为单位整体推进实施

通过试点先行、全面推进的模式，按照"有齐全设施设备、有成熟治理技术、有稳定保洁队伍、有长效资金保障、有完善监管制度"的"五有标准"，实行整县推进农村生活垃圾收运处置体系建设，多措并举整县推进农村生活垃圾治理。2021年以来，选取长顺县、水城区、开阳县等10个县（区）作为省级农村生活垃圾治理示范点培育，凤冈县、盘州市等17个县（区）作为省级农村生活垃圾治理整县提升县，明确各地在引入市场资本、推进城乡环卫一体化、优化垃圾收运设施设备配置、探索垃圾源头分类减量、鼓励建立乡村生活垃圾收费机制、构建稳定长效保洁机制等方面提升整县农村生活垃圾治理水平。

（四）建立健全政府责任人机制

公布各市（州）政府分管负责人为责任人的名单，要求各地逐级明确政府分管负责人为责任人并公布，形成了以市、县、乡（镇）三级政府分管负责人为第一责任人的责任体系。

三、主要成效

（一）基本建成收转运处置体系

截至2022年底，全省1 148个乡镇已建成转运站1 146座，60个乡镇采取共建共享模式、29个乡镇采取直收直运模式，所有乡镇均具备生活垃圾转运能力。配置农村生活垃圾收集点（桶、箱、斗）13万个、垃圾清运车5 742辆、乡镇转运车996辆，全省农村生活垃圾收运处置体系行政村覆盖率已达到100%。

（二）群众环保意识显著增强

鼓励各地加大宣传力度、建立规章制度，引导村民群众关注、参与农村生活垃圾治理。通过完善农村生活垃圾处理设施、源头治理宣传、建立健全村规民约等制度等措施，形成村组治理、乡镇监督、政府主导、社会参与的治理模式，逐步提高了村民群众环保意识，从源头改变了村民"乱扔乱倒"的生活习惯。

（三）农村人居环境明显改善

通过倒逼县（区）、乡（镇）等部门针对存在问题建立台账，整改销号，提高各地扎实推进农村生活垃圾治理专项行动的执行力，彻底改变农村垃圾遍地、环境"脏、乱、差"的现象，农村人居环境得到了明显改善，村庄面貌大为改观，已成为乡村振兴图谱中的一道亮丽风景。

贵州省构建环境信用评价制度体系

一、总体情况

环境信用评价是社会诚信和现代环境治理体系建设的重要组成部分，是推动经济高质量发展的有效抓手，是推动企业落实环境法规政策的重要手段。近年来，贵州省在企业环境信用评价工作上先行先试、积极创新，集成了一系列具有贵州特点的环境信用法规制度和技术规范成果，构建起省级统筹推进，覆盖省、市、县三级的企业环境信用评价体系。贵州累计开展 3 738 家以重点排污单位环境信用评价工作，对压实企业治污责任和社会责任、推动企业绿色转型升级、提高环境监管效率、营造公平公正的营商环境、确保全省环境质量保持优良发挥了积极作用。

二、具体做法

（一）着眼于"全"，建立环境信用评价法规制度

法规上，在《贵州省生态环境保护条例》第二十四条作出"实施生态环境信用评价制度和严重生态环境违法失信名单制度"的规定，为贵州省开展环境信用评价提供了法律依据。制度和技术规范上，2014 年以来先后出台实施《贵州省企业环境信用评价指标体系及评价方法（试行）》《贵州省企业环境信用评价工作指南》《贵州省环境保护失信黑名单管理办法（试行）》等 17 个政策文件和技术规范，明确了企业环境信用评价指标、评价方法、评价程序等，规范了环境信用评

价标准和流程，有效推动环境信用评价的制度化和程序化。

（二）致力于"准"，建立环境信息管理平台

把信息平台作为环境信用评价的重要工具，充分利用大数据手段精准推动企业环境信用评价，2014年开发"贵州省企业环境行为信用信息采集及信用评价管理系统"，实现被评价对象环境信用信息与评价部门及结果运用部门之间的"互联互通"。累计采集企业有效环境信用信息248 530条，有效推动了评价办法的可执行、可落地。

（三）落脚于"用"，建立环保行政许可信用承诺制度

对于环境信用评价结果为"环保诚信"和"环保良好"的企业，在行政许可、公共采购、评优创先、财政补贴、证券债券市场、金融机构绿色信贷等方面获得有关部门的积极支持，更好地激发市场主体活力；对于评价结果为"环保警示"等级的企业，将被纳入重点检查对象，采取联合约束措施，严格管理，对于评价结果为"环保不良"的企业，采取联合惩戒措施，实行生态环境保护失信"黑名单"，被列入"黑名单"的企事业单位和其他经营者，各级环保行政机关采取对其环保行政许可、环保专项资金、评先评优等方面予以限制，还将在信贷、融资、项目申报、资质评定等方面被多部门实施联合惩戒措施。累计发布7批648家生态环境保护失信"黑名单"，对从事生产经营活动的企业和个人产生了震慑效应。

三、主要成效

环境信用评价引导企业树立生态优先绿色发展埋念，推动企业绿色发展与守信经营相结合，强化对企业环境行为的指引约束，以企业

环保"信用压力"激发企业环保"内生动力",促进企业高质量发展。企业通过接受生态环境部门的把脉问诊、全面体检,既可以预先发现环境风险隐患,也有利于建立完善环境保护管理制度,开展好自律性监测,提升企业环保精细化管理水平。

贵州省建立健全污染物排放"智慧监管"体系

一、总体情况

贵州省以提升对排污单位污染物排放监管能力为重点，创新构建污染物源自动监控体系，初步实现自动发现超标排污、自动监测设备不正常运行、自动监测数据弄虚作假等违法行为，为推进依法、科学、精准治污和精准执法提供信息技术支撑。重点监管排污单位主要污染物排放达标率由2017年的94%上升到2022年的98.6%，建设成果被中国环境报评为2021年度十大"全国智慧环保创新案例"，相关项目被中国环境保护产业协会评为全国2021年重点生态环境保护技术示范工程。

二、具体做法

（一）创新理念，搭建污染源智慧监控平台

制定《贵州省重点污染源自动监控体系建设方案》，提出"由污染物排放自动监测设备、污染源现场端监控设备和监控信息管理系统构成的污染源自动监控体系"概念，着力加快监控平台搭建，为污染源自动监控智能体系建设打基础。2018年，贵州省污染源自动监控管理平台建成并投入使用以来，该平台汇聚了贵州1 537家（共1 992个排口）固定污染源的自动监控数据，并进行自动分析、统计，对超标排污、异常数据进行报警并推送相关信息。

（二）夯实基础，推动自动监测设备规范安装

制定印发《贵州省污染物排放自动监测设备管理办法（试行）》《贵州省重点监管排污单位监控设备暂行管理办法》等配套管理文件，督促排污单位在排污口自动监测设备安装联网标准化，夯实污染物排放"智慧监管"体系的基础，保障污染源自动监控体系有效发挥作用。900多个重点排污口通过升级或更换自动监测设备，满足了贵州省污染物排放自动监测设备联网技术要求，实现精准报送监测数据、设备运行状态、运行参数，并对污染物排放数据进行自动标记，使污染源自动监控管理系统对排污口的监管更加智能、更加精准。

（三）服务＋监管，抓好自动监测设备规范运维

一是落实排污单位自动监测主体责任。为排污单位开通了1 700多个自动监控管理平台账号，排污单位利用平台向生态环境部门上报启、停运及设备故障、日常维护等信息，实现无纸化、网上快捷有效报送。二是推行自动监测设备运维电子台账，全省重点排污口全面启用自动监测设备运维电子台账。排污单位（或委托运维单位）对自动监测设备的运行维护过程进行即时、便捷、高效、可追溯的智能化记录，安装、运行、使用自动监测设备的主体责任进一步得到夯实。三是指导社会化运维单位规范运维。在日常自动监控业务培训中，开放线上培训平台，邀请社会化运维单位有关人员参加培训，帮助其提升运维管理水平。倡导社会化运维单位进行运维守法承诺，已有近150家社会化运维单位提交资源承诺书；指导社会化运维单位制定行业内使用的设备验收办法，指导其建立行业专家库，为该行业开展验收、咨询、检查等活动提供技术支撑。由省污染源自动监控管理平台统一对全省重点

监管排污单位实施智能监管，对涉嫌自动监测设备不正常运行、自动监测数据弄虚作假、超标排污等违法行为，由省级生态环境部门统一移交属地生态环境部门立案查处，市级生态环境部门核实查处后上报处置情况，省级生态环境部门对处置情况进行督查、稽查，形成监管闭环管理。截至2022年12月底，共查获涉嫌自动监测数据弄虚作假或其他严重违法案件41起，呈逐年下降趋势，自动监测数据造假问题得到有力遏制。

（四）科技赋能，破解监控难题

对重点监管排污单位排污口实施"智能监控"，破解排污单位自动监测设备不正常运行、以设备故障掩盖真实超标、自动监测数据弄虚作假等违法行为发现难、取证难、查处难"三难"问题。生态环境部门在现场端安装的智能监控仪，能实时、全天候、自动采集自动监测设备的监测数据、运行状态、运行参数，集成监测站房和排口的监控视频以及人员进出门禁信息，并通过光纤网络传输到贵州省污染源自动监控管理平台。917家排污单位的1 226个重点监管排污口被纳入了智能监控。

（五）健全机制，保障监管体系发挥效用

结合贵州实际，研究制定《贵州省污染物排放自动监测设备联网技术要求（2021版）》《贵州省污染源自动监测数据标记规则》《贵州省污染物排放"互联网+统一指挥"机制》《贵州省污染源监控设备安装、运维管理规范》等系列污染物排放"智慧监管"体系保障机制。推进《贵州省污染源自动监控条例》立法工作，按照"十四五"时期国家和省关于生态环境工作最新要求，已完成《贵州省污染源自动监控条例（草案）》立法相关评估。

三、主要成效

（一）推动数据应用

利用污染自动监控信息管理系统，对数据实施自动钻取查询、采集挖掘整合、智能识别跟踪，推动数据融通和运用。建立实施"互联网+统一指挥"机制，对监控平台发现的超标排污、数据弄虚作假等违法行为及时采集证据，通过移动执法系统推送执法任务。对每月严重超标排污单位、预警报警信息办理情况进行统计、分析、通报；为乌江、赤水河流域、磷化工、生活污水处理厂等重点区域、重点行业污染物排放、全省环境问题从严排查等环境监管工作提供数据支撑；在贵州省委督查室重点监督项目监管、省水泥协会水泥行业错峰生产监管、省住建厅城镇污水处理厂运行状况监管等专项工作中，监控数据也得到应用。

（二）打击违法行为

一是统一线索移交。省级生态环境部门对省污染源自动监控管理平台发现的超标数据、设备异常数据、关键参数异常、运行状态异常、人员违规进出和违规操作等线索，实施平台统一指挥，省、市、县三级联动，及时组织或移交所在地生态环境执法人员依法处置。二是及时进行核查。市县生态环境部门按照省级平台统一发出的信息，开展精准核实，在贵州省污染源自动监控管理平台或贵州省污染源监控App中填报核查结果及拟处理意见。2022年，向全省各级生态环境部门推送超标报警处理信息1.2万条、异常数据处理信息2.57万条、各类排污单位报告信息6.4万条，各类报警、提醒手机短信37.8万条。

贵州省以"十个保障"探索生态环境损害赔偿制度改革

一、总体情况

自2016年以来，贵州省紧紧围绕国家生态环境损害赔偿制度改革方案确定的主要任务，以案例为抓手，全面推动试点工作的开展，取得明显成效。相继探索建立了司法确认制度、磋商制度、概况性授权制度、修复制度、资金管理制度、诉讼规程、案件办理规程等多项制度，率先成立了生态环境保护人民调解委员会，并在全国办理了第一起息烽大鹰田生态环境损害赔偿磋商案件，初步构建了责任明确、途径畅通、技术规范、保障有力、赔偿到位、修复有效的生态环境损害赔偿改革工作制度体系。

二、具体做法

（一）组织保障

成立由分管环保工作的副省长任组长，有关部门负责人为成员的贵州省生态环境损害赔偿制度改革试点工作领导小组，下设领导小组办公室在原省环保厅。2020年将领导小组职能职责调整到贵州省生态环境保护委员会，进一步推动生态环境损害赔偿工作常态化开展。

（二）法治保障

相继颁布实施《贵州省生态文明建设促进条例》《贵州省生态环境

保护条例》等地方性法规，进一步规定开展涉及破坏生态、污染环境的赔偿工作事项，形成了地方性法规的保障体系。

（三）制度保障

探索建立生态环境损害赔偿磋商制度，明确磋商主体、磋商程序、磋商内容等具体改革措施。成立生态环境保护人民调解委员会，为生态环境损害赔偿磋商后的司法登记确认进行了制度安排。将生态环境损害赔偿义务人逾期不履行生态修复义务，又不给付生态环境损害赔偿资金的纳入贵州省生态环境保护失信黑名单进行管理，实施联合惩戒。

（四）司法保障

印发《关于审理生态环境损害赔偿案件的诉讼规程（试行）》，正式在司法层面确立了司法确认制度。依法做好生态环境损害赔偿和生态修复执行监督工作。建立生态环境损害赔偿与生态环境公益诉讼衔接机制。

（五）程序保障

明确开展生态环境损害赔偿工作为启动案件调查、启动索赔、开展磋商、提起诉讼、生态环境修复五个阶段。实行罚赔衔接，建立与环境行政处罚衔接以及环境刑事程序衔接机制，处理好生态环境损害赔偿与环境行政处罚等原有环境治理手段的关系。

（六）资金保障

印发《贵州省生态环境损害赔偿资金管理办法（试行）》，将9个市（州）与省直部门的生态修复资金进行统一管理。明确生态环境损害赔偿资金由各级财政部门统筹用于在损害结果发生地开展的生态环境修复相关工作。无法修复的，可由生态环境损害地人民政府结合本地区域生态环境损害情况开展替代修复。

（七）修复保障

印发《贵州省生态环境损害修复办法（试行）》，明确了生态环境损害修复原则、修复内容、修复方式等。出台《贵州省山水林田湖草生态保护修复工作指南（试行）》《长江经济带（贵州）废弃露天矿山生态修复工作方案》，为生态修复进行指导。切实开展生态恢复性司法，在惩罚环境资源犯罪的同时，及时修复受损害的生态环境。

（八）技术保障

探索组建贵州省环境损害司法鉴定专家顾问团队，截至2021年底，全省共有43名司法鉴定人从事污染物性质鉴定等生态环境鉴定评估工作。严把鉴定机构质量，全省具备生态环境损害鉴定资质的机构有4家，为鉴定评估提供了技术保障。对140余名在册及拟执业的鉴定人进行专业培训并考核，提升环境损害司法鉴定人执业素质。

（九）科研保障

组织开展《贵州省生态环境损害赔偿中国家利益与社会公共利益的关系研究》《生态环境损害赔偿修复方式研究——以贵州省实践为样本》等课题研究，取得的研究成果写入《贵州省生态环境损害赔偿案件办理规程（试行）》《贵州省生态环境损害赔偿磋商办法（试行）》等文件。

（十）督察保障

将生态环境损害赔偿改革工作纳入贵州省生态环境保护督察范围，明确对督察发现需要开展生态环境损害赔偿工作的，移送市（州）政府依照有关规定索赔追偿。对中央生态环境保护督察反馈问题开展调查索赔。

三、主要成效

2016年，贵州省印发《贵州省生态环境损害赔偿制度改革试点工作实施方案》，启动改革试点工作并率先建立司法确认制度、磋商制度、概况性授权制度、修复制度、资金管理制度、诉讼规程等多项制度。在全国率先办理了第一起生态环境损害赔偿磋商案件，率先印发实施《贵州省生态环境损害赔偿案件办理规程（试行）》，从制度上规范生态环境损害赔偿案件办理程序。贵州息烽大鹰田2家企业非法倾倒废渣生态环境损害赔偿案被生态环境部评为全国生态环境损害赔偿磋商十大典型案例。贵州经验做法纳入《国家生态文明试验区改革举措和经验做法推广清单》。

截至2022年1月底，贵州省9个市（州）均制定了具体实施方案并配套建立了相关制度，启动了生态环境损害赔偿案件办理工作。全省共开展生态环境损害赔偿案件约180件，涉及赔偿金额约2亿元。

贵州省铜仁市江口县探索
"垃圾兑换超市"

一、总体情况

2018年以来，贵州省铜仁市江口县紧扣乡村卫生治理主体、机制和陋习三大难点，以太平镇快场村为试点，探索建立"垃圾兑换超市"，并通过"虚实结合"方式进行宣传引导，激发群众保护环境的主人翁意识，有效实现垃圾减量化、资源化、无害化目标。

二、具体做法

（一）建好"垃圾兑换超市"，明确乡村卫生治理主体

一是明确责任主体。坚持以村级党组织为统领，充分利用村级活动场所阵地建立"垃圾兑换超市"，制定《江口县快场村"垃圾兑换超市"试点实施方案》，明确垃圾积分管理模式、积分卡领取方式、积分兑奖形式、垃圾投放方式等规则。以镇设总行、村设分行、组设兑换点的方式成立主体机构，从县级财政统筹安排资金向每个"垃圾兑换超市"注入4万元启动资金，由村委会一名副主任兼任总经理，在村民中发展积极分子担任积分兑换员、系统管理员、宣传员、垃圾辅助分拣员。二是抓好示范带动。认真研判村情实际，推行"老小带中"模式，聚焦老人、小孩群体进行引导，实行"村校联动"，以群众会、公益活动等为载体，在村和学校对老人和小孩开展生态、文明、兑换效益等宣传教育活动，通过老人、小孩环保行为习惯影响带动中年人

的自治意识，实现从"一路走一路丢"到"一路走一路捡"的转变。

（二）管好"垃圾兑换超市"，建立乡村卫生治理机制

一是建立细化分类机制。按照"分类处理、源头减量"工作思路，规范化配置垃圾分类收集箱、储存房、转运车等设备，引导村民将生活垃圾进行分类收集，并明确兑换积分的可回收垃圾和不可回收垃圾。将可回收垃圾所得资金纳入"垃圾兑换超市"账户；不可回收垃圾单独存放，由县乡两级进行转运处理。同时，积极鼓励中间商从群众手中收购可回收垃圾后，集中与"垃圾兑换超市"进行交易，按照县城市场价90%的价格进行收购。"垃圾兑换超市"收购可回收垃圾和不可回收垃圾分别达5.2吨、5吨，其中可回收垃圾变卖收入达5.3万元。二是建立积分量化机制。采取"收垃圾、存积分、兑奖品"方式，根据不同垃圾种类设定积分计量，明确1个积分价值0.1元，将生活用品纳入可兑换商品，并按照市场价值核算所得积分。"垃圾兑换超市"对村民收集的垃圾进行现场清点和称重，并开具积分数量单，村民可将积分进行累积，也可凭积分单兑换商品，积分兑换后实行清零。

（三）用好"垃圾兑换超市"，建立激励奖惩机制

"垃圾兑换超市"每半年对农户积分进行统计，对积分达到2 000分不足3 000分的奖励100元，达到3 000分以上的奖励200元。制定《环境卫生奖惩办法》，建立环境卫生"红黑榜"，每季度在组与组之间，每月在户与户、人与人之间开展环境"大比武"活动，对优胜的户和组分别奖励1 000元、100元不等，并授予模范村民组、整洁之家和环保卫士奖牌称号。连续一个季度保持"环保卫士"的被推荐为"最美快场人"并进行张榜宣传；年内四个季度被评为"环保卫士"的可获奖励1 000元；对不卫生的村民组和不整洁的家庭，作为"环境不

友好群众"进行黑榜公示。累计开展评选活动7次，共授予模范村民组、整洁之家和环保卫士奖牌数量分别为20个、41个、52个，奖励资金达3.8万元；黑榜公示"环境不友好群众"23人，罚款金额3 000元。

三、主要成效

通过"垃圾兑换超市"把黑色的垃圾兑换成清洁的绿色积分，改变群众思想观念，让群众自发树立"绿色环保"概念，并凭借党员带家、家带组、组带村"三带"实现全民环保意识提升。通过建立"垃圾兑换超市"，村民绿色环保意识已开始由"被动接受"变"自愿行动"，垃圾整治工作已实现从"上门服务"到"坐等收购"的转变。全县已在17个村（社区）推广建立"垃圾兑换超市"。"垃圾兑换超市"开展兑换业务4 500余人次，交易积分达48.2万分，兑换商品价值达6.1万元。

贵州省黔南州以"派工单"制度
攻克水生态治理难点痛点

一、总体情况

按照国家及省级政府要求和有关工作部署，2017年6月，贵州省黔南州全面启动河湖长制工作，河湖污染得到较大改善，随着工作深入推进，河湖存在的难点问题、敏感问题、涉及利益关系问题等整改滞后，成为河湖长制工作取得突破的瓶颈。为进一步压实河湖长制工作责任，提升河湖管理保护能力，2018年黔南州创新工作机制，实行派工单管理办法，按照工作常态化、问题清单化、措施精准化、任务工单化的原则，建立起责任明确、任务具体、措施精准、办法有效的问题解决机制，推动全州河湖长制工作坚实向前迈进。"派工单"制度获得水利部充分肯定，纳入全国《全面推行河长制湖长制典型案例汇编》，并列入"全国2021年基层治水十大经验"。

二、具体做法

（一）打造派工单闭环体系，做到问题整改有章法

一是构建问题收集体系，设立派工单问题"数据库"。结合"一河一策"，通过各级河湖长办及责任单位认真收集河长巡河发现的问题、上级部门转办需要解决的问题、涉及行政主管部门推进滞后的问题等，按照问题内容、责任河长、责任单位、整改目标、整改期

限等列明清单，设置派工单问题"数据库"，由州河湖长制办公室（以下简称州河湖长办）启动派工程序。二是构建问题派工程序，强化派工问题整改责任。根据问题的轻重缓急，明确整改要求及时限，以"一县一单"形式进行派单，共分三个层次，第一层由州河湖长办派单，第二层由州副总河长派单，第三层由州总河长派单。根据需要派单层次由低到高，逐步升级。三是构建问题督办体系，形成问题整改合力。州河湖长办负责协调调度，州级责任单位负责跟踪督办，协助整改单位贯彻落实，并适时向河长报告；建立派工单进展反馈制度，整改责任单位定期向州级责任单位报送"派工单进展反馈表"，州级责任单位跟踪复核，确保在规定办结时限前整改完成。四是构建整改销号流程，形成问题整改闭环。受单县（市）进入办理程序后，第一时间制定整改方案，按时序推进整改工作，完成整改后5个工作日内，提交州级责任单位评价整治结果，签章后报州河湖长办签署意见，完成整改的予以销号，纳入完成整改历史账单。

（二）营造比学赶超良好氛围，做到压实责任有办法

一是晾晒问题清单。州级责任单位或涉及县（市）河湖长办负责收集整理河长巡河情况及发现的问题，州河湖长办汇总梳理后形成河湖长制工作动态，定期呈报州总河长、河长，并印发各县（市），让履职不到位的河长及责任单位红红脸。二是晾晒工单执行。州河湖长办定期梳理"派工单进展反馈表"执行情况并晾晒派工单执行成效，让没有按照要求执行"派工单"制度的受单单位和没有履行督导职责的州级责任单位红红脸。三是晾晒问题整改。州河湖长办根据"派工单进展反馈表"成果，梳理"派工单"管理台账，定期通报"派工单"整改情况，晾晒问题整改成果，让成绩落后的州级责任单位和相关县（市）出出汗。

（三）严肃考核与执法监管，做到翻越红线有惩罚

一是建立健全奖惩制度。严肃"派工单"工作考核，将派工单制度落实作为重要内容纳入河湖长制工作年度考核，强化考核结果运用，将考核结果提交组织部门，作为干部选拔任用的主要依据，促进各级河长主动履职。二是强化水环境污染查处。对不符合国家污染防治法排污排渣造成水污染的企业及有关单位予以严厉的处罚，2018年至2019年，共计立案处罚涉水案件134件，处罚金额1657.88万元，通过处罚一批、整治一批，黔南州水污染事件不断减少。

三、主要成效

通过派工单压实责任，黔南州境内瓮安河、都柳江、重安江矿物质污染通过实施矿山总磷污染综合治理和修建矿山重载公路、沉砂池、淋溶水收集沟渠、生态收集池等工程，得到系统治理，水质明显提升。同时，河湖"四乱"问题整改推进成效明显，黔南州河湖长办通过"派工单"调度运用，共派出111单256个问题，其中2021年及以前派出问题全部完成整改，2022年以来派出15单共19个问题，已完成10单13个问题整改，其余问题正在按时序推进整改。水质不断得到提高，县级集中式饮用水水源地水质达标率持续稳定达100%，2021年全州纳入国家、省级考核的地表水监测断面有17个国控、14个省控全部达标。

贵州省全面实施环评审批
"三合一"改革

一、总体情况

2019年机构改革后，入河排污口管理的职能由水利部门转移至生态环境部门；贵州省积极争取，生态环境部最终同意在贵州省率先开展环境影响评价、排污许可和入河排污口设置"三合一"审批改革工作（以下简称为"三合一"审批）。2021年，生态环境部印发《关于构建以排污许可制为核心的固定污染源监管制度体系实施方案》，再次明确将贵州省列为入河排污口设置与排污许可证衔接管理试点省份。

根据《中华人民共和国环境影响评价法》《入河排污口监督管理办法》《排污许可管理办法（试行）》等规定，环评文件审批、入河排污口设置审批和排污许可证核发等3个事项的法定办理时限分别为60个工作日、20个工作日和30个工作日，总共办理时限达到110个工作日，且建设单位需要分别委托编制3份技术报告，分3次向窗口递交报批材料。实行"三合一"审批后，建设单位只需进行"一次委托、一次申报"，同时将总办理时限压缩至15个工作日以内，极大地提升了项目实施效率，帮助企业削减了前期成本。自2019年贵州省全面实施"三合一"审批改革以来，各级生态环境部门累计审批环境影响报告书项目489个，报告表项目3 709个。

二、具体做法

（一）着力事项融合，打通"最后一公里"

实施"三合一"审批改革最大的难点在于如何将3个不同技术要求、不同审批要求、不同管理要求的行政许可事项有效融合，为破解这个难题，贵州省通过分析国家政策、讨论技术规范、研究办事路径、模拟办事过程，结合贵州省实际制定出台了《环评排污许可及入河排污口设置"三合一"行政审批改革试点工作实施方案》，对"三合一"事项统一审批要求、明确审批流程，实现融合办理。

（二）着眼创新落实，实现"效能不降低"

"三合一"审批改革是新时代服务全省经济社会高质量发展的主要措施，除了向上争取政策支持、完善配套制度以外，还需要在技术支撑、人员能力等方面进一步提升才能保障改革举措落实到位。为此，围绕"事项可以增、效能不能降"的原则，深入研究、勇于探索，坚持"该合并的合并、该简化的简化、该取消的取消"，不断优化办事流程、合并同类事项、削减审批环节、减少申报资料、整合内部人员，继续深挖服务潜力，继续缩减承诺办理时限，保证在事项内容增加的同时，实现不延长承诺办事时限、不新增企业负担、不降低办事质量的改革目标。

（三）着手优化流程，确保"增项不减速"

通过"三合一"审批改革，企业只需委托编制1套技术资料，一次性向生态环境部门办事窗口进行申报即可完成3个行政许可事项，既减少了企业委托编制技术资料的数量，又解决了企业办理前期手续"多次跑"的问题，大大缩减了项目前期投入成本。此外，实施"三合一"审批还有效解决了企业分别委托技术单位编制报告导致技术数据不一致、管理要求不一致的问题，能够更加有效地与事中事后监管工作衔接。

三、主要成效

（一）省时，为项目启动"提速"

"三合一"审批改革是贵州省创新驱动、服务发展的重要举措，在实施改革的过程中，坚持围绕"时间是最重要的成本"，按照"该合并的合并、该简化的简化、该取消的取消"，将"三合一"审批的总承诺办理时限压缩到15个工作日，与法定时限相比缩短了86%，最大程度上为项目启动"省时提速"。

（二）省钱，为项目实施"降本"

"三合一"审批改革带来最直观、最实惠的政策红利在于节约办事成本。据测算，企业委托编制1本建设项目"三合一"环境影响评价报告书，相比之前委托编制3本技术报告，大约可节约费用10万元左右。自贵州省实施"三合一"审批改革以来，全省各级生态环境部门累计实施"三合一"行政审批改革的报告书项目489个，报告表项目3 709个，共计为建设单位减少申报资料编制费用约8 000多万元。

（三）省力，为项目推进"增效"

"三合一"审批改革着力推进服务增效，企业不再需要多次往返生态环境部门的办事窗口，而是通过"一次报件、一次评估、一次审批"，即可一次性完成3个审批事项，据统计，"三合一"审批改革，已经为全省各类企业减少往返申请次数达到4 200余次，切实为项目推进"减负增效"。

海南省探索"渔船打捞垃圾"模式构建海洋垃圾多元共治体系

一、总体情况

当前我国海洋垃圾治理主体比较单一，社会主体参与程度有限，建立和加强协同治理是我国构建海洋垃圾治理体系的突破点之一。海南近年来全面加强海洋垃圾治理，在昌化渔港试行"渔船打捞垃圾"模式，通过建立"行政部门+社区+社会组织+企业"共同参与机制，使渔民变身"海上环卫员"，参与海洋垃圾的打捞处置，提升全民海洋生态文明意识，逐步构建起海洋垃圾多元共治体系。

二、具体做法

（一）创新海洋存量垃圾治理方式，发动渔民参与

创新"渔船打捞垃圾"模式。渔民与海洋朝夕相处、唇齿相依，长时间在海上进行生产作业，渔船到达的海域广、撒网作业面积大且渔网能深入水体，通过发动渔民参与打捞，海洋垃圾随着海流入网后，渔民可将其收集上船，从而带离海域。因此，选择有影响力的渔民作为首批"渔船打捞垃圾"志愿者，颁发证书，从而带动其他渔民参与。在渔港选择上，一是考虑以家庭生计型渔船为主的渔港，作业方式利于捕获垃圾且方便上岸；二是考虑渔民多为当地居民且彼此联系紧密、社区居民生态环境意识相对较高、渔港和政府人员参与意愿较强的渔港，确保有较好的群众和社会基础。根据上述原则确定昌化渔港为首

批试点渔港。

（二）建立衔接机制，形成工作链条

建立打捞与处置的协同衔接。与当地环卫部门及工作人员沟通，选择熟悉渔民生产生活的环卫人员配合渔民处置上岸垃圾，明确存储场所及转运步骤。海洋垃圾经渔民打捞分拣、环卫人员称重统计后，可回收部分由当地回收商回收再利用，不可回收部分进入环卫系统处置，收储垃圾的工具返还渔民重复利用，形成"渔民—渔船—渔港—回收利用"工作链条，实现海洋垃圾"去存量"。

（三）建立激励机制，形成可持续模式

渔民是"渔船打捞垃圾"行动的核心主体，为持续调动渔民主动参与的积极性，根据渔业社区的风俗习惯及渔民生产生活的实际需求，建立并不断完善"以精神激励为主，物质奖励为辅"的激励机制。通过对渔民参与积极性及打捞垃圾量进行评估，建立一套海洋垃圾减量积分制，定期开展积分兑换生产生活必备物资，通过物质奖励激发渔民的参与热情。同时加强"渔船打捞垃圾"行动的持续宣传和报道，提升以渔民为主体的参与者的成就感和获得感。

（四）加强宣传引导，以点带面提高社会参与度

及时总结试点经验，通过举办示范渔港渔船授旗仪式等现场活动以及社区和校园宣讲等形式，不断扩大示范渔船队伍。定期开展工作总结，积极参加中欧对话、海洋日及海洋十年卫星活动等国内外研讨交流，邀请渔民代表演讲，分享"渔船打捞垃圾"行动成效。深入挖掘工作亮点，利用自媒体、地方和省级媒体及国家驻海南媒体等平

台，加强对渔民先进事迹的宣传报道，"新渔夫与海的故事""'海洋猎人'让垃圾上岸"等故事在社会各界广泛传播，提高了社会对渔民参与海洋垃圾治理的认知度和认可度，引导各方社会力量参与到这项行动中。

三、主要成效

（一）构建了海洋垃圾多元共治新格局

"渔船打捞垃圾"行动实施一年多，从最初仅1艘渔船加入，增加至59艘渔船200多名渔民，近30个社区、政府部门及各类社会群体直接参与海洋垃圾减量行动；从缝制渔船专用出海打捞垃圾袋的耄耋老人，到参与环保画展的在校儿童，参与海洋垃圾治理的社会范围不断扩大，力量不断增强。试点形成了从省、市县到镇村，从政府、渔民到社会机构等多方联动、常态化、动态化协同工作机制，逐步构建起以渔民为主体、社区及渔港等管理部门积极支持、环卫部门协同配合、社会组织广泛参与、媒体大力宣传推动的工作格局。

（二）探索了海洋垃圾去存量的有效解决途径

"渔民打捞垃圾"模式广度上覆盖较为全面，深度上能深入水体甚至海底，而且过程不产生额外油耗，不增加船舶燃油排放，其他物料成本及人力成本也非常低。自行动开展以来，渔船累计打捞800余次，垃圾种类主要以塑料碎片、塑料瓶、废弃蟹笼及废弃渔网为主，塑料类重量占比高达89%。"渔船打捞垃圾"行动充分发挥了渔民的作用，是绿色高效、可持续、可复制、可推广的海洋塑料垃圾去存量解决方案。

（三）提升了参与群体的生态文明意识

随着试点工作持续推进，广大渔民对海洋生态环境保护的重要性及自己在其中作用的认识不断深化，态度和行为逐渐发生转变，从最初的中立甚至质疑，到如今主动参与"渔船打捞垃圾"行动；从随手将垃圾丢向海里，到积极践行"垃圾不落海"、主动打捞海洋垃圾，渔民的海洋生态环保主人翁意识不断提升，对海洋垃圾"减增量、去存量"起到重要作用。同时，通过亲身参与或媒体宣传，渔民等各方参与者的行动故事也感召着更多民众，在海南省乃至全国启发了更多关注海洋垃圾治理、身体力行支持"无塑海洋"的公民和企业意愿，在更大程度上促进了参与群体的生态文明意识的提升。

海南省创新推进农村"厕所革命"

一、总体情况

习近平总书记强调,"厕所问题不是小事情,是城乡文明建设的重要方面,要坚持不懈推进'厕所革命',把它作为乡村振兴战略的一项具体工作来抓,努力补齐影响群众生活品质的短板"。海南推进农村改厕由来已久,但由于各个历史时期对卫生厕所的标准和技术要求不同,导致农村厕所渗漏问题比较严重,对公共环境和地下水带来了严重的污染隐患。2019年以来,海南省把新一轮"厕所革命"作为农村人居环境整治的关键抓手,创新工作机制,坚持"三个分类",全面提升农村改厕质量,确保建一个、成一个、群众满意一个,成为真正的民心工程。

二、具体做法

(一)分类明确部门职责,由单向发力向三方合力转变

过去农村改厕主要由单一部门负责,受限于部门职能和专业技术,在推进农村改厕方面力不从心。为解决这一问题,海南调整农村改厕工作机制,成立省农村"厕所革命"推进工作领导小组,省委副书记任组长,三位副省长任副组长,领导小组办公室改设在省住建厅。农村改厕工作由住建部门主"建",负责设施采购、施工建设、质量监管和竣工验收;卫健(爱卫)部门主"检",协助开展督导检查、竣工验收、技术培训、宣传发动;农业农村部门主"统",主要负责统筹协调

和粪污资源化利用等工作。这种省委统筹、三部门发挥各自职能优势、同向发力的做法,在全国农村改厕工作推进机制上是一次重要创新。

(二)分类确定改厕标准,由随意建设向规范实用转变

以往的农村改厕缺乏统一标准,随意性较大,严重影响卫生厕所的建设质量、检查验收和后续管护,这也是全国农村改厕面临的共性问题。为解决这个问题,海南省因地制宜确定了基本型、提升型、舒适型、公共型四类改厕标准,并编制成《海南省农村改厕设计方案图集》,供农户自主选择。全省统一购置成品化粪池,取代传统的砖砌式化粪池,不仅节约建设成本、提高施工效率,而且有助于推动农户定期清掏。

(三)分类推进厕所粪污治理,由渗漏直排向变废为宝转变

农村厕所粪污清掏及处理是农村改厕的难点,农户清掏的积极性不高,不少粪污因渗漏或直排,对地下水带来比较严重的污染隐患。海南省创新机制,探索了三类综合处理方式:一是鼓励农户自行清掏粪污,用作农家肥直接还田,对农户购置小型清掏设备的,财政补助50%;二是鼓励种养大户、家庭农场为农户提供社会化有偿清掏服务,将其购置的中型设备纳入农机补贴目录;三是依托有机肥加工厂,利用工厂化设施设备,收集厕所粪污和畜禽粪污生产有机肥,支持绿色农业发展。

三、主要成效

(一)改厕进度大幅加快,农村卫生厕所基本实现全覆盖

2019年以来,海南省累计完成农村厕所改造29.22万座,其中新

建厕所 15.65 万座，防渗漏改造 13.57 万座，累计建成农村卫生厕所 125.29 万座，农村卫生厕所普及率从 2017 年底的 83.4% 提高到 98.8%。新建农村独立式公厕 1 016 座，累计达 2 756 座，其中椰级乡村旅游公厕 210 座。此外，还有 1 942 个农村公共场所的附属式厕所对外开放。

（二）改厕质量明显提升，群众对农村改厕满意率明显提高

新建的农村卫生厕所以"五有厕屋+成品化粪池"为最低标准，即厕屋有门、有窗、有便器、有内外批档、有地面硬化，面积不小于 1.2 平方米，三格化粪池容积不低于 1.5 立方米。提升型、舒适型则是在满足厕所基本功能的基础上，由农户自愿选择出资添加新设备新功能。既全面提升了农村改厕水平，又让农户结合经济条件自主选择，防止盲目攀比、增加负担。据调查，海南省农户对农村改厕满意度达 93% 以上。

海南省塑料污染全链条治理机制

一、总体情况

为做好塑料污染治理，近年来海南省以地方立法破题，通过地方性法规、地方标准、禁塑名录、监管体系以及替代品产业，形成了一套具有海南特色、可复制可推广的塑料污染治理方案，得到了国家部委、兄弟省份和产业界的高度认可和关注，国家发展改革委印发的《国家生态文明试验区改革举措和经验做法推广清单》囊括了海南"塑料污染系统治理机制"；部分省份多次来海南调研禁塑立法工作，并借鉴海南法治化治理塑料污染做法颁布了地方禁塑法规；多个国内生物降解行业会议在海南召开。

二、具体做法

（一）系统构建顶层设计

制定塑料污染全链条治理实施方案，形成"法规＋名录＋标准＋替代品监管＋可追溯平台"顶层设计。一是发布禁塑法规。实施地方性法规《海南经济特区禁止一次性不可降解塑料制品规定》。二是发布禁塑名录。根据国家塑料污染治理政策阶段性目标、替代品的技术可行性、供给能力和成本、社会接受度等制定禁塑名录，实施禁止产品"负面清单"管理，先后制定发布两批《海南省禁止生产销售使用一次性不可降解塑料制品名录》和补充目录，将一次性不可降解塑料袋、塑料餐具等4大类19种塑料制品纳入禁止和限制范围，并实施名录动态管理。三是制定生物降解塑料制品标准。针对替代品质量不稳定的问题，制定海南省《全生物降解塑料制品通用技术要求》产品标准，配套制定发布3项生物降解塑料制品快速检测方法地方标准，满足了市场监督执法取证时效性要求，并被国家标准委推广全国禁限塑地区借鉴。四是建立替代品可追溯管理体系。提出了降解专门标志和二维码识别，利用互联网技术搭建了禁塑替代品可追溯管理平台，通过产品监管二维码实现了全生物降解制品认证、生产、销售、使用全流程可追溯，保障了禁塑替代品市场有序流通。

（二）创新多维监管方式

一是建立输入源头"物流+信息流"综合监管体系。出台了《海南省禁止省外一次性不可降解塑料制品运输入岛专项整治工作方案》《关于推动海南省电商平台禁塑的若干措施》《海南省邮政快递企业禁止一次性不可降解塑料制品寄递入岛治理工作方案》三大主要塑料制品输入渠道行业监管措施，整体推进建立港口运输联合执法、电商联合监管和快递跨省协同监管机制。二是形成行业监督与市场执法协同机制。坚持"管行业就要管禁塑"，制定《海南省2021年禁塑联合执法行动方案》，建立各领域、各行业联合监督执法机制，形成"执法部门+协会+企业+志愿者+媒体"的联动执法模式，执法中普法，办案中曝光，发挥执法社会效果。三是建立地方政府责任落实机制。制定《海南省禁塑工作实施情况评估考核工作方案》，按季度和年度对市县禁塑工作开展评估，通过打分、排名、通报、新闻发布等方式压实市县禁塑监管主体责任。

（三）布局降解材料产业

一是长远谋划降解材料产业发展，制定《海南省全生物降解塑料产业发展规划（2020—2025年）》和若干全生物降解材料产业扶持政策，引导企业合理布局生物降解上中下游产业基地。二是打通降解材料产业链，引进建设全生物降解材料原材料项目，形成基础原料、材料改性、全生物降解制品完整产业链。三是瞄准国际先进水平研发先进生物降解材料，与中科院联合成立降解材料技术创新中心，开发土壤、淡水、海洋环境等多种先进降解材料技术。

（四）全面社会宣传动员

制定《海南省禁塑宣传大行动实施方案》。通过报纸、广播、互联网、微博等多种媒体宣传报道禁塑政策。全省各级政府和社会组织开展大量禁塑社会宣传活动，2021年海南播发禁塑新闻14 000余条，在全省各地开展2 000余场公众参与的禁塑宣传教育活动，社区、学校、商业领域开展禁塑示范家庭、示范班、示范宿舍、示范摊位、示范商户等"五个一千"活动，带动全社会广泛参与。发布《禁塑宣传材料大纲（第一版）》等，支持指导政府部门、社会组织、企事业单位宣传禁塑政策。

三、主要成效

（一）全社会一次性塑料减量明显

各级各类公共机构充分落实"禁塑"，环卫、学校等推广"无袋垃圾桶"。2021年全省一次性塑料制品替代量2万余吨，占全国当年替代品销量10%左右。

（二）降解材料产业初具雏形

初步构建了省内降解材料产业链，吸引中石化、国家能源集团等降解材料项目，逐步将省内降解材料产业从产业链下游向上游延伸。截至2021年底，形成膜袋产能4.6万吨、餐饮具产能1万吨、改性料3万吨，生物降解材料制品种类由初期两类产品发展到覆盖全面的产品种类，保障了海南禁塑替代品的供应，替代品技术基本达到国际先进技术水平，并实现了向欧盟出口。

海南省规范生态环境
行政处罚自由裁量权

一、总体情况

规范行政处罚自由裁量权是国务院关于规范行政执法要求的一项重要内容，也是进一步深化行政执法责任制的重要环节。2021年1月，中共中央印发的《法治中国建设规划（2020—2025年）》明确要求，要全面推行行政裁量权基准制度，规范执法自由裁量权。全面规范行政处罚自由裁量权，合理限定行政处罚裁量幅度，既是生态环境行政执法机关规范行政权力和行政执法行为、进一步推进依法行政工作的需要，也是构建预防和惩治腐败体系的需要。2021年6月30日，海南省生态环境厅印发《海南省生态环境行政处罚裁量基准规定（2021修订）》（以下简称《规定》)，于2021年7月15日起与新修订《中华人民共和国行政处罚法》同时实施，以实际行动贯彻落实《中华人民共和国行政处罚法》和规范、统一生态环境行政处罚裁量尺度。

二、具体做法

（一）全面推行行政裁量权基准

根据《法治中国建设规划（2020—2025年）》要求，依据《中华人民共和国行政处罚法》等法律、法规、规章，结合海南省生态环境行政执法事项清单，《规定》对生态环境行政执法事项进行全面梳理和更新，除了部分不存在裁量空间或没有处罚标准的执法事项外，对生态环境行政处罚执法事项基本做到逐项编制"裁量基准"。修订后的"裁量基准"从原来的5类增加到11类，涵盖了建设项目、排污许可、大气污染、水污染、土壤污染、固体废物污染、自然保护区、清洁生产、突发事件应急、海洋岸源污染、其他等类别，执法事项从原来的57项增加到292项，实现了生态环境行政处罚全面推行行政裁量权基准。

（二）建立免罚清单

依据《中华人民共和国行政处罚法》关于不予行政处罚的最新规定，《规定》在"适用规则"中规定了17项不予处罚的情形，对不予行政处罚的事项具体化和标准化，旨在推行包容审慎监管的重要举措，用清晰简明的免罚事项规范行政执法机关合法、必要、适当的行政行为，提高执法效能，优化营商环境，激发市场活力，推动经济社会高质量发展。

（三）依法为小微企业"减负"

结合海南大规模企业较少、小微企业多，尤其是处在起步阶段的小微企业，因合规意识和能力较弱，容易出现轻微违法行为的普遍问题，对违法主观恶意较小，且符合从轻、减轻处罚条件的小微企业、个体工商户或者自然人，《规定》在"适用规则"中规定可以按最低档基准裁量处罚，在一定条件下对小微企业"无心之失"行为给予容错改正机会，避免"一刀切"执法，为市场主体发展壮大提供更加宽容的制度环境，以增强企业发展信心。

（四）建立宽严相济行政执法机制

在免罚清单和对符合特定条件的小微企业从轻减轻处罚的基础上，

积极探索"人性化执法""柔性执法",《规定》在"适用规则"中规定10项应当从轻、减轻处罚的具体情形,对违法情节较轻且能主动消除或者减轻违法行为危害后果的,在法定处罚幅度范围内给予从轻、减轻处罚。同时,坚持"宽严相济""刚柔并济",对违法情节较重、没有"立行立改""屡教不改"等9项违法情形,在法定处罚幅度范围内从严从重处罚,实行最严格的生态环境保护制度。

(五)优化基本事实及处罚基准

对于一个条款中存在升格处罚的,既规定了基本违法行为的处罚,又规定了逾期不改正或拒不改正的处罚,修订后的"裁量基准"对存在升格处罚事项行为进行区分,设定4档基本事实和处罚基准,确保升格前后的处罚金额均能达到上限和下限。同时针对建设项目类个别事项和固体废物类部分事项处罚金额幅度较大,设定了5档基本事实和处罚基准,以缩小每一档基本事实之间的处罚基准幅度,调低行政处罚基准金额。

(六)完善"裁量基准"的裁量因素

结合每一类违法行为的特点,补充完善裁量因素,让行政处罚的裁量更加客观、全面和准确。一是增加企业规模、排污单位许可类别、项目位置等作为调节裁量因素。二是在建设项目类违法事项中,将建设项目位于敏感区作为加重因素。三是细化污染物的类别,对废气、废水细分为有毒有害类、一般工业类等,并予以分别裁量。

(七)对"双罚制"执法事项增设个人处罚的裁量基准

行政处罚"双罚制"是指对于违法的单位或组织,不仅应依法对单位或组织实施行政处罚，而且应（可）对单位或组织的主管负责人和其他直接责任人依法给予行政处罚的法律责任制度。对规定"双罚制"的建设项目类、固废污染防治等类型中实行"双罚制"的执法事项，增设18项个人处罚的裁量基准，使裁量基准体系更加完备。

三、主要成效

自《规定》实施以来，各级生态环境执法部门在办理生态环境行政处罚案件时均认真参照执行，严格按照裁量规定进行裁量后下达行政处罚决定，统一生态环境执法尺度，推进生态环境领域依法执法、规范执法、合理执法。对严重违法的环境违法企业依法严厉打击，2021年对11家涉嫌污染犯罪企业依法移送司法机关进行调查处理，对环境违法形成了有力的震慑；对因非主观故意实施环境违法行为或轻微违法的企业以教育和帮扶为主，对6家符合条件的违法企业免于处罚，并积极开展指导和帮扶，激发市场活力，营造良好的营商环境。

海南省赤田水库创新实践
水环境系统治理

一、总体情况

赤田水库位于海南岛南部藤桥西河下游，自西向东横跨海南省保亭黎族苗族自治县和三亚市，属于中型水库，服务人口42万人，是三亚市重要城市集中式饮用水水源地，占三亚城市饮用水供水量的50%。海南积极践行绿水青山就是金山银山理念和山水林田湖草是生命共同体理念，以饮用水水质改善和库区群众生活水平提升"双赢"为目标，以流域生态补偿为基础，建立赤田水库系统治理、多方参与的水生态环境保护协作机制，实现三亚市和保亭县上下游高质量协同发展，为建立"资源共享、成本共担、合作共治、互利共赢"的流域生态补偿机制提供了示范经验，有力地改善了赤田水库流域环境质量，为全省流域治理、生态补偿、生态产品价值实现和"六水共治"提供了可复制、可推广的实践经验。

二、具体做法

（一）建立协调联动工作机制

建立省、市、县协调联动机制。省政府办公厅印发《赤田水库流域生态补偿机制创新试点工作方案》，成立以分管副省长为组长，省生态环境厅等省直部门和三亚市、保亭县政府主要负责同志为成员的省级领导小组，领导小组办公室设在省生态环境厅，三亚市和保亭县政府成立以市（县）长担任总指挥的赤田水库流域联合整治指挥部，形成办公室统筹、部门协同、市县联动工作格局，构建起"资金补偿—流域治理—监测评价—动态评估—监管考核—督察整改"的闭环工作机制，确保重点项目顺利实施，推动工作提质增效。

（二）制定系统融合工作方案

一是坚持系统观念，出台深度融合的工作方案及相关配套方案，形成以1个试点工作方案为统领、N个方案为支撑的"1+N"政策方案体系，制定涵盖综合治理、生态补偿、监测评价、考核评估四大方面共12个方案，系统推进流域环境综合治理。二是创新生态补偿机制。制定《赤田水库流域综合生态保护补偿方案》，考核指标分为基础保护补偿、治理改善补偿和行动奖励补偿三个维度，实行"保底+改善"补偿两级递增、"见行动+问成效"双层考核。补偿资金由省、三亚市、保亭县三级财政按一定比例筹措，三年实施期内资金总额为6亿元，其中省财政每年出资1.1亿元，三亚市财政每年出资0.6亿元，保亭县财政每年出资0.3亿元。补偿资金采用因素法结合地区补偿系数，按照"年初下达，年底清算"的方式进行分配。三是建立补偿资金使用和管理机制。印发《赤田水库流域综合生态保护补偿资金使用管理规定》，规范赤田水库流域综合生态保护补偿资金使用管理，明确资金使用范围和程序，提高财政资金使用效益。

（三）探索环境治理多元模式

保亭县吸引社会资本参加生态环境保护、修复和治理。依托中铁集团的资源优势，在二级保护区内选取285亩果地，根据地形坡度和渗水条件调整种植结构，推广林下套种魔芋、食用菌等经济作物，发展绿色、有机、生态环保可持续现代农业，减少区域农业面源污染。三亚市及保亭县积极谋划赤田水库流域生态环境导向的开发模式（EOD）试点，与海棠区建设规划、藤桥河流域生态修复规划及土地综合整治规划等充分衔接，探索引入社会资金解决生态移民搬迁和退果还林问题，将藤桥河（赤田水库）全域土地综合治理与生态修复工程纳入EOD试点工程，实现生态产业化、产业生态化。

（四）强化评估考核监管机制

一是制定《赤田水库流域生态保护补偿综合效益评估工作方案（2022年）》，每半年开展一次综合效益评估，及时掌握生态补偿制度实施情况，为生态补偿政策提出优化建议。二是印发《海南省赤田水库流域生态补偿工作考核方案》，按季考核，压实两市县主体责任，并发挥考核"指挥棒"的作用，将考核结果作为市县有关领导干部在省内各项评先奖优活动中优先考虑和补偿资金分配的依据。领导小组办公室对工作开展不力的进行通报批评；对于生态环境问题突出、久拖未决的，按照《海南省生态环境保护督察工作实施办法》，纳入省级环保督察。

（五）坚持区域环境联防联控

一是开展生态环境监测及评价。建立赤田水库流域综合监测网络，统筹水质、水量、农业面源污染监测。新建5座微型水站，开展水质、水量同步监测；布设8个常态化监测点位，精准解析赤田水库流域水体中氮磷等污染物来源，及时掌握赤田水库流域环境质量状况及综合治理效果。二是建立联合执法监管机制。农业、生态环境、水务等部门实行常态化联合执法巡查机制，定期联合执法检查赤田水库流域一、二级保护区范围内违法经营、使用化肥农药、非法排污等行为。三是加强宣传引导。宣传普及农业面源污染治理知识和技术，鼓励公众参与和监督，提高农业面源污染治理监督管理水平。

三、主要成效

（一）系统治理体系形成，环境治理能力提升

加强顶层设计，印发《赤田水库流域综合治理的意见》，农业面源污染防治、生活源污染治理、生态修复、生态产品价值转化、生态环境监管等五个方面得到统筹考虑，农业种植结构调整、农业面源治理、农村环境整治、水资源管理、水生态修复五大措施得以系统协同，提升了综合治理水平，进一步保障了赤田水库流域生态安全，有力促进了流域上下游关系的协调和水环境质量的改善。

（二）开创绿色通道，项目审批速度加快

建立年度赤田水库流域生态补偿重点工作台账，将工作项目化、项目清单化、清单责任化，系统推进赤田水库流域综合治理。为提高项目执行率，保亭县和三亚市积极探索开辟项目审批绿色通道，通过实行合并简化项目审批环节、清理互为前置审批条件，取消或合并符合条件的审批事项，多事项联合审图、联合验收，以及对符合条件的审批事项实行告知承诺制等措施，对试点项目简化审批流程，提高审批效率，加快项目落地实施。

第六章

建立健全生态保护修复制度体系

————

　　国家生态文明试验区遵循山水林田湖草沙生命共同体的理念，坚持系统思维、整体保护和综合治理，推动治山养水、育林蓄水等组合方式，积极构建生态保护修复制度体系，大力推进流域、森林、石漠化、湿地等多类型生态系统的保护与修复，探索水土流失和崩岗综合治理模式，创新生物多样性保护机制，提升了生态系统稳定性，提高了生态安全保障水平。

福建省改革创新小流域综合治理机制

一、总体情况

福建省深入贯彻落实习近平生态文明思想，坚持把解决人民群众感受最直观、反映最强烈的突出环境问题作为重大民生实事，着力改善水环境质量，探索创新小流域综合治理模式，实施最严格的水环境监管制度，持续加强水生态保护，小流域及农村水生态环境焕然一新。2021年生态环境部在全国推广福建省小流域综合治理模式。

二、具体做法

（一）围绕治水责任"怎么落实"，强化顶层设计

一是强化党政同责。实施党政领导生态环境保护目标责任制，将全面落实"河湖长制"、解决流域突出环境问题等水污染整治纳入党政目标体系进行考核。二是强化部门履责。制定出台生态环境保护工作职责规定，明确省直相关部门包括小流域整治等生态环境保护工作职责；构建小流域劣Ⅴ类水体挂号销号机制；综合应用季度环境质量分析会、省级生态环境保护督察、效能督查等措施，形成部门齐抓共管的小流域综合整治工作局面。三是强化公众参与。建立地表水水质排名机制，实时公布各市县主要流域地表水水质状况，充分发挥社会监督作用。

（二）围绕流域水质"怎么改善"，强化系统治理

一是坚持精准治理。2017年起将300条小流域综合治理纳入省委、省政府为民办实事项目，实施"一河一档""一企一策"，推动小流域周边生活污染源、工业源、农业面源系统治理，实现福建98.1%的入河排污口得到规范治理。制定碧水攻坚"三巩固"方案，紧盯福清迳江、同安东溪等水质波动较大的8条小流域，打好劣Ⅴ类水体歼灭战。二是坚持"弱鸟先飞"。瞄准龙岩市、延平区等市县小流域水环境问题突出、周边农村畜禽养殖无序发展困局，帮扶谋划94项小流域综合治理为民办实事项目，统筹财政资金，积极引导超负荷生猪退养与农民转产转业，在实现龙岩市小流域水质优良率达100%、延平区全部消劣的同时，培育了王台镇水仙种植园试点，实现了苏坂镇休闲农业与乡村旅游发展。三是坚持固基础补短板。各市县坚持问题导向，查摆小流域治理难点、堵点，积极推动小流域治理固基础补短板。长乐区推动提升陈塘港周边乡村污水收集率，实施闽江生态补水工程，消灭城区河段水体黑臭现象，保障闽江河口国家湿地公园生态环境；莆田市依托木兰溪保护修复工作，推动全市入河排污口规范治理，积极推进上游农村地区生活污水收集处理。

（三）围绕水质监控"怎么做好"，强化基础设施建设

一是建立小流域监测网络。按照"一次布点、分步实施、属地管理、分级负责"的原则，组织小流域水质监测拓展，基本实现重点小流域水质监测全覆盖。二是拓展乡镇交接断面监测。按照每个乡镇至少设置一个交接考核断面、断面能体现乡镇主要污染物情况的原则，全面排查所有乡镇小流域监测断面布设情况，对新增的1100个乡镇交接断面进行手工监测。三是完善流域水质监控设施。在全面普查基础

上，逐步对重点小流域配备相应的水质在线监测和视频监控等监管硬件设施，指导各地为辖区内所有河道专管员配备通信设备和巡查取证器材。四是构建生态云"一张图"管控。通过522条小流域的"流域脉络图"，在生态云上实时掌握水质，理清小流域与上游企业入河排污口、重点风险源等的关系，实现水环境质量动态监控、预测预警，督促各地强化流域控制单元属地管理。

（四）围绕治理工作"怎么激励"，强化资金奖惩撬动引领作用

一是健全激励约束机制。实施"以奖促治"专项资金奖惩清算动态预警制度，将每次小流域水质监测结果和奖惩资金相挂钩，定期公布资金预期奖惩情况。二是强化发挥资金的撬动作用。累计安排"以奖促治"专项资金近20亿元，撬动市、县级财政和社会投资91.8亿元。三是强化绩效目标全过程监管。明确资金投入与目标实现关系，分解、细化、量化区域绩效考核目标。严格进行绩效目标实现程度和预算执行进度"双监控"，对于执行效率较低的项目，及时分析成因并予以纠偏，并在年度结束后，及时组织绩效自评总结，对绩效目标未达成的，督促各地限期整改。

（五）围绕流域管护"怎么长效"，强化"四有"机制落实

一是有专人负责。全面落实河长及河道专管员制度，设置各级河长11 368人（含村级）、河道专管员13 231人。同时，划分市、县、乡、村四级网格单元17 430个，配实配齐网格员20 098名，与河道专管员建立联动。二是有监测设施。由省级生态环境部门统一组织开展小流域水环境监测和质量控制工作，逐年下达监测计划和监测要求，

并负责市级交界断面、重点监控断面的抽测，监督检查市、县级环境监测机构的监测数据质量。三是有考核办法。严格实行水污染法执法检查、年底党政目标责任书与河长制工作考核，实施《福建省小流域水环境治理工作考核细则（试行）》，统一考核尺度，严格考核结果运用，倒逼各级党委、政府谋好小流域治理实事。四是有长效机制。建立跨部门协调联动机制和信息共享制度，强化通报约谈督导，对流域整治不力、未完成阶段性整治目标的地方，采取通报、预警、约谈、限批等措施予以督促整改，倒逼河流管护责任全面落实。

三、主要成效

（一）打好全省水环境质量坚实基础

福建省流域水生态环境质量长期高位运行，通过探索创新小流域综合治理模式，以小河净带动大河清，保障全省水生态环境持续向好。2021年，福建省小流域Ⅰ～Ⅲ类优良水质比例93.3%，比2016基准年提升17.7个百分点。

（二）实现水污染防治向"三水"统筹系统治理转变

坚持从水资源保障、水生态修复、水环境保护全面发力，深入推动山水林田湖草生态保护修复工程，将小流域上下游左右岸串联起来，进一步增强小流域生态保护治理的系统性、整体性、协同性，统筹好水资源、水生态、水环境，构建出水生态环境保护新格局。

（三）推进"陆海共治"优化海洋环境

强化入海小河流系统治理，推进"陆海共治"工作，通过"陆海共治"，实施沙埕港、三沙湾、诏安湾等污染治理和生态修复，进一步消除入海小流域劣 V 类断面，持续改善海洋生态环境，服务全省经济高质量发展超越。

（四）促进水环境长效管理日趋完善

探索建立流域"四有"管护机制，通过设立河道专管员，加强河流日常巡查保洁、构建覆盖全省监测体系、建立考核机制和追溯机制、建立跨部门协调联动机制和信息共享制度等措施，基本建成"有专人负责、有监测设施、有考核办法、有长效机制"的河流管护新机制，努力打造出人民满意的"幸福河"。

福建省莆田市木兰溪治理实践

一、总体情况

福建省莆田市木兰溪治理，是习近平总书记亲自擘画、全程推动治水和生态保护工作的先行探索。习近平总书记在福建工作时就针对木兰溪治理提出了"变害为利、造福人民"的目标和"既要治理好水患，也要注重生态保护；既要实现水安全，也要实现综合治理"的总体要求。莆田市始终贯彻落实习近平总书记重要嘱托，坚持一张蓝图绘到底，创新探索全流域系统治理，从攻克技术、资金和拆迁等难题建设木兰溪下游防洪工程开始，逐步走向全流域防洪、生态、文化的统筹兼顾，实现了从"水患之河"到"安全之河"的华丽转身，继而向"生态之河"挺进，成为推动当地经济腾飞的"发展之河"。莆田市也成为"全国水生态文明建设试点城市"，打造出全国生态文明建设的木兰溪样本。

二、具体做法

（一）实施木兰溪全流域全要素整治

莆田市坚持"一张蓝图绘到底"，一任接着一任干，按照"步步拓展、层层提升"的路径，推动木兰溪流域治理成为典型。一是从注重防洪转变为"四水共治"，通过全面治理河道、全程收集污水、全域防洪调度，统筹推进水灾害防治、水资源配置、水生态修复、水环境治理等。二是从注重下游转变为上下游干支流全域统筹，在木兰溪源头和上游，实施"四不三转一补偿"举措；在木兰溪中游河谷盆地以及下游平原区，进行生态治理，以水质提升为目标，持续开展木兰溪流域水质提升攻坚行动，保障净水入河；在木兰溪下游，实施水生态修复与治理工程，修复河网生态，保护生态绿心。三是从一溪治理到山水林田湖草系统治理，按照"防洪保安、生态治理、文化景观"治河理念，统筹推进堤防建设、污水治理、岸坡绿化、生物净化、引清活水等各项措施。

（二）推动"以水兴城"发展"水经济"

统筹流域生产、生活、生态空间，以当地的水资源承载力为约束条件，推动木兰溪沿岸片区综合开发，将优质水生态资源转化为绿色发展新动能。一是坚持以水定城，打造经济高地。依托木兰溪系统治理拓展城市空间，连片推进莆阳新城、木兰陂片区等重点区域开发，开启了城市沿溪跨溪、东拓南进的新阶段，建成区面积大幅度增加。依托木兰溪系统治理产生的文化、景观效益，助推乡村振兴，建成九鲤湖等13个省级以上水利风景区，挖掘樟龙溪等河道周边乡村旅游资源，推动生态效益变成广大群众看得见、摸得着的福利。二是坚持节水兴业，优化产业布局。出台《关于莆田市重点产业投入与产出控制指标的意见》，创新性加入了水资源消耗等产业准入条件，推动产业布局和经济结构加速向绿色低碳转型，重点构建电子信息、鞋业、工艺美术等6个千亿元产业和高端装备等4个500亿元产业。推动沿岸水患"洼地"成为如今的经济发展"高地"，上游仙游县获评"世界中式古典家具之都"，下游城厢区、荔城区的鞋服产业蒸蒸日上。

（三）推动流域综合治理制度创新

一是创新河湖管理新模式，推行党政主要领导"双河长"制度，开创企业河长"莆田模式",构建"政府主导、企业认养、多元参与"的企业河长工作新格局。创新"河长制+互联网"新模式,利用无人机巡河和重点流域监控,实现线下巡河、线上处理案件流转。二是划定水生态空间,坚持空间管控,编制了《莆田市城乡水系及蓝线规划》,流域内全面禁止新建水电站、石材加工、矿山开采等项目;将木兰溪干流两岸1公里和汇水支流两岸500米划为"禁养区"。三是积极探索建立多元化生态补偿机制,有序推进不同领域、区域生态保护补偿机制,多渠道开展生态保护与修复工程,生态补偿资金按照上年度市财政总收入3‰与木兰溪流域上游断面水质考核系数的乘积来筹集,市级财政和下游区财政共同出资,主要按照水质进行分配,鼓励上游地区更好地保护生态和治理环境,为下游地区提供优质的水资源,每年为上游地区筹集6 000万元左右生态补偿资金。四是创新"生态司法+审计"制度,把自然资源指标纳入领导干部自然资源资产离任审计内容,将审判机关和审计机关的优势互融互通,形成对自然资源资产管理、生态环境保护等方面的监督合力。五是强化检察监督,依法严惩危害木兰溪流域生态环境资源犯罪,建立生态修复机制,督促缴纳生态修复补偿资金1 102万元,补植复绿面积716亩,增殖放流鱼苗6.2万尾。发挥环境公益诉讼检察职能,针对木兰溪流域非法占地建设、非法侵占河道、畜禽养殖污染等问题办理公益诉讼案件357件,推动相关职能部门齐抓共管、形成合力,促进公益损害问题系统治理。

(四)创新流域开发保护的组织实施方式

一是推行一体化管理,整合水利、生态环境、住建等部门的经营性资产,重组水务集团,覆盖源水、水源保护、调水、供水、自来水、中水回用等全产业链,提升水资源利用效率。二是实施城乡一体供水,围绕乡村振兴,打破行政区划限制与城乡二元供水格局,整合国有、民营水厂,建设大水厂、大管网,提供可靠供水,基本实现从水源地到水龙头、从供水到水处理的涉水事务一体化管理。三是探索PPP模式，2015年福建省政府出台了《关于推广政府和社会资本合作（PPP）模式的指导意见》，探索公私合营的木兰溪流域水环境综合治理PPP+水质考核模式，缓解了污水收集处理设施建设等资金不足压力。四是建立开发反哺保护的资金保障机制，允许"将木兰溪治理后纵深2公里土地出让收益，提取10%继续专用于木兰溪全流域综合治理"，要求"玉湖片区内市财政土地收入的80%必须用于玉湖新城改造建设，且专项使用、封闭运行"。

三、主要成效

木兰溪治理是新中国水利史上"变害为利、造福人民"的生动实践，为加强流域水资源节约、水生态保护修复、水环境治理、水灾害防治以及全面推进生态文明建设提供了借鉴，写入国家"十四五"规划和2035年远景目标纲要、《中共福建省委关于学习贯彻习近平总书记来闽考察重要讲话精神谱写全面建设社会主义现代化国家福建篇章的决定》，同时作为中国共产党百年奋斗历程成果，亮相中国共产党历史展览馆。木兰溪治理精神纳入中国共产党精神福建谱系。

木兰溪下游水生态修复和治理工程入选全国首批水生态修复与治理示范项目、国家150项重大水利工程。人水和谐造就了一方宜居宜业宜游的幸福祥和乐土，从而开启了美丽莆田绿色发展新引擎，旅游、房地产、商贸服务、高新技术、金融等产业快速发展，拉动了经济社会持续健康发展，润泽了"人水和谐百业兴"的莆田风采。

福建省厦门市筼筜湖治理实践

一、总体情况

筼筜湖水域位于福建省厦门岛西南部，由筼筜湖、松柏湖、地湖、天湖4个水体组成。环湖面积2.8平方公里（水域面积1.6平方公里，绿地面积1.2平方公里），流域面积37平方公里（约为厦门岛面积的30%），总库容380万立方米，周边分布着33条排洪沟、49个雨水口，是承担厦门市核心城区防洪排涝重任的特殊海水湖泊。20世纪80年代，筼筜湖周边生产生活污水直排入湖，导致湖区杂草丛生、垃圾遍地、污水横流，湖水发黑发臭、蚊蝇滋生，飞禽、鱼虾几近绝迹。1988年3月30日，时任厦门市委常委、副市长习近平同志主持召开"综合治理筼筜湖"专题会议，提出"统一思想、加强领导、依法治湖、各部委支持筼筜湖治理工作"的会议精神。在此后30余年的建设、治理历程中，厦门市始终坚决贯彻习近平同志提出的"依法治湖、截污处理、清淤筑岸、搞活水体、美化环境"20字治理方针，久久为功，不断提升筼筜湖整体环境，成功将昔日的"臭水湖"建设成为绿意盎然的都市"绿肺"和"城市会客厅"，取得了显著的经济效益、社会效益和生态效益。

二、具体做法

（一）探索开展河长制，创新落实湖长制

1988年"综合治理筼筜湖"专题会议提出"市长要亲自抓治湖"

的综合治理理念，授权建立湖泊治理跨部门领导小组，明确各部门职责以共同治理筼筜湖。行政首长负责河湖管理，实现部门间动态联动。筼筜湖的治理实践，为全国的"河（湖）长"制度建设积累了经验。2018年3月，厦门市实行双总河长制，市委书记、市长共同担任市级总河长，强化了"治水"工作的党政同责，同年9月，将筼筜湖提升为厦门市市级湖泊，由分管副市长任湖长，进一步强化了党政齐抓、部门协同、市区共管的保护机制。

（二）量身定制法规，完善法治保障体系

1988年以来，在"20字方针"的指引下，厦门市政府于1989年和1992年分别颁布了《筼筜湖管理办法》和《厦门市筼筜湖管理办法》，厦门市人大常委会于1997年通过了《厦门市筼筜湖区管理办法》。在新形势、新要求下，根据《厦门市筼筜湖区管理办法》修订而成的《厦门经济特区筼筜湖区保护办法》于2020年5月1日起正式施行，进一步完善了法治保障体系。

（三）创新治理措施，持续开展综合整治

一是构建智慧管理平台，持续"截污处理"。按照源头控制、中间减排、末端治理的流域治理思路，在筼筜湖周边先后关停、搬迁数十家重点污染企业；建设完备截污体系，分期完成对湖区周边排洪沟口、雨水口的全面截污，实现"晴天污水不入湖"。二是灵活处置淤泥，持续"清淤筑岸"。适时开展湖区全面大清淤，并创造性地将淤泥就地堆填造岛，在寸土寸金的繁华市中心成功造地并建成国家级重点公园——白鹭洲公园，以及白鹭自然保护区——白鹭岛。三是开展纳潮引水，持续"搞活水体"。根据筼筜湖紧靠西海域的地理特点，建设纳排潮启闭闸门和引水渠，创造性利用自然潮差纳潮引水并导流

循环，显著提升湖区水动力条件。四是持续"美化环境"，构建城市绿洲。改良湖区驳岸土壤高盐度高污染状况，持续多年开展湖区绿化美化，在城市中心人工种植大片红树植被，构建闹市区"家门口"的红树林。

（四）创新管理模式，推进共管共治

自2015年起，逐步建立起富有厦门特色的"市民园长"管理模式，2020年将"市民园长"升级创新为"市民湖长"模式，引导市民参与湖区保护，努力打造"同爱一片湖，共建一个家"的良好保护氛围。2017年国家公园协会将湖区创新管理方式在全国范围内进行推广。

三、主要成效

（一）典型经验获推广

2019年，东亚海域环境管理区域项目组织授予厦门市人民政府"PEMSEA领导力奖"；2020年，筼筜湖生态治理保护工作得到中央环保督察组"成为城市中人与自然和谐发展的实践范例"的肯定，筼筜湖综合治理模式入选国家发展改革委印发的《国家生态文明试验区改革举措和经验做法推广清单》；2021年10月，筼筜湖生态修复实践案例入选自然资源部发布的《中国生态修复典型案例集》，在2021年10月14日联合国《生物多样性公约》缔约方大会第十五次会议（COP15）生态文明论坛发布；2021年6月5日"世界环境日"，《人民日报》头版《筼筜湖治理的生态文明实践》一文，详细宣传并高度赞扬筼筜湖的治理与保护工作。

（二）生态治理见成效

根据省控点水质监测显示，2021年筼筜湖区水质考核指标无机氮与活性磷酸盐浓度分别较考核基准年（2015年）大幅下降76.4%和63.4%。

（三）生物恢复多样化

随着湖区生态环境的改善，湖区生物多样性得到恢复。游泳生物由极度耐污的攀鲈鱼1种，增加至63种以上，更出现粗皮鲀、小型鲨鱼、中国鲎等珍稀物种；近年来湖区新发现丘鹬、凤头潜鸭、田鹀、白翅浮鸥等多种鸟类，累计发现鸟类95种，并每年吸引大批鸬鹚等候鸟前来越冬，水环境生态改善显著。

福建省厦门市五缘湾片区生态修复与综合开发

一、总体情况

福建省厦门市五缘湾片区位于厦门岛东北部，规划面积10.76平方公里，涉及5个行政村，村民主要以农业种植、渔业养殖、盐场经营为主，经济社会发展落后，2003年人均GDP只有厦门全市平均水平的39.4%。由于过度养殖、倾倒堆存生活垃圾、填筑海堤阻断了海水自然交换等原因，内湾水环境污染日益严重，水体质量急剧下降，外湾海岸线长期被侵蚀，形成了大面积潮滩，五缘湾区自然生态系统遭到严重破坏。2002年，按照时任福建省省长习近平同志关于"提升本岛、跨岛发展"的要求，厦门市委、市政府启动了五缘湾片区生态修复与综合开发工作。通过多年的修复与开发，五缘湾片区的生态产品供给能力不断增强，生态价值、社会价值、经济价值得到全面提升，被誉为"厦门城市客厅"，走出一条依托良好生态产品实现高质量发展的新路。

二、具体做法

（一）促进资源整体流转

由市土地发展中心代表市政府作为业主单位，负责片区规划设计、土地收储和资金筹措等工作，联合市路桥集团等建设单位，整体推进环境治理、生态修复和综合开发。针对村庄，实行整村收储、整体改造，先后完成457公顷可开发用地收储，建设城市绿地和街心公园，增加城市绿化覆盖率。针对海域，全面清退内湾鱼塘和盐田，还海面积约1平方公里；在外湾清礁疏浚73.88万立方米，拓展海域约1平方公里。

（二）实施生态修复保护工程

以提高海湾水体交换动力为目标，拆除内湾海堤，开展退塘还海、内湾清淤和外湾清礁疏浚，构筑8公里环湾护岸以对受损海岸线进行生态修复，设置430米纳潮口以增加湾内纳潮量和水流动力；对湾区水体水质进行咸淡分离和清浊分离，并开展水环境治理，逐步恢复海洋水生态环境；充分利用原有抛荒地和沼泽地建设五缘湾湿地公园，通过保留野生植被、设置无人生态小岛等方式，增加野生动植物赖以生存的栖息地面积，营造"城市绿肺"。

（三）推进片区公共设施建设和整体提升

以储备土地为基础，全面推进五缘湾片区综合开发，为提升人居环境和实现生态产品价值奠定基础。完善交通基础设施，建成墩上等4个公交场站、环湖里大道等7条城市主干道、五缘大桥等5座跨湾大桥，使湾区两岸实现互联互通。建成10所公办学校、3家三级公立医院、10处文化体育场馆、2个大型保障性住房项目，加强科教文卫体等配套设施建设。修建8公里环湾休闲步道，打造"处处皆景"的生态休闲空间。

（四）依托良好生态产品推动高质量发展

近年来，五缘湾片区良好的生态环境成为经济增长的着力点和支撑点，湾区内陆续建成厦门国际游艇汇、五缘湾帆船港等高端文旅设施和湾悦城等多家商业综合体，吸引多家高端酒店和300多家知名生产企业落户。五缘湾片区由原来以农业生产为主，发展成为以生态居住、休闲旅游、医疗健康、商业酒店、商务办公等现代服务产业为主的城市新区，带动了区域土地资源升值溢价。

三、主要成效

（一）生态产品供给能力持续增强

五缘湾片区成为厦门岛内集水景、温泉、植被、湿地、海湾等多种自然资源要素于一体的生态空间。截至2019年底，五缘湾片区海域面积由原来的112公顷扩大为242公顷，平均深度增加了约5.5米，海域的纳潮量增加了约500万立方米，海水水质除无机氮和活性磷酸盐外均符合第一类海水水质标准；片区内建成1处中华白海豚救护基地（2013年迁至火烧屿中华白海豚救护繁育基地）、厦门市五缘湾栗喉蜂虎自然保护区和10余座无人生态小岛，吸引了90多种野生鸟类觅食栖息，促进了生物多样性；片区内生态用地面积增加了2.3倍，建成100公顷城市绿地公园和89公顷湿地公园，城市绿地率从5.4%提高至13.8%，人均绿化面积19.4平方米，超过了厦门市人均水平。

（二）生态产品价值逐步显化

随着生态产品供给的增加和产业结构的转型发展，五缘湾片区通过土地增值、高端服务产业发展等方式，逐步实现了生态价值的显化和外溢。从首次出让土地的2005年到2019年，15年来五缘湾片区的地价增长了7倍多；扣除土地储备和生态修复等成本后，区域综合开发的总收益达到100.7亿元，实现了财政资金平衡和区域协调发展。据测算，2019年片区内财政总收入较2003年增加了37.7亿元左右，占本岛财政总收入的比重由3.7%增长到8.3%；2019年片区城镇居民人均可支配收入达到6.7万元，较2003年增长了约5倍。

（三）社会民生福祉日益改善

截至2019年底，片区内划拨用于各类配套设施建设的用地面积为212公顷，是整治开发前的20多倍。随着五缘湾自然生态系统的建立和各类配套设施的落地，片区内的人居环境得到显著改善，居民不仅拥有"山青、水绿、天蓝"的良好生态产品，还可以享受到丰富和便捷的城市公共服务，获得感与幸福感日益增强。

福建省水土流失治理长汀模式

一、总体情况

福建省龙岩市长汀县是我国南方红壤地区水土流失最为严重的县域之一。据1985年遥感普查，全县水土流失面积达975平方公里，占国土面积31.5%。长期以来，习近平同志高度重视长汀水土流失治理工作，在福建工作期间曾5次亲赴长汀开展实地调研指导，在不同工作岗位对长汀作出重要指示。长汀县深入贯彻落实习近平生态文明思想、习近平总书记对长汀水土流失治理工作的重要指示批示精神，坚持水利改革发展总基调，聚焦根治、提升、拓展、持抓，经过十余年的艰辛努力，水土流失治理和生态保持建设取得显著成效，创造了水土流失治理长汀模式。

二、具体做法

（一）构建多层级"共治"格局

长汀县始终把治理水土流失作为最重要的政治责任和生存工程、发展工程、基础工程、民生工程抓紧抓实抓到位。成立水土流失治理与生态建设领导小组，健全县处级领导和县直部门挂钩水土流失治理工作责任制，将水土流失治理和生态建设7个方面31项指标列入干部考核评价体系，形成县、乡、村三级书记抓水保和"县级推进落实、部门合力共为、责任层层压实"的工作机制，做到目标任务、工程措施、完成时限"三个明确"。

（二）实行专业化"精治"运作

长汀县成立国有专业生态治理公司，委托县古韵汀州公司、林业发展公司作为项目业主，出台《长汀县水土流失精准治理深层治理专项资金管理办法》，实行水土流失治理资金"大专项＋任务清单"管理模式，按"用途不变、渠道不乱、捆绑使用、各记其功"的原则，有效整合流域治理、林业生态建设、矿山整治、乡村振兴等项目资金向水土流失重点区域倾斜，2020年，省、市、县整合3.21亿元用于长汀县精准治理深层治理，实现项目统一管理、设计、施工，建立"多个渠道引水，一个龙头放水"的治理新格局。

（三）探索多样化"深治"模式

针对流失斑块的不同流失类型，采取不同治理措施，多层次实施精准治理。对抵御自然灾害能力较弱存在生态安全风险的林地，进行树种结构调整和补植修复，实施阔叶化造林；对果园按照"山顶戴帽、山脚穿鞋、中间系带"的思路恢复地带性植被；对开发建设造成的水土流失，开展"春节回家种棵树""互联网＋全民义务植树—我为长汀水土流失精深治理种棵树"等活动，鼓励群众拿起手机扫描活动二维码进行捐资，由线下专业队伍前往长汀植树造林，广泛发动社会力量参与水土流失治理。目前，全县已累计开展林权证登记38 482起373.08万亩，引导林权流转535起159.57万亩，发放林权抵押贷款296笔5.91亿元，引进2.1亿元民间资本、69家企业或大户参与治理，"码"上义务植树已有2.6万多人参与，捐资总额逾116.95万元。

（四）致力多类型"专治"示范

强化示范引领作用，着力打造精品工程，分类型分部门建立示范点，形成了"一线两村四园多点"示范线路，为水土流失治理提供生态样本。"一线"就是把近年来的治理点串联起来，形成践行习近平生态文明思想展示线路；"两村"就是重点打造水保示范村——伯湖村和林业示范村——露湖村；"四园"就是打造策武银杏公园、水土保持科教园、汀江国家湿地公园、马兰山金融生态示范林，从不同角度展示治理成果；多点就是打造水土流失重点区治理、迹地更新治理、土壤改良、森林质量提升、马尾松优化改造、废弃矿山治理、果茶园治理等不同类型治理示范点。

（五）建立多元化"善治"机制

在全省率先推行燃料补贴政策和"林长制"及森林警长制，对非法侵占林地、破坏水土资源等违法行为进行联动快速处置，做到治理与保护并重、疏与堵相结合。颁布执行《龙岩市长汀水土流失区生态文明建设促进条例》和《长汀县山地农业综合开发审批管理办法》，严格落实水土保持"三同时"制度，进一步巩固和深化改革成果。

三、主要成效

（一）生态治理见成效

1985年以来，全县累计减少水土流失面积111.8万亩，水土流失率从1985年的31.5%下降到2021年的6.68%，低于全省平均水平。森林覆盖率从58.4%提高到2021年的80.3%，森林蓄积量提高到1 915.4万立方米，湿地面积达3 596.7公顷，空气环境质量常年维持在Ⅱ级标准以上，国、省控断面水质和饮用水源地水质达标率均为100%。长汀从过去百万亩的"火焰山"变成了绿满山、果飘香，实现了从"浊水荒山"向"绿水青山"再到"金山银山"的历史性转变。

（二）生物恢复多样化

随着生态环境的改善，水土流失区的生物多样性得到恢复，维管束植物从20世纪80年代110种增加到现在340种，茂密的植被涵养了水源，也为各种野生动物提供了栖息地和庇护所，鸟类从不到100种恢复到306种，消失多年的白颈长尾雉、黄腹角雉、苏门羚、豹猫等珍稀濒危野生动物也纷纷重新回到山林。

（三）绿色产业促发展

长汀县充分发挥绿色生态优势，大力发展生态旅游、健康养老、林下经济等产业，激发更多生态"溢出效应"。2017—2020年长汀县连续四年荣膺福建省县域经济发展十佳县。2019年，全县重点生态景区年接待游客人数达441.23万人次、增长26.87%，旅游年收入48.98亿元、增长35.21%，2021年虽受疫情影响，仍接待游客200万人次，实现旅游收入25亿元；建成一批以林禽、林花、林药、林菌为主要品种的林下经济种养示范基地，其中河田镇因河田鸡产业被列为国家农业产业强镇。农民人均可支配收入从2012年的8 185元提高到2021年的20 587元，增长1.5倍。

福建省宁德市创建林业监管新机制

一、总体情况

2016年起，福建省宁德市认真贯彻落实党中央、国务院关于深化"放管服"改革工作的决策部署，为规范林业事中事后监管，破解以往监管事项划分不清、多头检查重复执法、错位缺位任性执法等难题，先行先试，采取优化整合等系列举措，积极推行林业"双随机一公开"抽查监管，逐步完善机制建设，提高了林业系统监管效率，助推了经济发展，取得了显著成效。

二、具体做法

（一）明确权力厘清职责

从36部林业法律、法规、规章梳理出市林业局193项行政权力事项，再进一步分类，排除行政处罚类79项，行政强制类8项，指导协调类10项，行政权力其他类15项等共计142项非监管类事项，厘清监督检查和行政许可后的事中事后执法监管事项共51项。

（二）科学分类确定重点

按照事权划分标准，将51项监管事项进行分类，再次排除省级监管事项17项，非市级监管事项11项，县级监管事项6项等共计34项，确定市林业局监管和市、县两级共同监管事项17项作为重点监管事项。

（三）优化组合化繁为简

按照监管性质、对象、要求将17项市级监管事项再次科学组合为使用林地及保护地建设、林木种苗、野生动植物、森林植物检疫、森林防火5个类型，2019年以后又增加了中央环保督察等问题整改跟踪检查1个类型，共计6类《宁德市林业随机抽查事项清单》，以实现科学优化、精简高效。

（四）创建平台透明公开

组织开发了宁德市林业局监管执法检查专项电子平台，并将该平台与市林业局门户网站链接，通过点击平台，可全程查询执法监管的工作部署、组织实施及检查结果的情况。根据6类随机抽查事项清单，分门别类建立了6个市场主体名录库和执法检查人员名录库，并实现与省林业厅和各县（市、区）林业局信息共享。

（五）公正执法三级联动

严格按照规范程序开展监管，具体实施步骤：活动事先部署→上网公开公示→随机抽取对象→检查事先告知→着装亮证检查→仪器记录实情→客观公正执法→当场送达文书→通报检查情况→依法查处案件→建立健全档案。自2017年起，9个县（市、区）均参照市级做法完成机制建立，实现市、县两级林业执法监管工作全覆盖；同时，通过实施省、市、县三级信息共享，实现当年省、市、县三级对已抽查企业不再重复检查，并可直接引用检查结果。

（六）点面结合高效监管

建立了《宁德市林业局双随机抽查工作实施办法（试行）》《宁德市林业局责任清单与随机抽查事项清单对照表》《随机抽查事项清单》《随机抽查市场主体名录库》《随机抽查执法检查人员名录库》等"一单两库一细则一公开"机制。截至2022年9月末，市本级抓重点，每年开展两轮监管抽查，6年半共检查市场主体600多家次；县一级抓好面上监管，九个县（市、区）林业局共检查市场主体2 000多家次。

（七）跟踪回访完善提高

一方面，对执法检查活动中发现的违规市场主体进行整改回访，督促其认真按照要求，抓好问题整改，并举一反三，杜绝问题再次发生。另一方面，通过发放问卷、电话回访、微信交流等形式开展回访，及时听取、收集市场主体对林业监管工作的意见建议，完善监管机制。

三、主要成效

（一）有效节约监管成本

通过实施优化整合执法监管机制创新改革，进一步明确划分了各级林业执法监管的职责，极大节约了执法成本，提高了执法监管效率，切实扭转和解决了以往监管工作中出现的多头执法、任性执法、重复执法、执法不公和执法资源浪费等问题。据统计，往年仅市本级每年对51项监管事项出动检查人员不少于200人次，现在只要20多人次，执法监管成本下降至原来的十分之一左右，效率显著提高。

（二）明显减轻企业负担

企业每年的市级检查次数明显减少，排除了不必要的重复干扰，大大减轻了负担，增强干事创业的积极性，营造了服务发展的良好氛围。与以往每年至少接受林业各项检查6～7次相比，改革后每年最多接受检查1～2次，极有利于企业发展。

（三）全面提升执法公信力

一是通过开发林业随机抽查电子系统软件，实现检查对象和执法人员的双随机，有效杜绝各种人为因素的干扰，做到公开、公平。二是通过严格规范执法监管程序和要求，坚持执法全程留痕、可追溯。三是通过落实当场作出检查结果，并现场履行送达程序，避免了权力寻租和暗箱操作行为发生。四是通过多渠道公示检查过程和结果，将执法监管工作置于阳光下操作，接受全社会监督。

江西省强化河湖长制　建设幸福河湖

一、总体情况

2015年底，江西省立足加快生态文明建设的战略高度，决定全面实施河长制，建立由省委书记担任省级总河长、省长担任副总河长的组织体系。随着国家层面2016年推行河长制、2017年实施湖长制，江西对标完成规定动作，创新做好自选动作，有力整治影响河湖健康的突出问题，有效改善河湖水环境质量，河湖治理效益逐步显现。

二、具体做法

（一）坚持纵横联动，全面落实"525"组织架构

一是纵向建立区域和流域相结合的五级河湖长组织体系，即按区域，省、市、县、乡设立由党委、政府主要领导担任行政区域内的总河湖长、副总河湖长；按流域，分级分段设立省、市、县、乡、村五级河湖长。目前，全省共落实河湖长2.5万余名。二是横向建立部门协同机制，省级明确水利等25个涉及河湖长制工作的部门为河湖长制责任单位，形成部门共同治水的强大合力。省、市、县三级设立的河长办公室专职副主任、"河小青"志愿者、"河湖长+检察长"、"河湖长+警长"、民间河长、企业河长等，作为河湖长制组织架构的有益补充。

（二）坚持规范管理，健全完善"711"制度体系

一是建立7项制度，即2016—2017年出台河长制会议、信息、督办、考核、督察、验收、表彰办法7项制度。二是发布1部条例，即2018年在全国较早制定颁布《江西省实施河长制湖长制条例》。三是形成1个标准，即2019年制定发布河湖制工作省级地方标准《河长制湖长制工作规范》，为全省上下推进河湖长制工作提供了有力的法规制度保障。

（三）坚持问题导向，持续开展"317"专项整治

2016年起持续开展以"清洁河湖水质、清除河湖违建、清理违法行为"3个方面为重点的"清河行动"，2021年开展工业污染集中整治、城乡生活污水及垃圾整治、保护渔业资源整治等17个专项整治行动。根据实际情况确定专项内容，分流域、分区域、分部门累计排查整改河湖管理问题1万余个。通过河湖长制平台统筹牵头，2017—2018年完成消灭劣Ⅴ类及Ⅴ类水专项任务，2018—2019年完成鄱阳湖生态环境专项整治任务，助力打好污染防治攻坚战。

（四）坚持流域治理，着力建设"165"幸福河湖

2017年升级河湖长制工作思路，坚持山水林田湖草沙生命共同体，启动流域生态综合治理，2018年启动生态鄱阳湖流域建设十大行动，统筹推进流域水资源保护、水污染防治、水环境改善、水生态修复。积极谋划幸福河湖建设，印发实施《江西省关于强化河湖长制建设幸福河湖的指导意见》，提出到2025年建成100余条幸福河湖、六大幸福河湖实现路径（强化水安全保障、强化水岸线管控、强化水环境治理、

强化水生态修复、强化水文化传承、强化可持续利用）和五大幸福河湖建设目标，实现可靠水安全、清洁水资源、健康水生态、宜居水环境、先进水文明。

（五）坚持创新引领，不断探索"632"长效机制

一是与周边6省探索联防联治机制，省级层面先后与福建、浙江、广东、湖南、湖北、安徽等相邻省份签订《跨省流域突发水污染事件联防联控协议》，与湖南省建立湘赣边区域河长制合作机制，在长江水利委员会、珠江水利委员会统筹下建立与相关省份上下游河长制协作机制，并开展联合巡河督导。萍乡、宜春、新余、吉安4市强化袁河流域联防联控，县际之间签订水质"对赌协议"推进协作联防。二是开展河湖管护3项制度创新。鹰潭市和宜黄、寻乌、安远等县开展生态环境综合执法，靖安、武宁等地推行"多员合一"生态综合管护，全省开发河湖巡查、保洁等公益性岗位助力1.7万余名建档立卡贫困人口脱贫。全面实施流域生态补偿。三是抚州、赣州2市开展生态价值转换试点，宜黄在全省率先颁布"河权经营证"，广昌、资溪、寻乌等地河权改革成效逐步显现。

（六）坚持能力提升，夯实抓好"111"基础工作

一是发布1部规划。2019年由省政府批准印发《江西省"五河一湖一江"流域保护治理规划》，全省流域保护治理的目标任务、总体布局和实施路径得以明确，并分河流湖泊、上下游等不同情况提出保护治理思路和措施。二是构建1个信息平台。江西省河长制河湖地理信息平台于2020年正式运行，目前基本完成与水利部管理平台的数据对接和省、市、县有关数据共享，日常巡查、问题督办、情况通报、责任落实等均纳入平台，通过涉河工程、水域岸线管理、水质监测等信

息化、系统化手段，实现河湖动态监测，促进河湖长制工作的实时高效。三是设立1个法定河湖保护活动周。《江西省实施河长制湖长制条例》确定每年3月22—28日为河湖保护活动周，广泛开展"巡河·护河"行动，"河小青"队伍不断壮大，全省千余支"河小青"队伍、数万名志愿服务者积极参与河湖保护活动，形成全民参与的共建共享格局。

三、主要成效

（一）河湖管理"有名有实"

区域和流域相结合的五级河湖长组织体系全面建成，河湖管理能力进一步提升。全省9名省级河长湖长、116名市级河长湖长、983名县级河长湖长、6 970名乡级河长湖长、17 287名村级河长湖长通过召开会议、签发河长令、巡河督导、专项督办等方式，共同织就覆盖所有水域的责任网。通过推动《河湖长制履职评价及述职规定（试行）》落实落地，各级河湖长履职更加规范到位。以河湖长制为平台，流域联防联治、生态综合管护、河权改革等河湖管护长效机制在全省各地逐步建立推广。

（二）河湖保护"有能有效"

通过持续开展"清河行动""清四乱"等专项整治，不断加大河湖保护力度，累计梳理排查突出问题万余个，清理整治"乱占、乱采、乱堆、乱建"问题千余个，河湖面貌得到持续改善。2015—2020年，全省地表水断面水质优良比例持续上升，各年分别为81%、81.4%、88.5%、90.7%、92.4%、94.7%。2021年，全省346个地表水国考断面水质优良比例达95.5%，全部断面消灭Ⅴ类及劣Ⅴ类水，全省县级及以上城市集中式饮用水水源地水质达标率达100%。

（三）河湖治理"有景有情"

全省流域生态综合治理项目投入超889亿元，抚河流域、百里昌江、萍乡萍水河、靖安北潦河、南昌瑶湖、九江长江最美岸线、吉安蜀水等一批幸福河湖建设成效明显，为广大群众提供了一批良好的生态产品。累计完成711个省级水生态文明村试点和自主创建工作，打造了一批生态宜居的美丽乡村，农村人居环境得到明显改善，群众的获得感、幸福感、安全感不断增强。

江西省探索从林长制迈向"林长治"

一、总体情况

江西是南方重点集体林区和重要生态屏障，自然禀赋突出。但是，随着工业化、城镇化进程加快，党政领导抓森林资源保护发展的责任意识有所淡化，原有的保护发展森林资源目标责任制等制度落实不到位，经济社会发展与森林资源保护之间的矛盾日益凸显，给全省森林资源安全和林业生态保护带来不利影响。

2016年，抚州市实施"山长制"，2017年，九江市武宁县推行"林长制"，为全省全面推行"林长制"作出了有益探索。2018年7月，江西省出台《关于全面推行林长制的意见》，部署在全省全面推行林长制。通过四年的探索实践，江西林长制工作取得了显著成效，工作经验先后多次被国家林草局通过工作简报、全国培训班授课等方式在全国推广。2022年6月，江西上饶市荣获首批全国林长制工作国务院督查激励市。

二、具体做法

（一）坚持高位推动，着力构建责任明确的组织体系

一是建立五级林长体系。省、市、县三级设立总林长和副总林长，分别由同级党委、政府主要负责同志担任；设立林长若干名，由同级相关负责同志担任。乡级设立林长和副林长，林长由乡党委主要负责同志担任，第一副林长由乡政府主要负责同志担任。村级设立林长和

副林长，分别由村支部书记、村主任担任。二是划定责任区域。省、市、县、乡、村五级林长责任区域分别以市、县（市、区）、乡镇（街道）、行政村（社区）、山头地块为单位划分。三是明确林长责任。按照"统筹在省、组织在市、责任在县、运行在乡、管理在村"要求，各级林长负责各自责任区域森林资源保护发展任务。明确林长制主体责任在县级，县级总林长和副总林长为第一责任人，林长为主要责任人。全省共有省级林长9人、市级林长96人、县级林长1 414人、乡级林长14 471人、村级林长29 769人。

（二）坚持保护为主，着力构建网格化源头管理体系

一是实行全覆盖网格管理。以县（市、区）为单位，综合考虑地形地貌、林业资源面积及分布、管护难易程度等情况，将所有林业资源合理划定为若干个网格，一个网格对应一名专职护林员，使网格成为落实林业资源管护责任的基本单元，实现林业资源网格化全覆盖。二是组建"一长两员"队伍。以村级林长、基层监管员、专职护林员为主体，组建"一长两员"林业资源源头管理队伍。基层监管员一般由乡镇林业工作站或乡镇相关机构工作人员担任。专职护林员由生态护林员、公益林护林员、天然林护林员等力量整合而成。按照村级林长、基层监管员负责管理若干专职护林员的要求，构建覆盖全域、边界清晰的"一长两员"林业资源源头网格化管护责任体系。全省整合基层监管员5 696人，聘请专职护林员23 109人。三是保障护林经费。按照"渠道不乱、用途不变、集中投入、形成合力"原则，统筹现有生态护林员补助、公益林和天然林管护补助等资金，并争取财政资金支持，保障专职护林员合理工资报酬。截至2021年底，全省专职护林员人均年工资达19 332元。四是实施信息化管理。开发并推广应用江西省林长制巡护信息系统，实时监控记录护林员巡山护林轨迹，及时处理护林员发现的破坏林业资源

违法事件。自系统投入运行以来，全省护林员巡护上报事件43 435起，处理办结43 162起，办结率达99.4%，对违法事件做到了早发现、早报告、早处置。

（三）坚持目标导向，着力构建"三保、三增、三防"目标体系

按照"明确目标、落实责任、长效监管、严格考核"要求，确立林长制"三保、三增、三防"（即：保持森林覆盖率稳定、保持林地面积稳定、保持林区秩序稳定；增加森林蓄积量、增加森林面积、增加林业效益；防控森林火灾、防治林业有害生物、防范破坏森林资源行为）目标体系。到2025年全省森林覆盖率稳定在63.1%以上，活立木蓄积量达到8亿立方米，湿地保护率稳定在62%以上，森林资源质量稳步提升。力争到2035年，全省森林质量水平位居全国前列，森林生态功能更加完善、生态效益更加显现，林业生态产品供给能力全面增强，森林资源管理水平显著提升，基本实现林业现代化。

（四）坚持统筹推进，着力构建齐抓共管的运行体系

一是制定配套制度。省级层面建立完善了林长会议制度、林长巡林制度、考核办法、督查督办制度、信息通报制度等配套制度，市、县两级也相应出台了贯彻落实的制度文件。二是建立协作机制。在省、市、县三级，将组织、编制、发展改革、财政、审计等部门纳入林长制协作单位，明确协作单位职责，形成在总林长领导下的"部门协同、齐抓共管"工作格局。三是设立专门机构。县级以上设立林长办公室，办公室主任由同级林业部门主要负责同志担任。林长办公室负责林长制的组织实施和日常事务，定期或不定期向总林长、副总林长和林长报告森林资源保护发展情况，监督、协调各项任务落实，组织实施年度考核等工作。四是建立对接机制。由林业部门和相关协作单位人员组成同级林长对接工作组，分别负责协调各自对接林长的巡林、调研督导责任区域林业资源保护发展工作。五是坚持绩效引领。建立并完善林长制考核办法，将林长制年度工作考核与林业资源保护发展主要工作相结合，既注重目标结果，又注重工作过程，强化考核运用，着力构建科学合理的考评体系。

三、主要成效

（一）党政领导林业资源保护发展责任意识显著增强

2021年全省签发总林长令245次，各级林长开展巡林5 975人次，全省提交林长责任区域森林资源清单1 950份和问题清单2 528份、林长工作提示单2 931份、印发督办函1 907份，市、县两级林长协调解决林业资源保护发展问题3 297个，各级林长责任意识不断增强。

（二）林业资源保护管理机制更加完善

建立了"一长两员"源头管理体系，实行林业资源网格化管理全覆盖。根据国家林草局下发的卫星遥感判读结果，全省违法问题数从2018年的15 468个下降至2021年的6 036个，违法面积由2018年的5 966.9公顷下降至2021年的1 955.5公顷，违法林木蓄积量由2018年的210 953.6立方米下降至2021年的25 946.7立方米。

（三）森林增绿提质步伐明显加快

推行林长制后，广大干部群众育林护林的积极性明显提高，增绿提质氛围更加浓厚。2021年，全省共完成年度人工造林104.1万亩，占国家和省下达任务的208.2%。扎实推进造林绿化落地上图工作，全省完成造林结果上图面积355.8万亩，占国家下达计划的150.8%。

江西省建立"禁捕退捕"机制
推进重点水域长效管护

一、总体情况

长江流域重点水域实施"十年禁渔",是以习近平同志为核心的党中央为全局计、为子孙谋作出的重大战略部署,是共抓长江大保护的标志性、示范性工程。根据国家统一部署,江西省禁捕水域涉及152公里的长江干流江西段、全省35个水生生物保护区和鄱阳湖,工作覆盖10个设区市,退捕任务约占全流域退捕任务的四分之一,是全流域禁捕退捕任务最重的省份之一。江西省深入贯彻习近平总书记重要指示批示精神,坚持把重点水域禁捕和退捕渔民转产安置作为重大政治任务和重大民生工程紧抓不放,聚焦"作示范、勇争先"工作要求,取得了阶段性成效。江西提前一年实现了长江干流江西段、鄱阳湖以及35个水生生物保护区全面禁捕,有效保护了长江流域水生生物资源和水域生态环境。

二、具体做法

（一）深入调研、试点先行,明确工作路径

开展了13轮全覆盖的摸底调研,从基层干部、捕捞渔民、沿湖居民得到大量一手信息,逐渐形成禁捕退捕工作总体思路。在2018年底,以湖口县作为禁捕退捕工作试点县。经过三个月的试点,发现问题、问计于民、解决问题、摸索路子、总结经验,基本明确了重点水域怎么"禁"、捕捞渔民怎么"退"、渔村渔区怎么"稳"和禁捕以后怎么"管"的问题，为全省顶层设计提供实践经验和重要依据，为全省由点及面、"禁""退"同步、全省铺开、一体推进打下良好基础。

（二）高位推动、五级共抓，压实属地责任

省政府成立了由省长任组长、省直19个单位参与的工作领导小组，涉及禁捕退捕任务的市、县均按照省里要求成立了相应的组织机构，压实了五级责任，完善了成员单位合力攻坚的工作机制。省人大常委会审议通过《关于促进和保障长江流域江西重点水域禁捕工作的决定》，以地方性法规形式将禁捕退捕责任全面压实压紧。省委政法委将鄱阳湖联谊联防工作延伸到沿江市县，强化举措，进一步夯实属地主体责任。

（三）实事优先、限高保底，创新补偿措施

根据户籍性质、收入来源、土地资源占有等情况，精准确定了渔民身份。对退捕渔民的合法船网工具应收尽收，对补偿标准限高保底，回收退捕鱼船3.78万艘；在养老保障标准上，无田无地的专业渔民比照失地农民养老保障补助政策，实行15年逐年补助，充分保障退捕渔民享受养老保障权益，也缓解了财政压力，还监督渔民上岸后返捕行为。各项安置保障措施得到了退捕渔民广泛认可，2020年底由第三方机构做的满意度调查结果显示，退捕渔民对安置补偿政策满意度超过90%，且全省没有出现一起大规模群体性信访事件。

（四）多措并举、拓宽门路，兜牢民生底线

实施就业服务"1131"计划，送岗位上门、送技术到家，开展

"暖心行动"培训，开发退捕渔民公益性岗位。实施创业担保贷款措施，为退捕渔民创业提供金融支持，累计发放贷款4 056.99万元。整合农村综合改革和渔业燃油补贴资金4 100余万元，支持75个渔村发展集体经济。将困难渔民及时纳入低保救助、简化优化救助程序。累计将163名困难退捕渔民及其家庭成员新增纳入最低生活保障或特困供养范围，向困难退捕渔民发放低保、特困救助资金1 505万元，实施临时救助463人次59.22万元，困难退捕渔民基本生活得到有效保障。

（五）健全机制、联勤联动，打击非法捕捞

省政府印发《关于完善全省重点水域禁捕执法长效管理机制的实施意见》，联合河长办，创新设置"网格长"2 236人，组织跨省、市、县交界水域签订70份执法合作协议，进一步织密织牢执法监管网格。制定非法捕捞认定与损害评估专家库，完善禁捕执法保障体系，并下放渔政执法权到乡镇，推动禁捕执法监管关口前移。出台《江西省重点水域垂钓管理办法（试行）》，规范垂钓行为，助力巩固禁捕成效。

（六）疏通渠道、广泛引导，凝聚良好氛围

采取舆论引导、上门家访、事先排查等方式，讲清安置政策，讲好典型故事，分析研判形势，回应群众诉求，营造支持禁捕的浓厚氛围。制作了公益广告、组织了媒体入村专题访谈，营造良好的舆论氛围。通过"农业大讲堂下基层"、公安渔政涉渔"百日走访"，组织干部"1对1"登门家访，赢得了广大渔民的支持理解。开发了2 200余个公益岗位，吸纳退捕渔民组建"护鱼队"，充分发挥懂"水情"、晓"鱼情"、知"民情"的优势，从"捕鱼人"成了"护鱼人"，实现了渔区社会的共治共享。

三、主要成效

（一）禁捕水域秩序进一步向好

据统计，2021年全省查处违规涉渔案件690起，较2020年同期降低16.8%。其中，查获电、毒、炸鱼案件386起，较2020年同期下降32.3%，禁捕水域秩序持续向好。

（二）水生生物资源进一步恢复

禁捕后，在鄱阳湖监测到近70种鱼类，较禁捕前新增7种，其中有多种近十年来未监测到的珍稀鱼类。长江江豚种群数量稳定向好，除鄱阳湖外在南昌城区扬子洲水域已有10余头长期在此嬉戏。三龄以上的鱼类占比明显增加，刀鱼出现率由2018年的9.4%提升至2022年的94.2%。

（三）安置保障水平进一步提升

通过动态管理渔民参保状态，持续理清基础数据，分类实施跟踪，6.36万名符合参保条件的退捕渔民已全部参保。全省5.2万名退捕渔民实现就业，占有劳动能力和就业意愿的100%，"零就业"家庭持续清零，就业人数比2021年底增加700余人。

江西省赣州市推进我国南方地区
重要生态屏障的山水林田湖草沙
一体化保护和修复

一、总体情况

　　江西省赣州市是我国南方丘陵山地生态屏障重要组成部分。作为首批山水林田湖草沙生态保护修复试点，赣州认真贯彻习近平生态文明思想，按照生命共同体的理念、整体保护的意识、系统修复的思维、综合治理的方式和改革创新的办法，扎实推进山水林田湖草沙一体化保护和修复，有效解决了一批突出生态环境问题，财政部对试点绩效评价为"优"。试点实践探索出了山地丘陵地区山水林田湖草沙系统治理经验，初步建成了以"废弃稀土矿山环境修复样板、我国南方地区崩岗治理示范、多层次流域生态补偿先行"为明显特点的山水林田湖草沙综合治理样板区。治理经验先后入选"2019年度中国改革年度案例"、全国省部级领导干部深入推动长江经济带发展专题研讨班教材、全国党员干部现代远程教育专题教材和自然资源部印发的《生态产品价值实现典型案例》。

二、具体做法

（一）规划设计统筹"三个维度"

　　一是在空间维度上，采用地理信息系统汇水区分析技术，考虑自然生态系统单元相对完整性，按流域将生态保护修复空间划分为"东北、西北、东南、西南"四大片区，并根据各片区特点，布局实施流域水环境保护与整治等五大生态建设和系统治理工程。二是在时间维度上，以生态问题治理和生态系统保护为导向，通过"七上七下"筛选和专家竞争性评审，合理确定62个具体实施项目，根据生态环境问题治理的紧迫性，分年度分批次推进项目实施。三是在目标维度上，以项目实施为抓手，确定水质、森林、水土流失、矿山、农田土壤5个方面量化目标和生态保护修复技术模式1个方面定性目标。

（二）推进机制构建"三重保障"

一是加强组织保障，赣州在市、县两级成立由政府主要领导任组长的领导小组，并成立赣州市山水林田湖生态保护中心专职机构，负责统筹推进试点工作。二是强化制度保障，重点生态功能区全部实行产业准入"负面清单"，成立市、县两级生态综合执法机构，出台水土保持等地方性法规，印发《赣州市山水林田湖生态保护修复项目管理办法》。三是加强资金保障，建立"中央+地方+社会"等多元化资金投入机制。用好20亿元中央基础奖补资金。通过地方债等方式加大地方政府投入，按照"职责不变、渠道不乱、资金整合、捆绑使用"的原则整合各级财政相关专项资金。通过PPP模式、引导群众投工投劳等方式吸引社会资本参与。

（三）矿山修复探索"三治同步"

一是山上山下同治，山上实行地形整治、边坡修复、截水拦沙、植被复绿等治理措施，山下填筑沟壑、沉沙排水、兴建生态挡墙，消除矿山崩塌等地质灾害隐患，控制水土流失。二是地上地下同治，地上改良土壤、种植经济作物，坡面采取穴播等方式恢复植被，兴建排水沟分流平面水流，地下采用截水墙等工艺截水拦沙。三是流域上游下游同治，上游稳沙固土、建梯级人工湿地，实现水质氨氮源头减量，下游清淤疏浚、建水终端处理设施，实现水质末端控制，上、下游治理目标系统一致，确保全流域稳定有效治理。

（四）崩岗治理推行"三型共治"

一是生态修复型治理。对交通不便、远离居民点的崩岗，采取"上拦下堵、中间削土、坡面绿化"等方式全方位蓄水保土，加快崩岗自然恢复进程。二是生态开发型治理。对交通便利、靠近居民点的崩岗，采取"山顶戴帽、山腰种果、山脚穿靴"的治理模式，坡面铺设椰丝草毯，撒播草籽、种植树苗固土复绿；平面种植杨梅、脐橙、油茶等经果林，生态产品价值得到更好实现。三是生态旅游型治理。将城镇周边、靠近旅游景点的崩岗与水系、农田作为整体进行统一规划设计、综合治理，建设水土保持生态示范园。

（五）流域治理开辟"三化模式"

一是生态化"疏河理水"。在溪流湖泊岸上进行植被修复，建生态护坡，岸下进行清淤疏浚，建梯级拦沙坝；水上进行渔业整治，垃圾清理，水下进行增殖放流，人放天养，增强水体自净能力，湖泊（流域）水质由原来的近Ⅳ类水提升至Ⅱ类水。二是多元化"治污洁水"。采用单户式一体化污水厌氧处理等多种模式有效收集处理农村生活污水，改善农村人居环境。三是生物化"消劣净水"。创新采用BIONET生物处理工艺等技术对稀土尾水生物化减污削氮处理，所有断面水质全面消除Ⅴ类和劣Ⅴ类水。

（六）价值转化做到"三大结合"

一是结合产业发展。利用治理修复后的废弃矿山土地建成1万余亩的工业园区和装机容量35兆瓦的光伏发电站2座；通过土地整治发展富硒蔬菜等特色农业5.2万亩。二是结合脱贫攻坚。累计吸纳4 029户贫困户参与试点项目建设，选聘7 488名贫困户成员为生态护林员实现稳定增收；通过政府奖补等带动13 529户贫困户发展脐橙、油茶等林下产业。三是结合乡村振兴。以矿山修复和崩岗治理成效为依托，同步推进美丽乡村建设，打造矿山公园等乡村旅游点。

三、主要成效

（一）进一步筑牢我国南方地区重要生态屏障

34.1平方公里的废弃矿山披上绿装，418处地质灾害点得到有效治理；530万亩低质低效林完成改造，建设区针阔混交林面积比重提高到35%以上；4 310平方公里的水土流失得到有效遏制；14.56万亩的灾毁和沟坡丘壑土地得到整治修复，土壤理化性质有效改善；赣江、东江出境断面水质100%达标，实现两江清水送南北。

（二）生态惠民成效突出

利用修复后的废弃矿山，建成绿色循环工业园2个、年产值达24亿元，光伏产业年经营收入8 631.7万元。在改良后的土地和修复后的废弃矿山，种植油茶8.14万亩、脐橙8.56万亩、杨梅等其他经果林4.32万亩。保护和修复项目的实施助推乡村生态旅游发展，年收入达70 550万元。

江西省赣州市赣县区打造
南方崩岗综合治理示范样板

一、总体情况

由于特殊的自然条件及历史原因，江西省赣州市赣县区是水土流失和崩岗侵蚀大区，全区水土流失面积697.38平方公里，约占国土面积的23.3%；崩岗4 138个（处）、面积18.1平方公里。金钩形崩岗群是赣县区崩岗侵蚀最为剧烈、集中连片、崩岗成群区域，该区域有崩岗2 474座，占全区崩岗总座数60%，占全区崩岗总面积40%，年土壤侵蚀模数高达85 000吨/平方千米。近年来，赣县区委、区政府认真贯彻习近平生态文明思想，大力弘扬"叫崩岗长青树，让沙洲变良田"治岗精神，持续推进崩岗综合治理开发，初步建成一个约6 000亩的金钩形崩岗治理示范园，打造了南方崩岗治理示范样板。

二、具体做法

（一）传承崩岗治理精神

20世纪50年代，赣县三溪乡道潭农业合作社开展了轰轰烈烈的治山治水治穷运动，采用石谷坊、土谷坊、柴谷坊等方式推进崩岗治理，通过植树造林、加固河堤、恢复地力，生态伤疤重回绿水青山，农业生产实现大丰收，获得由国务院颁发、周恩来总理亲自批示的"叫崩岗长青树，让沙洲变良田"锦旗嘉奖。在锦旗的激励下，60多年来，一代又一代赣南人民大力传承和弘扬崩岗治理精神，抢抓国家山水林田湖草沙生态保护修复试点和水土保持以奖代补试点项目重大机遇，累计治理崩岗865座（处）、面积350.5公顷，昔日的崩岗群，如今已成为绿岗地。

（二）创新系统修复模式

与江西省水土保持科学研究院、华中农业大学等科研院校开展技术合作，按照布局综合化、措施多元化、植被色彩化的原则，进行综合治理、系统修复。一是山上与山下同治。山上采用"上截、下堵、中间削，内外绿化"的治理模式，稳定崩岗、防止崩塌、恢复植被。边坡采用椰丝草毯植草技术，铺贴草毯护坡近60万平方米，实现边坡快速复绿、稳定保土。同时，在治理区内建立了比较完善的水土保持综合防护体系。二是治山与理水同步。坚持山上整治崩岗建设高标准生态果园，山坡开挖坎下沟布设排水沟、理顺水系，山下修筑拦沙坝、整修山塘，建设生态湿地，净化水质，建立"整治、蓄排、洁净"三位一体的立体开发治理模式。三是工程与植物同时。开发式治理采取水平梯田整地，配套截排拦挡工程以及坡面雨水集蓄利用工程，对整治成的梯田田坎、田埂及时植草护坡，防止水土流失；田面栽植脐橙、杨梅、油茶等经果林，同时套种大豆、油菜等田间作物，提高植被覆盖率和经济收入。

（三）做好生态经济文章

坚持绿水青山就是金山银山理念，将崩岗治理与农林开发、生态旅游、科普教育相结合，拓宽生态惠民新路径。一是"生态+农业"。通过水土保持以奖代补形式，鼓励和引导种植大户参与崩岗治理，投入2 630万元，在治理崩岗的基础上开发种植脐橙1 260亩，同时，吸纳周边100多户贫困户参与工程建设、管护经营，让项目建设成为产业扶贫基地、贫困户就地就业基地，助推21户贫困户实现脱贫。二是"生态+旅游"。依托白鹭古村、田村宝华寺、南塘麂山、三溪寨九坳等旅游资源，将昔日崩岗群建设成为农事体验、休闲观光基地的网红打卡地。三是"生态+科普"。在崩岗治理区建成科普馆，通过开展科普实训活动，介绍崩岗形成原因与危害，展示崩岗治理历史与成效，推动崩岗治理精神得到进一步传承，凝聚起建设美丽中国的强大合力。

三、主要成效

（一）生态效益显著

通过开展崩岗综合治理，860多处崩岗侵蚀得到有效治理，植被得到快速恢复和改良，植被覆盖率大大提高，水土流失面貌大为改观，每年可保水2 320万立方米、保土16.33万吨，生态环境明显改善，项目区植被覆盖率达到80%以上。

（二）经济效益可观

治理开发后种植脐橙、杨梅2 500余亩，每年将产生直接经济效益达3 600万元，其中4户治理大户、农场主承包崩岗果业开发1 200余亩，5户脱贫户承包崩岗果业开发140余亩，实现在家门口稳定就业，勤劳致富。

（三）社会效益明显

通过租赁、承包、拍卖、股份合作制等多种治理开发形式，52名脱贫户与小路农庄、鹭溪农场等签订了长期果园务工合同，参与果园施肥打药等生产劳动，平均每天可获劳务报酬100元，每月直接创收2 000多元，有效调动了群众治理水土流失的积极性，促进了农村面貌改善。

江西省寻乌县创新"三同治"治理模式 推动废弃矿山绿色蝶变

一、总体情况

江西省赣州市寻乌县位于赣、粤、闽三省交界处，是赣江、东江、韩江三江发源地，属南岭山地森林生物多样性重点生态功能区，是南方生态屏障的重要组成部分。近年来，寻乌县正视历史生态问题、主动作为，下决心还清"历史欠账"，根治"生态伤疤"，先后实施了以文峰乡石排、柯树塘、涵水和七垇石4个片区为核心的废弃矿山环境修复工程，投入12亿元对废弃稀土矿山进行全面治理修复，取得了显著成效。治理经验入选2019年全国省部级干部深入推动长江经济带发展专题研讨班教材、2020年全国第一批《生态产品价值实现典型案例》、2021年中国生态修复典型案例，成为中国向全球推介生态与发展共赢的"中国方案"之一。

二、具体做法

（一）破解"三方面"难题

一是破解推进机制难题。项目建设坚持规划先行、统筹推进，打破原来山水林田湖草沙"碎片化"治理格局，消除水利、水保、环保、林业、矿管、交通等行业壁垒，统筹推进水域保护、矿山治理、土地整治、植被恢复等四大类工程，实现治理区域内"山、水、林、田、湖、草、路、景、村"九位一体化推进。二是破解资金投入难题。在充分用好山水林田湖草沙专项资金0.74亿元、长江经济带绿色发展专项资金0.93亿元的基础上，寻乌县充分整合东江流域上下游横向生态补偿、废弃稀土矿山地质环境治理、低质低效林改造、国家生态功能区转移支付等项目资金7.89亿元，并积极引进企业投资2.44亿元参与项目共建，有效解决了资金投入难题。三是破解考核标准难题。对项目治理后的水质、水土流失、植被覆盖率、土壤理化性质等设立统一考核标准，具体为：总汇出水口考核断面水质氨氮浓度≤15毫克/升，水质pH值为6~9；水土流失有效控制，土壤侵蚀强度处于轻度侵蚀级别；治理区地表植被覆盖率大于95%以上；土壤理化性质中pH介于5.5~8.0，容重介于1.00~1.25克/立方厘米。

（二）探索"三同治"修复

一是山上山下同治。在山上开展地形整治、边坡修复、沉沙排水、植被复绿等治理措施，在山下填筑沟壑、建生态挡墙、截排水沟，确保消除矿山崩岗、滑坡、泥石流等地质灾害隐患，控制水土流失。二是地上地下同治。地上通过客土、增施有机肥等措施改良土壤，平面用作光伏发电，或因地制宜种植猕猴桃、油茶、竹柏、百香果、油菜花等经济作物，坡面采取穴播条播撒播喷播等多种形式恢复植被。地下采用截水墙、水泥搅拌桩、高压旋喷桩等工艺，截流引流地下污染水体至地面生态水塘、人工湿地进行减污治理。三是流域上游下游同治。上游稳沙固土、恢复植被，控制水土流失，实现稀土尾沙、水质氨氮源头减量，实现"源头截污"。下游通过清淤疏浚、砌筑河沟格宾生态护岸、建设梯级人工湿地、完善水终端处理设施等水质综合治理系统，实现水质末端控制。上、下游治理目标系统一致，确保全流域稳定有效治理。

（三）推进"三同步"发展

一是综合修复治理同步。对区域内相互关联的生态问题进行深入分析，精准剖析各要素之间逻辑关联，统筹推进源头全要素、全方位同抓共治。二是产业融合发展同步。项目推进提出"生态+"的建设理念，努力把"环境痛点"转变为"生态亮点""产业焦点"和"美丽景点"，形成"一产利用生态、二产服从生态、三产保护生态"的融合发展模式。三是国土空间优化同步。结合流域上、中、下游区域特点，努力优化"三生"空间开发布局。上游重视绿水青山为主导的生态空间，全面提升区域内水源涵养、水土保持、生物多样性保护、河岸生态稳定的生态调节功能；中游建设以人为本的生活空间，全面推进农村人居环境整治和黑臭水体治理，改良提升农田山地建设，初步建成红绿相映的综合性美丽景区；下游拓展完善工业园区布局生产空间，提升园区绿色发展和循环利用水平，夯实工业发展基础。

三、主要成效

（一）"废弃矿山"重现"绿水青山"

通过推进综合治理和生态修复，项目区原来满目疮痍的废弃矿山，重现出绿水青山本来面貌。一是水土流失得到有效控制。水土流失强度已由剧烈降为轻度，水土流失量降低了90%。二是植被质量大幅提升。植被覆盖率由10.2%提升至95%，植物品种由原来的少数几种草本植物增加至草灌乔植物百余种。三是矿区河流水质逐步改善。河流淤积减少水流畅通，水体氨氮含量削减了89.76%，河流水质大为改善。四是土壤理化性状显著改良。原来废弃的稀土尾砂，土壤酸化，水肥不保，有机质含量几乎为零，是一片白茫茫的"南方沙漠"，几乎寸草不生。经过改良表土后，已经有百余种草灌乔植物适应生长，生物多样性的生态断链得到逐步修复，又呈现出大自然的勃勃生机。

（二）"绿水青山"铸就"金山银山"

积极践行绿水青山就是金山银山理念，走出一条"生态+"的治理发展道路，将生态包袱转化为生态价值，推动生态产品价值实现，带来巨大的生态效益、经济效益和社会效益。一是"生态+工业"。治理石排、七墩石连片稀土工矿废弃地，开发建设工业园区用地7 900亩，打造成寻乌县工业用地平台，目前入驻企业110多家，新增就业岗位万余个，直接收益6亿元以上，实现"变废为园"。二是"生态+光伏"。引进社会资本投入，在石排村、上甲村治理区引进企业投资建设爱康、诺通二个光伏发电站，装机容量达35兆瓦，年发电量约4 200万千瓦时，年收入达4 000多万元，实现"变荒为电"。三是"生态+农业"。综合治理开发矿区周边土地，建设高标准农田2 000亩，利用矿区整治土地种植油茶、百香果、猕猴桃等经济作物5 600多亩，既改善了生态环境，又促进了农民增收，实现了"变沙为果"。四是"生态+文旅"。项目以矿区生态修复成效为依托，同步推进生态旅游、红色文化、美丽乡村建设，做好做大"绿""红""游"整合发展文章，完成景区路网、自行车赛道、教学研基地、民宿旅游设施、矿山遗迹资源调查、红色驿道修缮、古建筑修复、特色农业采摘园等项目，将青龙岩旅游风景区、金龟谷康养休闲区、万木霜天景区串点成线连为一体，着力打造旅游观光、体育健身胜地，实现"变景为财"。

赣湘两省"千年鸟道"护鸟红色联盟
共建候鸟宜居"驿站"

一、总体情况

赣湘两省"千年鸟道"位于江西省吉安市遂川县和湖南省郴州市桂东县、株洲市炎陵县交界地带，该区域山清水秀，为迁徙候鸟停歇提供了良好的觅食和隐蔽环境，加之迁徙时节，从西北刮向东南的风向形成了北鸟南飞的气流，"千年鸟道"由此形成。该鸟道是迁徙候鸟途经我国华中地区的必经"隘口"，作为全国第二大候鸟迁徙通道，同时也是候鸟往返俄罗斯、中国北方地区与东南亚乃至澳大利亚和新西兰等迁飞路线上的关键点之一。近年来，由遂川县营盘圩乡、桂东县沤江镇、炎陵县下村乡等"千年鸟道"核心区域乡镇发起倡议，江西省遂川县、湖南省桂东县和炎陵县共同组建了湘赣两省"千年鸟道"护鸟联盟，协同推进候鸟保护、打造"千年鸟道"品牌。

二、具体做法

（一）护鸟组织联建

赣湘"千年鸟道"交界乡镇党委书记担任"联盟合伙人"，对护鸟联盟的机构运转、行动计划、经费保障等重要事项联合协商、共同负责。将位于遂川县营盘圩乡与桂东县沤江镇交界的南风坳护鸟站作为护鸟联盟的工作阵地，进一步强化阵地硬件设施建设。联盟内设临时党支部，成员由赣湘两省三乡交界村庄的党支部负责人、护鸟队员和志愿者中的党员等组成，作为两省三乡候鸟保护的联合组织，共同开展候鸟保护等工作。通过协同建立护鸟联盟，将两省三地的林业、公安、综治、司法等部门力量有效整合起来，实现候鸟生态保护联管联防、信息共享。

（二）护鸟执法联管

依托联盟合作框架，在每年9—11月候鸟迁徙高峰，两省三地的公安、综治、司法、林业等部门和广大护鸟队员及志愿者联合开展候鸟保护巡逻与护鸟执法，紧盯捕猎、收购、贩卖、加工食用关键环节，有效切断跨乡镇、跨省域的捕猎贩卖候鸟犯罪链条。同时，在打击非法捕猎一线充分发挥党员先锋作用，冲锋在前、齐心亮剑，避免出现"懒得管、管不严、不敢管"现象。

（三）生态教育联手

将南风坳护鸟站这一联盟工作阵地打造为"生态议事厅"，定期召开联席会议，研究候鸟保护、生态建设等工作，重大事项同时向"联盟合伙人"报告。在除候鸟迁徙季外的日常时间，定期联合开展候鸟保护科普、法治教育与生态文明教育等系列宣教活动，组织志愿者开展爱鸟护鸟、环境整治等志愿服务，引导边界群众牢固树立保护候鸟、保护生态的文明意识。以"护鸟联盟"为志愿服务平台，建立起常态长效的候鸟生态保护志愿服务队伍，及时吸纳志愿者加入护鸟队并进行规范的教育培训和管理，统一组织开展生态保护志愿服务行动。通过联动宣传，吸引爱心企业、公益组织等为赣湘两省鸟道生态保护贡献力量，提升"千年鸟道"知名度。

(四)生态经济联谋

建立联盟"轮值主席"制度,每年至少召开一次"联席会",深化定期互访机制,相互谋划、交流发展之道,充分发挥两省三地各自在候鸟观赏、避暑旅游、乡村农家乐、特色农产品开发等生态产业、生态经济方面的优势,大力发展黄桃、茶叶等生态产业,开发观鸟旅游、候鸟科普研学、避暑旅游等乡村旅游业态,实现优势互补和资源共享。依托联盟合作框架,由联盟内的党员、党组织架起桥梁,在招商引资、产业发展、旅游推介等方面相互合作、互通有无,以联盟合作助推生态环境保护、助力生态产业发展,推动乡村振兴。

三、主要成效

(一)扩大了候鸟保护"朋友圈"

在"护鸟联盟"的影响下,众多昔日"捕鸟能手"成了如今"护鸟达人",人们的护鸟爱鸟意识不断增强。两省三地已有1 000多名志愿者主动加入爱鸟护鸟队伍,鸟道生态保护队伍迅速壮大。

(二)提升了千年鸟道"网红度"

"护鸟联盟"的成功做法,先后被《人民日报》《光明日报》、中央电视台等媒体宣传报道;长篇报告文学《千年鸟道》正式发行。"千年鸟道"护鸟联盟项目分别入选全国和江西省生态文明试验区改革举措和经验做法推广清单,涌现出江西鄱阳湖国际观鸟周"优秀湿地暨候鸟保护志愿组织"——营盘圩乡村护鸟队。

（三）增加了生态产业"含金量"

全国各地游客慕名前来，带动了两省三地第三产业的蓬勃发展，越来越多的当地群众吃上了旅游饭、生态饭。鸟道区域群众大力发展避暑旅游民宿和农家乐，遂川县桐古村、桂东县青竹村等地有各类旅游民宿上百家，高山黄桃、茶叶等本地农特产品销量剧增，成为当地群众增收的强力引擎。

贵州省鼓励和吸引社会资本
参与水土流失治理

一、总体情况

2018年水利部、财政部联合印发《关于开展水土保持工程建设以奖代补试点工作的指导意见》，鼓励和引导社会力量和水土流失区广大群众积极参与水土保持工程建设，创新水土保持工程建设管理和投入机制，充分发挥财政资金撬动作用，加快推进水土流失治理。贵州省作为9个试点之一，选取了榕江县、贵定县作为试点县，2018—2020年连续3年开展以奖代补试点工作。通过试点，水土保持工程建设管理、资金投入及制度建设等实现改革创新，促进社会资本与水土流失治理深度互融、良性互促，在全省形成了一批可复制、易推广的成功经验，示范效应明显。

二、具体做法

（一）简化程序明确职责，提高工程建设效率

打破传统项目建设程序，采用自愿申报、自主建设，程序全程公示、公开透明。由县水行政主管部门作为项目主管部门对工程进行全过程行业管理，负责技术服务、业务指导、县级验收方面工作；县财政部门按要求做好资金监管及拨付等；乡镇人民政府作为监管单位，负责项目申报、用地协调、思想发动、产业选择、质量监督、利益联结、初步验收、建后管护等工作；建设主体严格按照批准的方案认真

组织实施，确保按质按量完成项目建设任务，并根据工程完成情况申请资金补助。

（二）以群众需求为切入点，全面调动各方治理积极性

鼓励自愿出资投劳参与水土流失治理的农户、村级合作社、专业大户、农业企业等建设主体参与项目建设，改变以往"群众为工程搞建设投劳"的被动参与，形成"群众为自己谋发展出力"的主动参与新格局，调动群众参与水土流失治理的积极性，实现了建设主体多元化，拓宽了社会资本投资渠道，增强了经济增长的内生动力，提升了工程建设质量，加快了水土流失治理步伐。

（三）探索差异化奖补标准，创新以奖代补投融资方式

在遵循以奖代补相关实施意见的基本前提下，结合当地实际探索企业和农户、公益性和非公益性建设项目等差异化的奖补政策，确保项目有序推进和整体效益发挥。通过统筹其他资金补助，适当提高种植补助标准，激励更多农户参与以奖代补项目建设。坚持以中央奖补资金为引导、社会资本为主体、银行融资为补充的思路，进一步创新试点项目投融资方式，解决项目资金短缺难题。

（四）强化过程管理技术指导，为项目高质量推进护航

以建设主体、县水行政主管部门及乡镇人民政府签订三方实施协议为基础，推行县水行政主管部门技术指导，乡镇实施过程监督，村组开展协调的监管模式。通过加强督促检查，实行定期报告制度，实时掌握项目建设情况，保证项目顺利推进和如期完成。充分发挥"三农"专家服务团的技术支撑作用，建立全过程、全覆盖、全方位的技

术服务体系，强化品种选择、种植管理和病虫害防治，有效避免技术风险。在项目实施方案编制及项目验收过程中，采取购买社会服务等方式，提升工程技术质量。

（五）构建利益联结新举措，切实巩固脱贫攻坚成果

通过劳务合作、股份分红将奖补资金量化为项目区群众的股份，采取"公司+村集体+农户"、"村组集体+农户"、农户自建等模式，通过流转土地和参与项目建设管理、土地入股和农户自建进行利益分配。对企业或村级经济组织实施的基地，在用工方面优先考虑建档立卡贫困户，进一步巩固脱贫攻坚成果。建立健全管护制度，明确管理责任人、技术标准和具体的管理要求，确保建一处、成一处、发挥效益一处，保障治理效益持续发挥。

（六）及时总结经验完善制度，规范以奖代补建设程序

结合以奖代补工作实际，从省级层面及时开展调研，总结试点工作经验，吸纳试点县具有建设性的改进意见，进一步明确水土保持工程建设以奖代补实施细则和验收细则，规范验收程序及标准。确保下阶段全面推行水土保持工程建设以奖代补有章可循，有力推动贵州下阶段以奖代补建设更加规范和高效。

三、主要成效

（一）吸引社会资本投入治理，有效扩大治理范围

贵州省对榕江县、贵定县三年总计投入财政资金6 000万元，撬动社会资本8 754万元，共完成新增治理水土流失面积26.4万亩，与常规

治理面积相比增加了46%。相比单纯依靠财政资金投入建设的传统模式，采用以奖代补方式，有利于吸引社会资本投入，形成民间投入为主、国家补助为辅的水土流失治理资金投入新格局，充分发挥市场在资源配置中的决定性作用和政府引导作用。

（二）促进投资主体多元化，全面助力乡村振兴

通过以奖代补不仅能促进投资主体多元化，实现优势互补和成本节约，也有利于推动水土流失治理由政府部门单一主导实施向政府引导、全民参与的方向发展。试点工作开展以来，通过引导龙头企业、农民专业合作组织、村集体、专业大户等4类117家社会资本参与水土流失治理，以农民增收、农村产业结构调整作为落脚点，将水土流失治理与全省十二大特色产业有机结合，发展茶、油茶、刺梨、猕猴桃、花椒等经果林4.7万亩，配套建设产业道路、蓄水池等小型水利水保工程，给项目区群众每年人均增加收入约900元，有力助推了乡村振兴。

（三）创新水土流失治理机制，推动填补制度空白

2018年出台《关于开展贵州省水土保持工程建设以奖代补试点工作的实施意见》，推动榕江、贵定开展试点工作。各试点县取得了良好成绩，试点县外的三穗、黎平等县也参照实施意见积极主动进行探索。为更好地规范以奖代补机制，在充分调研和全面总结试点工作实践经验的基础上，印发《贵州省水土保持工程建设以奖代补实施办法》，进一步明确了奖补对象、范围及标准，规范了项目前期工作内容、程序和建设过程管理，明确了验收组织管理程序，规范奖补资金兑付及后续监管等内容，填补了制度空白，在水土保持工程建设以奖代补机制创新上迈进了一大步。

贵州省推进石漠化综合治理

一、总体情况

贵州省是岩溶地貌发育典型地区之一,岩溶出露面积占全省总面积的61.92%,是石漠化土地面积大、类型多、程度深、危害重的省份。石漠化是制约贵州省经济社会发展较为严重的生态问题之一,遏制土地石漠化一直是贵州省最重要的生态建设任务之一。针对突出的石漠化问题,贵州省启动实施石漠化综合治理工程,通过持续开展大规模人工造林、封山育林、退耕还林,不断恢复林草植被,减少水土流失、降低基岩裸露率,逐步修复受损生态系统,成为全国石漠化治理工作的主战场和排头兵。

二、具体做法

(一)积极开展石漠化监测工作

在国家相关部委支持下,贵州省于2021年全面开展第四次石漠化调查工作,涉及调查图斑数1 400余万个。石漠化监测为科学开展石漠化综合治理、评估工程建设成效、制定治理措施提供了科学依据,奠定了坚实基础。

(二)科学谋划石漠化治理模式

积极开展石漠化治理关键模式调研,明确在不同区域可根据自身条件开展不同的治理模式，并在类似区域进行推广。出台《贵州省石漠化综合治理三年行动方案》，因地制宜，分类施策，分类治理。通过石漠化综合治理修复了受损生态系统，发展了林业产业，改善了区域内群众生产生活生存环境。扎实抓好年度初步作业设计，从设计源头上提高植树种草的科学性和可操作性，根据项目年度计划，在"统一规划、全面治理、先急后缓、分期实施、重点突破"的原则下，严格遵循喀斯特地区特有的内在规律科学编制年度作业设计。

（三）努力提高林业建设质量

一是狠抓种苗工作。种苗是生态建设的基础，在石漠化综合治理林业工程建设中，及时安排部署采种育苗工作，满足石漠化治理植被恢复对种苗的需求，目前以油茶为先导的轻基质育苗技术正逐步推广应用。二是加大科技支撑力度，在石漠化严重的黔中和干热河谷地区推广示范石漠化山地植被恢复及生态经济型特色经济林的栽培技术。三是加大工程建设现场督查力度，在冬季和雨季造林季，组织造林督查组，对市县石漠化治理林业建设及林业重点工程造林项目进行实地督查，加强对造林过程的监管力度。四是强化护林管护工作。项目区都建立了专职护林队伍，护林队伍在护林防火和巩固工程建设成果中起到了积极作用。

（四）推行生态经济结合治理

贵州省在石漠化小流域水热条件、立地条件较好的区域，大力推广岩溶地区半石山生态经济型模式、生态型用材林治理模式和金银花、花椒、茶叶、刺梨、中药材、水果以及林竹、林药、林果、林草结合等多种经营模式。项目县结合产业发展规划，充分发挥山区林业优势，形成具有一定规模的生态经济产业带，黔西市"石头山"变成"花果山"，荔波县"石旮旯"建成"观光园"，关岭县"乱石坡"长出"致富草"，实现产业化扶贫和石漠化治理同步双赢。

三、主要成效

（一）全省石漠化土地面积明显减少

第三次监测结果显示，2016年石漠化土地面积为247万公顷，比2005年石漠化土地面积净减少84.59万公顷。重度和极重度石漠化土地面积持续下降，由2005年的52.45万公顷下降到2016年的28.18万公顷，减幅达46.27%，其中林草工程治理面积占比高达90%以上。第四次石漠化调查初步结果显示，经过"十三五"期间开展综合治理工程，石漠化面积减少到约170万公顷以下。

（二）生态效益明显改善

通过开展石漠化综合治理，大力实施封山育林、人工造林、草地建设等林草植被恢复措施，植被结构改善，野生动物种群数量明显增多，生物多样性得到有效恢复，植被涵养水源、固碳释氧、净化空气等生态功能显著增强。全省森林覆盖率从2016年的52%提高到2020年的61.51%，草原综合植被盖度从84.5%提高到88.1%。

（三）有力助推脱贫攻坚

贵州省石漠化综合治理坚持"治石与治贫"相结合，大力发展特色林果、林药、特色畜牧业，强化林下经济、生态旅游业等发展，促进农业生产条件改善，提高区域内土地综合生产能力，推动石漠化区域脱贫增收和全面小康步伐，实现了区域"生产、生活、生态"有机统一、"三生"共赢。

贵州省探索创新省际流域保护共同立法新机制　开创流域共治新格局

一、总体情况

赤水河是长江上游重要的一级支流，发源于云南，流经云贵川三省16个县市，是连接云贵川三省的经济动脉和人文纽带，被云贵川三省人民誉为"母亲河、生态河、美酒河、英雄河"。为统筹解决三省行政区域内的流域功能定位、产业布局、保护方式和执法标准等存在的差异以及上下游、左右岸"分河而治"带来的流域管理难题，在全国人大的指导下，贵州省人大常委会在2011年率先对赤水河流域保护立法的基础上，积极与云南、四川两省人大常委会共同探索跨区域立法机制，创新开展省际流域保护共同立法。2021年5月，三省人大常委会同步审议并全票通过了三省一致的赤水河流域共同保护的决定，和各自的赤水河流域保护条例，并于2021年7月1日同步实施。

赤水河流域保护共同立法是全国首个地方流域区域共同立法，是深入推进生态文明法治建设的探索创新，解决了国家层面难以为每个流域专门立法的问题，推动地方治理协同合作，依法协调利益冲突，促进共同保护水环境，强化共同的法律责任，共同破解流域生态保护和区域经济社会发展中的共性难题，为全国流域保护立法探索了新路子、新模式，提供了新经验。

二、具体做法

共同立法有"五个创新"举措，通过立法的刚性约束机制，以更高站位、更高标准、更高要求、更高水平加强赤水河流域保护。

（一）立法理念创新

全面贯彻"生态优先、绿色发展""共抓大保护、不搞大开发"的理念，站在人与自然和谐共生的高度来谋划经济社会发展，从流域综合治理、系统治理、依法治理的角度，建立健全保护生态环境就是保护生产力、改善生态环境就是发展生产力的利益导向机制，推动实现从"要我保护"到"我要保护"的转变。

（二）立法形式创新

全国范围内首次采取"决定"＋"条例"的模式，按照同一文本、同时审议、同时公布、同时实施的标准，以共同决定解决三省协调配合、联防联控、共同保护治理的问题，以条例明确各省行政区域内的具体保护措施。"决定"＋"条例"的方式，既符合三省共性立法需求，又兼顾各省个性立法需求，破解了共立和共治的难题，开创了我国地方流域共同立法的先河。

（三）工作机制创新

坚持自觉接受全国人大的精心指导，认真落实栗战书委员长批示要求；全国人大常委会分管副委员长深入调研，亲自指导推进；全国人大环资委、常委会法工委协调三省联动，指导支持解决共同立法中的重点难点问题。坚持党的领导，省委书记、省人大常委会主任主持召开省委常委会专题研究，并多次作出指示；省人大常委会党组召开10余次专题会进行研究部署，建立了人大常委会副主任、分管副省长共同负责的"双组长工作专班制"。云贵川三省建立秘书长联席会议机制。成立三省共同立法专班，开展共同调研、共同起草、共同论证修改工作。一整套全新的工作机制确保了共同立法统一思想、形成合力、落地见效。

（四）法规内容创新

就赤水河流域保护统一规划、统一标准、统一监测、统一责任、统一防治措施"五个统一"和建立完善联合防治协调机制、生态保护补偿机制"两个机制"等重大问题作出共同承诺；紧盯重点地区、重点领域、重点行业存在的威胁和破坏赤水河生态环境的突出问题，以及中央环保督察问题整改落实，建立健全最严格的环境监管制度、最严密的水污染防治制度，增加了一系列禁止性规定；总结、提炼赤水河流域治理先行先试的经验成效，将全国率先开展的改革试点做法上升为制度规范，管理措施更加精细化，制度规定更有针对性，贵州特色更加鲜明。

（五）宣传贯彻方式创新

为阐释制度规定、讲好法治故事、推动贯彻实施，打出了一套"组合拳"。圆满完成全国人大常委会组织中央媒体进行的专题集体采访；召开决定和条例实施座谈会；举行有新华社、人民网等多家主要媒体参加的新闻发布会；在生态文明贵阳国际论坛期间进行专题采访和报道等。

三、主要成效

三省共同立法保护赤水河是深入贯彻习近平生态义明思想的重大举措，是贯彻落实习近平总书记关于长江保护重要指示精神的具体行动，是在全国人大指导下地方创新立法模式推动流域协调发展的开创之举，是完善立法体制的制度探索。栗战书委员长在贵州调研座谈和在第二十七次全国地方立法工作座谈会上，对三省共同立法工作给予了高度肯定，《中国人大》杂志将其称为共同立法的经典范本。为总结提炼共同立法的好做法、好经验，省人大常委会开展了以《实现流域协同立法到共同立法的实践与探索》为题的课题研究，荣获2021年度贵州省委全面深化改革重大调研课题一等奖。三省共同立法项目在2021年度省直单位创新项目评比中荣获一等奖。通过宣传贯彻营造的法治氛围，有力推动了赤水河流域各级党委、人大、政府的负责同志、企业负责人、广大群众学习贯彻决定和条例，增强了保护赤水河的行动自觉。共同立法对巩固赤水河流域生态保护成果，促进省际跨流域生态环境保护从"分河而治"到"共同治理"，构建赤水河流域绿色发展新格局，筑牢长江上游重要生态屏障发挥了重要作用。

海南省海口市创新湿地保护管理模式

一、总体情况

开展湿地保护是牢固树立和全面践行绿水青山就是金山银山理念的内在要求。近年来，海南省海口市遵循"山水林田湖草是生命共同体"的系统思维，将湿地保护与水体治理、海岸带治理、生物多样性保护融合衔接，构建湿地保护管理三级网络体系，实现湿地资源的统筹规划管理和系统保护利用，有效提升了湿地保护效果。海口"国际湿地城市"的名片更加靓丽，2019年荣获中国绿色基金会颁发的首届"生态中国湿地保护示范奖"、阿拉善SEE生态协会颁发的阿拉善第八届SEE生态奖，2020年11月获2020年保尔森可持续发展奖自然守护类别奖。

二、具体做法

（一）建立湿地保护管理三级网络体系

设立海口市湿地保护管理局。在市林业局加挂"海口市湿地保护管理局"牌子，负责全市湿地生态保护修复工作，拟订湿地保护规划，监督管理湿地的开发利用等。在市林业局下设立海口市湿地保护管理中心（事业单位），负责拟定和实施全市湿地保护方案，协调各区及市有关部门按照职责分工保护和合理利用湿地，管理全市湿地保护重点工程项目等。同时，在中心的保护管理科加挂"海口国家湿地公园管理处"牌子，负责湿地公园保护管理工作。设立琼山区、美兰区、龙华区、秀英区等4个区级湿地保护管理中心（事业单位），隶属于各区农林局，负责落实市湿地保护管理局和管理中心的工作要求，开展各区湿地的具体管理保护工作。

（二）创新打造"湿地保护+"系列模式

遵循"山水林田湖草是生命共同体"的系统思维，将湿地保护与水体治理、海岸带治理、生物多样性保护融合衔接、系统开展。以"湿地+水体治理"模式建设美舍河国家湿地公园；以"湿地+水利工程+海岸带治理"模式建设五源河国家湿地公园；以"湿地+土地整治+自然教育"模式建设潭丰洋省级湿地公园；以"湿地+红树林保护"模式建设海南东寨港国家级自然保护区；以"湿地入城+生态修复+水环境综合治理"模式治理城市黑臭水体等，海口美舍河、海口五源河入选生态环境部、住房城乡建设部联合评选的全国黑臭河流生态治理十大案例；以"湿地+退塘还林（湿）"模式建设海口迈雅河区域生态修复项目，打造退塘还林（湿）样板工程，营造红林秘境和鸟类天堂。2021年，海口市湿地保护管理体系与"湿地保护+"修复模式研究及应用荣获2020年度海南省科学技术奖三等奖。

（三）建立湿地保护统筹规划管理体系

一是加强立法保障，海口市人大先后颁布实施《关于加强东寨港红树林湿地保护管理的决定》《关于加强湿地保护管理的决定》《海口市美舍河保护管理规定》《海口市湿地保护若干规定》等法规。二是加强规划引领，编制实施《海口市湿地保护修复总体规划（2017—2025年）》，并制定《海口市湿地保护与修复工作实施方案》和《海口市湿地保护修复三年行动计划（2017—2019年）》等方案。

（四）建立湿地保护管理全社会多元参与机制

一是引入智力支持，组建以中国工程院院士为主任委员的海口市湿地保护专家委员会，为全市湿地保护管理提供外部智力支持。二是加强宣传发动，共组织开展进企业、进农村、进机关、进校园、进社区、进家庭、进公共场所"七进"活动共200多场次，提高了全民湿地保护意识。三是有效发挥了社会志愿者力量，制定了湿地保护志愿者制度，有效组织引导全市9 000多名湿地保护志愿者开展常态化服务活动，并提升了志愿者队伍的专业化水平。

三、主要成效

（一）有效保护了湿地生态系统和生物多样性

通过加强湿地保护管理，新种红树林2 670亩、修复4 783亩，经过修复保护后的红树林串联成片，构筑起稳定的生态系统，目前海南东寨港自然保护区范围内分布有36种红树，栖息着115种软体动物、160种鱼类、70多种蟹类、40多种虾类和219种鸟类。五源河国家湿地公园通过生态整治、生境营造等措施保留了城市滨海沙地生境，为国家二级保护野生动物栗喉蜂虎等提供了栖息繁衍空间，海口五源河下游蜂虎保护小区的蜂虎种群数量从2018年的26只增长到72只。2021年海口五源河下游蜂虎保护小区项目成功入选"生物多样性100+全球典型案例"名单。

（二）成功实现了湿地保护与产业经济协同共生模式

海口市成功打造了龙华区龙泉镇涵泳村千亩荷塘、红树林湿地民宿、湿地文化与农耕文化相结合的乡村生态旅游等一批产业项目，实现了湿地保护的经济效益、社会效益和生态效益协同共生。

第七章

完善生态文明绩效评价考核和责任追究制度

————

国家生态文明试验区颁布实施生态文明促进条例等地方性法规，出台生态文明绩效评价指标体系和考核办法，严格落实生态文明建设"党政同责""一岗双责"，建立利于生态文明建设的差异化考核机制，实施领导干部自然资源资产离任审计，开展生态环境保护督察，建立生态环境损害责任终身追究制，用最严格的制度压实改革责任；建立专业化生态环境司法体制，探索行政执法与刑事司法有机衔接的工作机制，用最严密的法治保护生态环境，有效解决了发展绩效评价不全面、责任落实不到位、损害责任追究缺失等问题。

福建省创新"党政同责"考核机制

一、总体情况

福建省委、省政府认真贯彻落实习近平生态文明思想，严格落实各级党委、政府和相关部门生态环境保护责任，着力构建"党政同责""一岗双责"新机制，实现由"政府负责"向"党政同责"转变、"末端治理"向"全程管控"转变、"督企为主"向"督政督企并重"转变、"软要求"向"硬约束"转变等四个历史性转变。

二、具体做法

（一）明确职责规定，生态环境保护责任由"政府负责"向"党政同责"转变

先后出台生态环境保护工作职责规定、省直有关部门生态环境保护责任清单，明确58个部门200多项职责，形成全链条、多层次、广覆盖的责任体系。一是以上率下抓同责。福建成立以省委书记为组长、省长为常务副组长的生态文明建设领导小组，将市长环保目标责任书改为党政领导生态环境保护目标责任书，由省委书记、省长与九市一区党政"一把手"签订。二是横向拓展抓同责。把纪委、组织、宣传、政法、机构编制等党委部门纳入生态环境保护工作责任范畴，明确和细化"一岗双责"要求。三是纵向延伸抓同责。要求乡镇党委、政府按属地管理原则，明确一名班子成员分管生态环境保护工作，设置镇、村环保网格员，打通责任落实"最后一公里"。

（二）健全指标体系，生态环境保护重心由"末端治理"向"全程管控"转变

建立涵盖8个方面、包括25项一级指标和49项二级指标的生态环境保护指标体系，其他负有生态环保监管责任的部门评分权重由原来30%增至60%左右。一是突出绿色发展。增设"绿色发展"指标，涵盖能源消耗、集约用地、水资源利用等细化指标，促进资源能源集约高效利用。二是突出生态保护。新增森林、岸线、湿地、自然保护区、水土流失治理等细化指标，更好地体现污染治理和生态保护并重。三是突出群众满意。单设"群众环境满意度"指标，增加解决区域突出环境问题等指标权重。四是突出差异考核。对沿海与山区、流域上游与下游实行差异化考核，增强针对性实效性。

（三）有效传导压力，生态环境保护监管由"督企为主"向"督政督企并重"转变

借鉴政治巡视经验做法，将工作重点由具体问题拓展至党政部门履职情况，牢牢抓住工作的"牛鼻子"。一是建立常态化监督检查机制。将环保任务书改为"一年一签订、一年一考核"，推动工作抓常抓细抓实。二是建立全覆盖督察机制。对九市一区实行全覆盖式省级环保督察，建立省领导挂钩督办、红黄牌警示、"一市一会商"及省直部门定期会商工作机制，建设生态环境问题督察督办系统，综合省委、省政府挂牌督办、约谈、专项督办、公开曝光、《八闽快讯》通报等措施，打出系列组合拳，压实地方党委、政府生态环境保护责任。三是建立突出问题专项督查机制。针对群众关心的热点难点问题，组织开展集中攻坚行动，健全长效机制，建立问题台账并动态更新，纳入责任书考核内容，防止"一阵风""走过场"。

（四）强化考核约束，生态环境保护绩效由"软要求"向"硬约束"转变

充分发挥指挥棒作用，将生态环境保护绩效考核结果在大会上点评、媒体上公布，作为奖优罚劣的重要标准。一是实施差异考核。对南平、三明、龙岩、宁德、平潭四市一区，及占全省县（市、区）总数约40%的34个重点生态功能区的县（市），考核重点集中于生态保护和农民增收。二是干部选拔任用。将考核结果通报组织部门，作为领导班子及领导干部考核评价、任免的重要参考。三是年终绩效考评。将考核结果通报效能部门，对保护和改善生态环境成绩显著的单位和个人给予奖励。优化绩效考核指标，生态环境保护工作权重高于GDP权重。四是监督执纪问责。将考核结果通报纪检和审计等部门，作为领导干部生态环境损害责任终身追究和自然生态资源离任审计的重要参考。对连续两年考核不合格的，追究相关地方党委、政府主要领导的责任。

三、主要成效

（一）有力促使各级党委、政府切实把生态文明建设纳入"五位一体"总体布局

"党政同责"机制的建立和实施，使各级党委、政府更加深刻认识生态环境保护重大意义，更加绷紧生态环保这根弦，更加坚定走绿色发展之路，使生态文明建设真正融入工作大局、进入决策视野、转化为生动实践，真正与物质文明、政治文明、精神文明、社会文明建设融为一体、相得益彰。

（二）有力压实"关键少数"抓生态环保工作的主体责任

"党政同责"机制的建立和实施，使各级党委、政府主要负责同志明确自身职责，切实担负起第一责任人责任，对重大问题亲自过问、亲自协调、亲自推进，从制度上严防"光打雷不下雨""只动口不动手"现象。

（三）有力形成横向到边纵向到底的大环保工作格局

"党政同责"机制的建立和实施，进一步强化了各级各部门"管发展管环保、管行业管环保、管生产管环保"理念，推动资源共享、政策协同、工作联动。例如在打击环境违法犯罪活动中，政法委牵头协调环保与公、检、法部门，建立了全方位协商机制，形成信息共享、案情通报、案件移送、执法联动格局，使得相关案件"快取证、快移送、快审理、快判决"。

（四）有力提升人民群众幸福感获得感安全感

"党政同责"机制的建立和实施，倒逼各级党委、政府解决根本性、累积性、敏感性的民生环保问题，大大提升全民对优美生态环境的获得感。党的十八大以来，福建省水、大气、生态环境质量连年保持全优，促进了生产发展、生活富裕、生态良好，实现了百姓富与生态美的有机统一。

福建省创新生态环境审判
"三加一"机制

一、总体情况

生态环境案件具有高度复合性、专业性、技术性，必须走专业化审判之路。福建法院主动适应人民法院内设机构改革要求，因地制宜设置环境资源审判组织，构建专业法庭、集中管辖法院、巡回法庭相结合模式，建立专业的审判组织运行体系，实行集刑事、民事、行政和非诉行政执行案件于一体的"三加一"归口审理模式，最大限度发挥专业化审判机构的优势和作用。目前，全省95个法院（包括省法院、全省各中院和厦门海事法院等），已设立环境审判机构77个，环境法官和辅助人员350余人，环境审判机构数、环境法官人数均居全国法院前列。2018年1月至2021年12月，全省共审结环境类案件20 247件，其中，刑事案件6 532件，民事案件5 441件，行政案件3 080件，非诉行政执行案件5 194件。

二、具体做法

（一）优化职能配置

明确环境审判专门机构的职能定位，实行集刑事、民事、行政和非诉行政执行案件于一体的"三加一"归口审理模式，统筹适用刑事制裁、民事赔偿、行政监督和生态修复补偿责任方式，从有利于推进生态环境保护、有利于提升审判工作质效出发，依法科学合理界定案件管辖范围，共划分出49类受案范围，其中，涉及破坏森林资源、矿产资源、环境污染等危害生态环境的刑事案件有31类，涉及海域使用权、采矿权纠纷和大气、水、噪声等民事、行政案件和环境公益诉讼案件有18类。

（二）优化管辖方式

推进环境资源案件跨行政区划集中管辖，指定福州铁路运输法院管辖部分跨地域、跨流域的重大生态环境案件，破解分段治理存在的弊端，解决跨行政区污染和地方保护问题；对福州、厦门、泉州、莆田等部分设区市城区生态环境资源案件集中划归一个区级法院管辖，在重点林区、矿区、海域、水域设立生态巡回法庭、办案点和服务站153个，就地立案、开庭和调解，构建开放、便民的阳光司法机制。着力构建广泛的生态保护多元共治共享体系，设立省级审判机关派驻省河长制办公室专门机构，实现全省三级法院派驻河长办法官工作室全覆盖，全省各级法院在河长办、林业站、景区管理处、湿地保护区等共成立"法官工作室"200余个，强化协同治理、多元解纷。

（三）构建多元化纠纷解决中心

发扬新时代"枫桥经验"，注重矛盾的基层化解、就地化解，推动行政调解、行政裁决、人民调解的有机衔接，打造生态环境纠纷多元调解一站式服务中心。如宁德法院建立司法行政多元调处中心，实现对海上养殖综合整治产生的争议就地服务、就地排查、就地化解。参与综合化治理体系建设，主动通过司法建议等形式就环境保护行政执法薄弱环节向政府和有关单位建言献策，全省法院共提出司法建议432条，在预防和减少影响生态环境突出问题方面取得较好的社会效果。

（四）创新专家陪审员制度

积极落实人民陪审员制度，在环境公益诉讼及其他社会影响重大的生态环境案件中，由"三名法官＋四名人民陪审员"组成七人大陪审合议庭进行审理。在全国法院建立技术咨询专家管理制度，漳州中院先行先试生态环境技术调查官制度，厦门中院将国内多位知名专家学者纳入审判智库。全省法院共聘任咨询专家120人、专家陪审员198人、特邀调解员131人，为疑难复杂案件审理提供专业技术支持。

三、主要成效

紧密围绕国家生态文明试验区建设，构建新时代生态审判体系，以做"精"、做"专"、做"强"生态环境审判工作为目标，积极推进生态环境审判机构专门化、审判程序标准化、审判队伍专业化建设，有效促进生态环境案件公正高效审判，切实提升生态环境审判的司法公信力，推进生态环境治理体系和治理能力现代化，形成了具有福建地域特色的生态文明改革实践，最大限度地保护福建的绿水青山、碧海蓝天。

2016年初，国家发展改革委将"加强生态环境保护与司法衔接，实现设区市生态环境审判庭全覆盖"作为福建生态文明先行示范七条经验之一。福建法院生态环境司法保护工作连续多年被写入最高人民法院工作报告，26个创新案例入选最高人民法院《中国环境资源审判》白皮书最高人民法院充分肯定并大力推广生态环境司法保护"福建经验"。2018—2021年，连续四年在最高人民法院召开的全国性会议上作典型发言；2021年5月，在世界环境司法大会上作专题发言。

福建省探索生态恢复性司法机制

一、总体情况

2016年以来，福建省司法机关紧紧围绕国家生态文明试验区改革任务，强化恢复性司法理念引领，坚持打击与修复并重，用好公益诉讼新增职能，不断推动生态恢复性司法机制在探索实践中规范、在服务大局中发展。全省在办理破坏森林资源刑事犯罪案件中适用"补植复绿"机制899件，补植林木面积3.9万亩；探索开展水流、土地、矿产、大气等其他领域的生态修复工作89件，发出生态修复令117份，开展生态修复社区矫正66件，累计投放鱼虾苗7亿多尾、督促退果退茶还林1.2万亩、建立生态修复公园或基地20个，募集各类生态修复专项基金7 395余万元。检察机关立案生态环境和资源保护领域公益诉讼案件2 789件；办理诉前程序案件2 624件，其中发出行政诉前检察建议2 385件、发布民事诉前公告239件；提起公益诉讼案件211件均得到法院判决支持，督促恢复林地、耕地、湿地3 149.3公顷，治理被污染水域地面积2 948亩，清理各类生活垃圾和生产类固体废物212.7万吨，关停、整治污染企业535家。

二、具体做法

（一）"一诉多赢"，全面推行"补植复绿"恢复性司法

针对森林失火、盗伐滥伐林木等传统涉林案件"行为人被判入狱，但荒山依旧"的问题，福建省司法机关于20世纪90年代探索

"补植复绿",并在实践中不断推广、总结、规范涉林案件"补植复绿"工作机制。司法机关发挥强制措施及刑罚手段的杠杆作用,在审查逮捕、审查起诉、审判过程中,责令犯罪嫌疑人、被告人补植相应面积林木使荒山复绿,再依据犯罪情节及修复情况,落实宽严相济的刑事政策,依法不捕、不诉、从轻量刑或者适用缓刑。这项机制历经二十余年司法工作的朴素实践,体现了福建省司法机关对生态恢复性司法理念的先行先试,也契合了当前认罪认罚从宽制度的法治内涵。

(二)"以点带面",积极拓展生态恢复性司法机制运用

围绕生态文明建设主要目标,全省司法机关进一步健全完善生态司法机构职能配置,将原有受案范围从单纯的涉林案件拓展到环境、国土、海洋与水利等所有生态领域案件,履职定位从单纯打击上升为打击与保护、修复补偿、源头治理并重,努力实现人与自然和谐。因此,全省司法机关以"补植复绿"为切入点,全面推广生态恢复性司法理念运用,各地综合开展了形式多样的生态修复探索,形成了增殖放流、引流冲污、固坝填石、海砂回填、尾矿治理等多种修复方式,逐步形成符合生态环境损害实际的生态修复机制,不断提升生态环境修复成效。

(三)建章立制,探索形成生态恢复性司法机制样本

福建省司法机关的生态恢复性司法机制经历了基层探索、逐步完善、全面运作的一个孕育过程。2017年,省检察院牵头省法院、公安厅、司法厅制定《关于在办理破坏环境资源刑事犯罪案件中健全和完善生态修复机制的指导意见》,明确工作流程、下发文书范本,将各地生态修复实践统一规范,并在全国省级层面实行包括"补植令""管护

令""巡河令""护鸟令"等在内的生态修复令机制，并探索将生态修复情况纳入社区矫正人员表现考核内容，推进生态修复与社区矫正深度融合。这既是福建省司法机关贯彻实施国家生态文明试验区改革任务的创新举措和特色亮点工作，也为全国生态文明体制改革探索可复制、可推广的经验模式。

（四）融合发展，切实巩固生态恢复性司法机制成果

作为全国检察公益诉讼工作首批试点省份，福建检察机关立足生态区位特点，坚持把公益诉讼作为生态司法保护的重要内容和促进生态修复的创新举措，突出生态环境和资源领域公益保护，通过深入开展"守护海洋"检察公益诉讼专项监督活动、配合省政府开展矿山生态环境恢复治理专项监督活动、部署开展武夷山国家公园区域生态环境和资源保护检察监督专项行动等一系列积极作为，将生态恢复性司法理念贯穿于履行公益诉讼新增职能始终，所有公益诉讼请求均得到法院判决支持，扎实的司法办案质效，强化了生态环境和资源领域立体化、全方位检察保护。

三、主要成效

2016年以来，全省司法机关切实履行职能作用，不断探索完善以"补植复绿"为代表的生态恢复性司法机制，既依法惩罚了犯罪，又使受损的生态环境得到修复，起到了"办理一起案件，恢复一片青山，挽救一个家庭"的效果，被群众称为"一诉多赢"的恢复性司法。福建司法机关致力争取政治效果、社会效果、法律效果及生态效果"四效合一"的生态司法工作成效，得到最高法、最高检关注肯定。最高法、最高检多次组织全国人大代表、中央主流媒体进行视察、予以报道，监督指导、重点宣传包括生态恢复性司法机制在内的福建生态司

法工作。福建检察机关探索确立并践行完善"专业化法律监督+恢复性司法实践+社会化综合治理"的"三位一体"生态检察模式,三次在全国检察会议上作经验介绍,该模式被纳入《国家生态文明试验区(福建)实施方案》。

福建省南平市创新生态审计六大体系
助力绿色发展

一、总体情况

福建省南平市认真践行习近平生态文明思想，围绕解决"审什么、如何审、如何评价、如何定责、如何运用"五个核心难题，以生态审计助力绿色发展为切入点，整合资源，聚力攻坚，探索建立六大体系，形成乡镇领导干部自然资源资产离任审计"五围绕五突出"南平方法，将审计范围拓展到乡镇，打通生态文明政策落实"最后一公里"，形成生态审计"南平做法"，被审计署列为改革"抓得好，抓得实，抓出成效"的全国典型。

二、具体做法

（一）以一体化运作构建审计调配体系

一是部门紧密型联动。建立联席会议制度，整合审计、土地、农林、水、环保等部门精干力量，组建专家咨询库，开展理论研究、业务钻研、实操指导。二是打通"最后一公里"。乡镇是自然资源资产的直接承载者，受独立性不足影响，县级审计部门对乡镇的审计效果不佳。南平市从2013年就开始将审计范围直插乡镇，牵住生态审计的"牛鼻子"。三是市县常态化交叉。针对80%的审计资源分布在县一级、审计覆盖到乡镇后面临人手不足问题，建立常态化、制度化交叉审计制度，高效运用审计资源。

（二）以学习型建库构建审计内容体系

一是将课题组建在审计组上。全市审计系统牵头成立70余个课题组，找法规、查政策、收指标、搜案例，不断细化明确生态审计内容，并在实践中持续学习、总结，先后解决170余个难题。二是将学习研究成果建成库。收集汇总生态法规3 277件、典型实例107个、权责事项1 014项等，形成涵盖法规库、实例库、权责事项库等在内的生态审计实操指引资料库。三是因地制宜框定审计内容。以资料库为基础，突出审计党政主管、当地自然禀赋、生态建设目标完成情况"三个重点"，根据审计内容归纳被审计单位需提供资料清单28份。

（三）以大数据分析构建审计方法体系

一是注重人才整合。集中全市审计系统专业人才进行技术攻关，先后解决了数据格式不一、坐标系不一致、问题地块批量核验、问题区域精细分析等难题。二是注重数据整合。将土地、森林、矿产、水等自然资源信息数据，生态红线、基本农田红线等管制类信息数据，主体功能区划、城市总规、土地利用总规等规划类信息数据，高速公路、工业园区等现状信息数据进行归集，完善生态审计数据库，为审计打下坚实基础。三是注重方法整合。搭建自然资源资产数据平台，综合运用GIS、数据库、遥感、计算机辅助设计（CAD）、GPS等工具，将坐标图形转换、叠加分析、领域分析、CAD制图等方法，融入审计工作中，建立自然资源审计模型，纳入省自然资源资产大数据平台。

（四）以可量化清单构建审计评价体系

探索运用"三表并行"评价法，有效解决生态审计评价指标不明、难以量化、定档不易等问题。一是制表开出"考卷"。建立约束性指标完成情况表、责任状履行情况表、政策制度落实情况表等"三张表单",形成可量化的审计对象评价依据。二是设定"评卷"标准。科学判断"三张表单"细项指标重要程度,设置分值权重,建立打分标准,根据指标完成情况,审计发现问题多少、严重程度、金额大小等进行量化打分。三是划定档次"分数线"。根据生态基础,设定好、较好、一般、较差、差5个档次分值,对审计对象进行科学评价。南平市的经验做法被纳入《全国领导干部自然资源资产离任审计重点事项操作指引》,为全国生态审计方法流程的制定贡献南平智慧。

(五)以立体化追溯构建审计责任体系

生态问题的责任界定存在时间维度上表现滞后、行政层级上权责不对应、部门之间管理"打架"等问题,对此,应区分不同情况精准施策。一是以"任前问题看整改、任内问题看决策"原则,解决生态决策后果迟滞性,"前后"任领导干部责任界定难的问题。既关注本届党委、政府有关自然资源资产管理与生态环境保护的决策,也关注往届党委、政府遗留问题的整改纠正情况。二是以"点上审计与链条延伸并重"原则,解决自然资源资产管理权限"上下"不匹配的问题。比如在审计乡镇时,发现生态问题项目的许可权限在县级主管部门,便同步对县级主管部门开展延伸审计,明晰责任链条。三是以"现状调查核销冲突"原则,解决"左右"部门数据打架问题。针对自然资源主管部门之间数据交叉、重叠、打架,通过现场勘核,以实际结果来修正部门的相关基础数据。

(六)以全方位植入构建审计运用体系

突出事前、事中、事后"三个环节",发挥审计作用。一是在源头上，将生态审计列为"四比六促"、绩效考评的重要内容，树立鲜明导向，推动各级领导干部牢固树立生态文明理念和绿色政绩观。二是在过程中，建立纪审联络、巡审协作、检审衔接等机制，实行审计线索"过程移送"制度，打出生态文明保障"组合拳"。三是在评价后，对自然资源资产审计发现的问题予以最严厉追责，将其作为对"一把手"述职述廉点评的重要内容，作为领导干部奖惩、使用的重要依据，完善干部监督的内容体系。2015年以来，已累计开展126个生态审计项目，涵盖县乡两级党委、政府以及市、县两级职能部门领导干部，部分党员干部由于履职不到位受到党纪政纪处分。

三、主要成效

（一）生态优先理念深入人心

生态审计开展以来，南平市、县党政主要领导逢会必讲绿色发展，市领导多次对生态审计工作进行批示，绿色政绩观成为干部共识，群众对生态监督的知晓率、参与度明显提升。

（二）生态环境保护水平不断提升

通过生态审计及时发现和推动解决了一批突出环境问题。近年来南平主要环境指标均居全省前列，2021年森林覆盖率78.89%，Ⅰ～Ⅲ类水质比例均为100%，空气质量优良天数占比达99.97%。

（三）以审计促建章立制，做到常态长效

生态审计完善了审计监督的内容体系，以审计"倒逼"制度完善，实施生态审计以来，县乡两级建立健全生态保护相关制度80余项。例

如，结合落实"河长制"，建立了"绿水"补偿、"青山"补偿、智慧环境监管等长效机制，一批突出环境问题得到有效解决，生态建设短板加快补齐。

福建省漳州市创新生态环境技术调查官制度

一、总体情况

近年来，福建省漳州市中级人民法院坚持以习近平生态文明思想为指导，积极助力福建生态省建设，于2020年6月建立生态环境技术调查官制度，打造升级"多层修复、立体保护"漳州生态司法体系，有效推动生态环境"高颜值"和经济发展"高质量"，该制度先后获得最高人民法院、福建省委、福建省高级人民法院肯定推广，获评2020年度福建法院"十大改革创新举措"。

生态环境技术调查官制度是指在法院审理涉生态案件中，聘请生态领域专家担任技术调查官，全程参与案件审理，充分发挥技术调查官的专业特长，辅助法官查明技术事实，对技术问题和修复方案作出专业判断，对当事人进行专业解读和专业指导，让当事人对判决结果更信服，执行判决的主动性和配合度更高，有助于实现受损环境原地修复，破解生态修复难以落地的堵点，真正形成了"谁破坏谁修复、在哪里破坏就在哪里修复"的生态司法治理实践新样本。

二、具体做法

（一）创设"技术调查官+深度参审"机制

整合11个生态领域、43名中高级职称专家，组建专家库。出台管理办法和工作规则，打破以往引入专家停留在咨询层面的做法，通过一案一聘在具体案件中担任技术调查官，享有法官助理的法律身份，赋予其现场勘验权、调查询问权、文书署名权等，全流程参与调查取证、庭前会议、开庭审理、合议庭评议等各个审判环节，重点针对环境损害程度、生态修复方案和修复费用等核心要素给予技术支持，技术意见被采纳的写入裁判文书，真正有了法律效力。

（二）创设"类型修复＋强制履行"机制

会同专家探索总结"山水林田湖草"类型修复模式，其中"削填引种"矿山修复、"增殖放流"江河修复、"引流冲污"溪流修复、"海砂回填"海域修复等四种入选2020年福建省"十种修复模式"。为确保修复模式落地见效，法院创新发出"土壤净化令""水质净化令"等生态修复令状，将修复方案纳入被告人缓刑考验内容，用判决方式固定下来，由技术调查官指导被告人进行精准修复，实时跟踪纠正修复偏差。缓刑期满后，法院与技术调查官及有关部门联合开展验收评估，实现生态修复闭环管理。

（三）创设生态司法"产学研用"绿色协作机制

依托技术调查官专业优势及高校科研优势，在生态修复地建立高校教学科研试验田，提供丰富实践样本，促生新的科研成果。例如在运用"植物富集"土壤修复模式中，技术调查官成功探索出"添加生物酵素提高治污效率"路径，即利用废弃瓜果皮和残次品，加工成酵素，增强修复植物对重金属的耐受能力，促进有效态重金属释放，提升修复植物吸收重金属比例。漳州中院分别与闽南师范大学、厦门大学法学院、福建省高校智库福建绿色发展研究院、漳州市委党校签署

《生态司法协同治理战略合作框架协议》，研究梳理生态环境技术调查官工作规范指引，形成可移植可运用操作规程。

三、主要成效

（一）实现生态治理从以替代修复为主向以原地功能恢复为主的转变

过去因缺乏技术支持，生态环境损害案件中往往采取判处罚金、缴纳生态修复费用等"金钱罚"的方式，判决原地修复的不足30%。引入技术调查官后，提高了生态修复方案的技术可行性和经济合理性，当事人参与到受损环境修复的具体行为中，做到"金钱罚"与"行为罚"并重，法院判决就地修复达到60%以上。

（二）实现生态司法效益和社会效益的双重提升

技术调查官介入后，鉴定意见精准度有效提高、诉讼成本明显下降，当事人对鉴定争议或申请二次鉴定的数量大幅减少；对比同类案件，鉴定周期平均缩短60～90天，鉴定费用平均降低30%～50%。技术调查官的专业身份、全程介入使当事人对裁判结果更信服，修复方案执行更精准，让生态违法者转变为生态守护者。技术调查官参审案件的庭审网络直播点击量、微信推文阅读量均达上万人次，企业和群众受到的环境法治教育更深刻。

（三）创新成果可固化并持续发展

2021年4月，漳州市生态环境局吸纳市法院生态环境技术专家库成员，形成市生态环境损害赔偿技术评估专家库。通过代表建议、委员提案、智库专报等，建议适时出台省生态环境修复治理条例，将技术调查官的适用范围、职责权限、履职保障及探索的修复模式、监管流程、验收标准上升到法规层面予以规范，打造更专业的生态司法保护体系。

福建省平潭综合实验区创新海洋生态公益检察微共治模式

一、总体情况

平潭，作为习近平总书记21次调研的海岛，充分发挥实验区先行先试优势，依托检察机关公益诉讼职能，探索开展海洋生态保护司法实践，构建起一道守护碧海蓝天的有力司法防线。近年来，平潭综合实验区（以下简称"平潭"）创新集"公益联盟+智慧辅助+法治教育"于一体的"311"模式，以司法守护数字经济、海洋经济、绿色经济发展，全力护航海上福建建设。

二、具体做法

（一）机制创新，建立三轴联动守护海岸线公益联盟

海洋生态问题不是一座岛、一个县、一个市的问题，而是沿海地区面临的共同问题。为此，平潭从机制创新入手，建立区域、部门、级别三轴联动的守护海岸线公益联盟，推动海湾陆岸并治。推进区域联动，以平潭为中心，倡议发起福建沿海七地市检察机关"守护福建海岸线生态检察协作机制"，构建守护海岸线协作联盟。推动部门联动，建立跨部门协作机制，联合海警局、区自然资源和生态环境局、农业农村局、综合执法局等单位开展协作，派驻检察联络室，实现多部门并联发力。推动级别联动，促成省检察院牵头联合省自然资源厅、生态环境厅、海洋与渔业局等七部门在平潭共同签署《关于在涉海洋

公益诉讼和生态检察工作中加强协作配合的意见》，凝聚省、市、县三级串联合力。2020年以来，依托该模式批捕涉海洋犯罪17人，起诉51人，一审有罪判决率100%，查扣涉案海砂约28万吨，实现涉海砂案件入刑零突破。平潭共追缴生态损害修复金189万余元（涉案27件），助力沿海其他六地市检察机关成功追缴生态损害修复金6 000余万元（涉案80件）。

（二）手段创新，构建"大数据＋海洋生态"智慧辅助平台

福建省海域广阔，海岸线绵长，海洋生态环境污染破坏案件线索发现难、研判难和处置难一直是困扰检察机关和有关部门的一大难题。为此，平潭发挥好大数据、"互联网＋"等现代科技的智慧检务理念，建立涉海洋公益诉讼大数据智能辅助办案系统。同时，在福建省检察院授权下，将大数据平台升级打造为"福建省沿海七地市涉海洋公益诉讼协调指导中心大数据应用平台"，运用大数据、物联网、人工智能等技术手段，实现以平潭为中心，辐射其他沿海六地市的跨区域公益诉讼案件信息化管理和分配，智能化辅助办案。通过平台筛查线索323条，向有关地市检察院移送线索82条，已立案审结21件次，助力全省海洋生态公益诉讼提质增效。

（三）载体创新，打造福建海洋检察保护法治教育基地

海洋生态保护不仅是司法机关的事，而且是全社会应该共同关注的事。执法办案治标，全民共管治本。为此，平潭总结海洋生态公益诉讼经验做法，通过与省检察院共建特色教育平台，打造省级海洋检察保护主题法治教育基地，集中展示福建海洋公益诉讼实践成果、经验做法和典型案例，推动海洋生态保护法治教育，促进海洋生态文明

思想传播。

三、主要成效

2021年4月，福建省沿海七地市涉海洋公益诉讼协调指导中心大数据应用平台代表福建智慧政法在第四届数字中国建设峰会首次亮相，获得省委领导的广泛关注和好评。2021年10月，该机制入选福建自贸区第18批创新举措。2020年以来，全国、省、县三级人大代表以及广东、江苏、安徽等10余个省市检察机关到平潭调研生态公益诉讼保护工作，为推动全省乃至全国海洋生态公益诉讼、助推海洋经济发展提供了"平潭样本"。

福建省检察机关全覆盖派驻河长办
工作机制

一、总体情况

2017年，福建省检察院积极贯彻中央《关于全面推行河长制的意见》以及省委、省政府具体实施方案，积极总结基层相关经验做法，不断延伸法律监督触角，会同省河长办设立省级检察院派驻河长办检察联络室。2018年3月，全省检察机关共设立各级派驻河长办检察联络室85个、派驻检察联络员148名，实现全省三级检察机关派驻河长办"全覆盖"。依托派驻河长办平台，全省检察机关共批捕破坏河湖生态刑事犯罪案件120件213人、提起公诉160件358人，立案办理河湖保护领域公益诉讼案件504件；与河长办成员单位开展联合执法1 302次，从中监督公安机关立案31件，摸排河湖保护领域公益诉讼线索803条，发出检察建议638份；与河长办各成员单位开展联合普法宣传827次。

二、具体做法

（一）发挥刑事检察作用，严惩破坏河湖生态违法犯罪

福建省检察机关先后联合省公安厅、省法院及各级河长办等涉水职能部门开展"2018春雷行动""清水蓝天"环保专项执法行动、集中式饮用水水源地环境保护等专项活动，加入对侵占河道、污染水体、盗采河砂等重点突出问题惩治力度。强化侦捕衔接，落实与各级河长

办等涉水职能部门建立的案件线索移送和快速反应机制，及时介入重特大、敏感特殊的破坏河湖生态刑事案件，通过挂牌督办、现场指导、联合督查等方式引导侦查取证，第一时间夯实破坏河湖生态刑事案件证据基础。落实捕诉一体，严格落实诉讼证据要求，从严从快批捕、起诉破坏河湖生态刑事案件，不断提高办案质量和诉讼效率。

（二）履行公益诉讼职能，助推河湖生态监管体系建立

充分发挥福建省检察机关"公益诉讼+生态检察"独特的机构职能配置优势，落实派驻河长办检察联络机制，在严厉打击破坏河湖生态刑事犯罪的同时，依法督促河长办各成员单位正确履行监管职责。充分发挥派驻检察联络室（员）深入一线的优势，加强与涉河湖行政执法机关协作配合，通过召开联席会议、列席专项会议、介入河长办成员单位联合执法活动，认真梳理可能涉嫌刑事犯罪的行政执法案件线索和公益诉讼案件线索，及时提出检察建议，监督行政机关依法履职、促进规范执法，督促涉水职能部门拆除违法侵占河道的建筑物，清理处置固体废物、生活垃圾，关停整治污染河湖水源的违法企业。打好"公益诉讼+生态刑事"组合拳，通过认罪认罚从宽、提起刑事附带民事公益诉讼等，追偿河湖生态环境功能损失和恢复费用。

（三）注重建章立制，创新完善河湖检察保护长效机制

福建省检察机关针对河流保护流动性、跨辖区等难点堵点问题，不断凝聚工作合力，构建河湖生态保护共同体。落实国家生态文明试验区改革任务，省检察院与省法院、公安厅等11家单位联合制定《福建省建立生态环境资源保护行政执法与刑事司法无缝衔接机制的意见》，建立健全河湖保护"两法衔接"省级架构。泉州市检察院会同市委政法委等六部门加强晋江、洛阳江流域水生态环境司法协同保护。

福州、漳州检察机关分别在闽江河口湿地国家级自然保护区、龙海九龙江口红树林省级自然保护区设立工作联系点，将河湖协同保护向湿地延伸。福建省检察院指导闽江流域6个设区市检察机关建立守护闽江跨区域检察协作机制，指导龙岩市检察院与广东、江西检察机关建立粤闽赣三省五市公益诉讼区域协作机制，实现汀江、韩江、赣江"分段保护、全段合作"。

三、主要成效

福建省检察机关以高度的政治自觉、法治自觉和检察自觉贯彻落实"河（湖）长＋检察长"工作机制，实现全省三级河长办"全覆盖"式派驻检察联络机制，着力强化法律监督，助力河长制在福建顺利推进落实。近年来，检察机关在依法打击污染破坏河湖生态违法犯罪、保障饮用水源安全、消灭黑臭水体、推进流域源头治理、监管重点排污企业等方面取得的扎实成效，获得最高检、中央相关部委、福建省委以及社会各界充分肯定。最高检对闽侯、宁化等3件最高检挂牌督办的水污染案件线索开展"回头看"，对福建检察机关持续跟踪监督的积极作为予以充分肯定。省检察院先后召开两场河湖保护专题新闻发布会，向人民网、法制日报、检察日报等主流媒体通报河湖检察保护成效，引起积极社会反响。武夷山市检察院专人专职"零距离"护航河长制工作，被水利部工作简报刊载。"全覆盖"派驻河长办是福建省检察机关立足法律监督职责、践行绿色发展理念、服务生态文明建设大局的创新举措和实际行动，目前已经成为福建检察工作的特色和亮点。

江西省建立省级人民政府向省人民代表大会报告生态文明建设情况制度

一、总体情况

2015年，江西省以人民代表大会决议案方式审议通过了《江西省人民代表大会关于大力推进生态文明先行示范区建设的决议》（以下简称《决议》），举全省之力推进生态文明先行示范区建设，巩固提升全省生态环境优势。《决议》明确提出，建立健全生态环境保护情况报告制度，县级以上人民政府应当每年向本级人民代表大会或者其常委会报告生态环境状况和生态环境保护目标完成情况。

二、具体做法

（一）建立年度报告制度

自2016年开始，每年省"两会"期间，增加了由省人民政府向省人民代表大会报告"全省生态环境状况和生态文明建设情况"议程，与省人大常委会工作报告、省法院工作报告、省检察院工作报告同日报告并接受省人大代表审议。2018年，党中央、国务院将江西省设立为国家生态文明试验区之后，江西省积极落实国家部署要求，将向省人民代表大会报告内容调整为"国家生态文明试验区（江西）建设情况"。截至2022年，江西省政府已经连续7年向省人民代表大会报告生态文明建设情况。

（二）建立人大代表建议收集办理反馈制度

针对省人大代表审议生态文明建设情况报告中提出的意见建议，江西省建立了建议收集办理反馈机制，形成了制度收集整理、分类转办、跟踪督办、落实反馈的闭环管理机制。每年抽调人员组建专门工作组，对各代表团审议生态文明建设情况报告提出的意见建议进行收集整理、统一汇总，按职能分工转请相关单位研究处理，并建立信息平台，将意见建议转办情况告知省人大代表。省人民代表大会闭幕后，由省政府督查室商省人大常委会选任联工委，加强对意见建议办理落实及答复情况的跟踪落实，确保人大代表建议件件有着落，提升办理质量。

（三）健全省人大常委会领衔督办制度

针对生态文明建设领域的重点人大建议，建立了省人大常委会主任会议成员领衔督办制度，对承办重点建议的责任部门，加强调度协调，实行重点建议跟踪督办和销号管理，同时，积极开展人大建议办理情况第三方评估和考核评比，及时通报办理结果，实行全过程跟踪督办和全方面综合评比。

三、主要成效

（一）生态文明理念进一步深化

通过连续7年持之以恒向省人民代表大会报告生态文明建设情况，习近平生态文明思想深入人心，生态文明建设理念进一步树牢，干部群众关心、参与、监督生态环境保护工作的主动性、自觉性显著提高，生态文明建设成为全社会的共识和自觉行动。

（二）党政主体责任进一步落实

通过建立各级人民政府向人民代表大会报告生态文明建设情况制度，进一步明确了各级党委、政府的生态文明建设职责，形成了党委牵头抓总、政府组织实施、人大监督推进、部门地方"一把手"负责的生态文明建设格局。

（三）群众获得感进一步增强

通过每年向省人大代表报告全省生态环境状况及主要生态环境指标变化情况，让代表全方面了解江西生态环境状况及变化趋势，特别是森林覆盖率、地表水水质、空气质量、生态保护修复等与人民息息相关的指标数据，让人民群众对美好生态的获得感和幸福感进一步增强。

江西省法院建立地域与流域管辖相结合的环资审判机制

一、总体情况

为不断完善江西省生态文明司法保护机制和制度体系，江西省法院不断推进环境资源审判专门化建设，建立了地域管辖与流域（区域）管辖相结合的环境资源审判体系。全省法院共设立了118个环境资源审判庭（合议庭），在依法开展地域（属地）管辖的同时，在长江、鄱阳湖等重点流域、区域积极探索跨行政区划集中管辖的环境资源法庭建设。目前，鄱阳湖、长江干流江西段、修河、赣江、抚河、饶河、信江等七个流域环境资源法庭全部挂牌成立，江西省高级人民法院依法采取一案一指定的方式将上述"五河两岸一江一湖"流域案件指定到流域法庭管辖，"五河两岸一江一湖"全流域生态环境司法保护格局初步形成，此外，跨区域管辖的庐山、龙虎山、仙女湖、东江源等区域环境资源法庭也已建成并运行。

二、具体做法

（一）出台相关规范

2019年底，出台了《关于推进地域管辖和流域（区域）管辖相结合构建环境资源审判"江西模式"的指导意见》，就构建"覆盖全面、管辖科学、职责明确、特色鲜明"的地域管辖和流域（区域）管辖相结合的环境资源审判体系进行了规范。

（二）科学规划布局

根据流域（区域）面积和所在地法院的地理位置、审判力量等情况，依托现有人民法庭机构，合理规划法庭布局，科学划定管辖区域。推进"五河一江一湖"流域环境资源法庭建设。在永修设立"鄱阳湖环境资源法庭"、瑞昌设立"长江干流江西段环境资源法庭"、武宁设立"修河流域环境资源法庭"，峡江设立"赣江流域环境资源法庭"、南城设立"抚河流域环境资源法庭"、鄱阳设立"饶河流域环境资源法庭"、弋阳设立"信江流域环境资源法庭"，对流域两岸发生的环境资源案件实行跨行政区划集中管辖。同时，推进重点区域环境资源法庭建设。在庐山设立"庐山环境资源法庭"、安远设立"东江源环境资源法庭"、渝水设立"仙女湖环境资源法庭"、贵溪设立"龙虎山环境资源法庭"，对所涉区域的环境资源案件实现集中管辖。

（三）确定受案范围

流域（区域）环境资源法庭集中审理与流域（区域）保护密切相关的一审环境资源刑事、民事、行政案件。上述案件由江西省高级人民法院依法采取一案一指定的方式指定法庭所在地的中级人民法院环境资源审判庭（合议庭）负责审理。流域环境资源法庭立足流域水生态保护核心，负责审理流域范围内的水污染防治案件、水资源开发利用案件、水权交易纠纷案件、涉航道河道案件、涉江河湖水域岸线保护案件、涉江河湖泊治理案件、涉湿地生态系统保护案件。区域环境资源法庭立足本区域的自然资源和生态环境特点，负责审理区域范围内的环境污染、生态破坏及自然资源开发利用等环境资源案件。

（四）做好协调配合

流域（区域）环境资源法庭所在地的中级人民法院积极加强同级公安、检察机关及生态环境、自然资源等部门的工作衔接，通过联合发文、会议纪要等方式制定相关工作机制。目前，九江、吉安、抚州、上饶、景德镇等地中院与检察机关已形成共识，有的已联合发文进行规范。在法院系统，流域（区域）范围内非集中管辖法院的环境资源审判部门或相关部门积极支持、配合流域（区域）环境资源法庭开展审判工作，在调查取证、送达、提供巡回办案场所等方面给予协调和帮助。

（五）完善便民举措

各级法院不断完善环境资源案件立案、审判、执行等环节的便民举措，加强配套措施建设，拓宽跨行政区划的案件立案和资料收转渠道，通过开展远程审判、巡回审判，解决因集中管辖可能给当事人带来的诉讼不便，提高办案效率。

三、主要成效

推进地域管辖和流域（区域）管辖相结合的环境资源审判体制机制建设，是江西省法院环境资源审判工作的一大特色。一是统一了司法理念和裁判标准。实行流域内环境资源案件相对集中到一个法院管辖，改变了之前流域内的不同法院在案件处理上的环境司法理念不一、量刑不一、赔偿标准不一的情况，较好地实现裁判标准统一、类案同判的要求。二是突出了流域水生态环境保护核心。流域环境资源法庭重点审理涉流域水生态保护的相关案件，大大提高了涉水生态案件专业化审判能力。三是有利于实现对流域生态环境一体化保护。对流域的环境污染和生态破坏，往往是跨地域的，由一个法院相对集中管辖，对于从全流域保护角度出发作出裁判，克服地方保护主义，具有积极的意义。江西法院结合江西生态特色创新环资审判机制的做法，先后在全国法院贯彻"两山"理念座谈会、第三次全国法院环资审判工作会议等会上作经验介绍，最高法环境资源审判白皮书对这一做法也予以肯定。江西省生态办将江西法院"地域管辖与流域管辖相结合的环境审判机制"与"恢复性司法"一起作为江西国家生态文明试验区的创新经验进行了推广。

江西省创新生态环境损害赔偿
与检察公益诉讼衔接机制

一、总体情况

检察公益诉讼制度与生态环境损害赔偿制度二者同年开始试点，又于同年相继正式确立并在全国推广施行，在国家生态环境保护体系中都发挥着各自的作用。随着两项制度运行的不断推进，生态环境损害赔偿与检察公益诉讼在衔接上出现了一些新动向和新问题。为推动解决生态环境损害赔偿与检察公益诉讼在执法司法实践中遇到的衔接问题和困难，2021年以来，江西省人民检察院推动建立生态环境损害赔偿与检察公益诉讼衔接机制，为形成更强生态治理法治合力贡献了"检察智慧"。

二、具体做法

（一）主动担当，协调出台加强生态环境损害赔偿与检察公益诉讼衔接的工作意见

2021年7月，江西省人民检察院与省生态环境厅在前期调研、会商的基础上共同起草加强生态环境损害赔偿与检察公益诉讼衔接的工作意见，最后由江西省生态环境损害赔偿制度改革工作领导小组办公室印发《关于加强生态环境损害赔偿与检察公益诉讼衔接的办法》（以下简称《办法》），效力范围涵盖13个成员单位。《办法》规定了检察机关与生态环境损害赔偿制度改革成员单位可以相互移送线索，明确

了检察机关参与生态环境损害赔偿磋商和支持起诉的范围、程序，强调了行政机关与检察机关就调查取证、专业咨询等方面的协作配合，创新设置了生态环境损害赔偿与检察公益诉讼的具体衔接程序，细化了联席会议、联动宣传、互相交流培训等机制。

（二）强化办案，推动解决生态环境损害赔偿与检察公益诉讼衔接的实际问题

全省各级检察机关积极开展改革案例实践工作，对于自行发现的、认为由政府及其职能部门开展生态环境损害赔偿更为适宜的案件，主动向有关行政机关移送，2021年以来，全省检察机关与生态环境保护部门之间相互移送公益诉讼案件线索81件。对于移送的线索以及相关职能部门邀请参与的生态环境损害赔偿案件，各地检察机关积极参与、配合开展磋商工作，协助调查取证、提供法律意见，2021年以来，全省检察机关支持、配合政府部门办理生态环境损害赔偿磋商、诉讼133件。九江市检察院支持九江市人民政府提起生态环境损害赔偿案件，被联合国环境规划署环境法数据库收录。上饶市人民检察院支持市生态环境局就俞某某等人污染环境开展生态环境损害赔偿磋商，挽回生态环境损害赔偿金1 500余万元，并对个别没有磋商意愿且未通过其他方式承担环境修复责任的企业和个人支持市生态环境局提起生态环境损害赔偿诉讼，该案被江西省生态环境损害赔偿制度改革工作领导小组评为"江西省生态环境损害赔偿磋商十大典型案例"。

（三）加强沟通，完善制度机制形成更强生态治理法治合力

江西省人民检察院注重强化与生态环境损害赔偿各成员单位的协作配合，共同推动衔接机制落实落地。与省生态环境厅定期召开工作

协调会、案件会商会，就信息资源共享、线索移送、办案协作等达成共识。2021年，江西省检察机关依托以高检院交办中央环保督察反馈问题线索为契机，与省生态环境厅共同实地督办3次，利用专业优势积极协助赔偿权利人对重大案件开展生态环境损害赔偿磋商工作，在损害事实、因果关系、责任认定等方面提供法律意见。抚州市检察机关对一起中央环保督察线索进行民事公益诉讼立案后，积极配合市生态环境局开展磋商工作，促成赔偿权利人与赔偿义务人签订赔偿协议，由赔偿义务人支付生态环境损害赔偿金共计760余万元。江西省人民检察院与省司法厅联合出台生态环境损害司法鉴定管理和使用衔接机制，推动公益诉讼"先鉴定后收费"机构由原来的1家增加至17家，破解鉴定难、鉴定贵问题；与省自然资源厅联合印发《关于加强行政检察、公益诉讼与自然资源行政执法衔接工作的意见》；与省财政厅等9个部门共同修订《江西省生态环境损害赔偿资金管理暂行办法》，进一步完善生态损害赔偿资金的使用范围、使用流程及监管机制。

三、主要成效

加强生态环境损害赔偿与检察公益诉讼衔接，是江西省人民检察院和江西省生态环境损害赔偿制度改革工作领导小组成员单位落实习近平总书记重要讲话精神、服务保障生态文明建设重大国家战略探索形成的一项制度创新。江西检察机关发挥法律监督职能，通过检察能动履职，细化衔接工作措施、创新协作机制建设、探索督促履职方式，加强生态环境公益诉讼与生态环境损害赔偿诉讼的深度衔接，对推动全省生态环境综合治理、服务经济社会发展大局，起到了积极作用。

江西省"环保赣江行"探索
省级人大环保监督机制

一、总体情况

由江西省人大环资委牵头，江西省委宣传部、省发展改革委、省生态环境厅等14个部门共同组织开展的"环保赣江行"活动，是江西省人大常委会为探索人大监督工作新路径而开展的一项绿色环保宣传与监督活动，既是省人大常委会联系代表和人民群众的重要平台，也是全省依法开展人大生态环境监督工作的响亮品牌。

"环保赣江行"活动始于1995年，至今已连续开展28年。活动坚持把政府部门环保工作难点、群众关注的环境热点作为切入点，聚焦活动主题、筛选检查对象、深入检查采访、依法督促整改，依次从前期准备、全面暗访、新闻发布和检查采访等几个阶段有序推进。活动情况报告经省人大常委会审议通过后，连同省人大常委会组成人员的审议意见一并转请省政府研究处理。多年来，活动得到省委的肯定和省政府的支持，也得到广大人民群众的拥护，为全省发现和解决突出环境问题、加强生态文明建设起到了直接推动作用，也为全省地方立法和政府决策提供了重要参考。

二、具体做法

（一）法律监督与舆论监督、群众监督相结合

将人大法律监督与舆论监督、群众监督有机贯通、相互协调。活

动紧紧围绕省人大常委会环境资源监督工作重心，坚持广泛邀请新闻单位参与活动报道，宣传典型、曝光问题，协同发挥人大监督与舆论监督作用，取得了良好的活动效果和社会反响。与此同时，充分发挥人大生态环境保护监督系统等数字化平台作用，全面提升数字技术与人大监督深度融合的综合效能，吸引人民群众积极参与环境监督、反映污染问题，并以"线上转办+线下监督"方式，助推人民群众"急难愁盼"的环境问题得到及时解决。

（二）明察与暗访相结合

活动自2018年以来，在明察的基础上，将全面暗访作为重要环节，坚持不招呼、不预告行程、不开座谈会，做到轻车简从，深入乡镇、村组，依法查清摸准污染防治的真实情况。媒体记者全程跟踪拍摄，制作时长20～30分钟的暗访系列专题片，反映有关成效和问题，具有较强的说服力和震撼力。暗访专题片以人大常委会会议上播放、召开集中反馈会播放、向设区市主要领导及其有关部门寄发等多种形式呈现，引起各地各有关部门的高度重视、立行立改。

（三）上下联动与左右互动相结合

"环保赣江行"组委会成员单位，结合活动主题，按照各自职能分工，既有所侧重，又群策群力，有力保障了"环保赣江行"活动深入开展、取得实效。同时，着力加强对各设区的市人大开展相关环保行活动的纵向指导，带动各地"环保瓷都行""环保信江行""环保抚河行"等活动深入开展。通过多级人大监督职能协同发挥，各级政府行政执法联合开展，对于推进行权优化、加快问题解决、强化工作改进等发挥了积极作用。

（四）多种监督方式相结合

近年来，"环保赣江行"活动先后结合中央环保督察反馈意见整改调研（2017年）、全国人大代表专题调研（2018年）、听取和审议省政府关于农村饮用水保护情况报告并开展专题询问（2019年）、听取和审议省政府关于全省长江流域生态环境保护工作情况报告（2020年）等监督工作同时推进，既充分发挥多种监督方式的优势，又切实提高监督组织效率，形成监督方式的良性互动和监督成果的共享共用，使监督工作在广度和深度上效果更佳，提出意见建议更容易得到"一府两院"的重视和采纳。

三、主要成效

（一）推动环境与资源保护法治宣传教育不断深化

在活动中，更加注重加强习近平生态文明思想的宣传，注重环保法律法规和知识普及，注重绿色低碳生产生活方式传播，使全社会环境保护意识不断强化，生态文明理念深入人心。据不完全统计，28年来共组织制作专题片20余部，采写编发各类新闻稿件两千余篇、内参多篇，书面反馈意见及内部文件数百份，营造了良好的社会舆论氛围，有效提高了干部群众环保意识和法治观念，使全省上下逐步形成依法保护生态环境的共识。

（二）推动生态环境保护法律责任落实不断强化

依托"环保赣江行"活动载体，省人大依法督促各地认真落实环境保护各项法律制度，不断强化重点领域污染防治。久久为功的持续监督，强化了部门法律责任落实，加快了相关工作的推进，例如，"千吨万人"农村集中供水工程全部纳入标准化管理，饮用水水质监测"全省乡镇全覆盖"提前实现，农村乡镇（含村级"千吨万人"）水源地全面完成保护区划定批复，城乡供水一体化全面推进等。

（三）推动部分人民群众急难愁盼环境问题不断解决

活动始终坚持以问题为导向，通过问题促进整改，最终落脚点是推动人民群众急难愁盼问题得到解决。2018年以来，先后实地检查点位429个，实现设区市全覆盖、重点污染源类型全覆盖。五年来累计向政府及其有关部门反馈涉及全水污染问题300余个，一大批人民群众反映强烈的环境问题得到重视并解决。

贵州省探索开展自然资源
资产负债表编制工作

一、总体情况

党的十八大以来，以习近平同志为核心的党中央高度重视生态文明建设，党的十八届三中全会明确提出"探索编制自然资源资产负债表"改革任务。自2014年以来，贵州省开展自然资源资产负债表理论研究，制定并完善编表总体方案和编制子方案。选取赤水市、荔波县在全国率先开展县级试点，2015年，赤水市被列入全国五个试点地区之一，2016年，六盘水市和荔波县作为全省试点，2017年扩大试点范围，将毕节市、黔东南州等列为省级试点地区，结合贵州矿产资源特点，将矿产资源纳入自然资源资产负债表编制范围，编制完成具有贵州特色的自然资源资产负债表。

二、具体做法

（一）主动尝试，推动试点工作

贵州省积极开展自然资源资产负债表编制理论技术研究和试编工作。完成了编表工作由"首倡"到"落地"、由"探索"到"试点"的过程。贵州省首先提出以实物量核算为先，逐步到价值量核算的推进步骤，通过查阅文献、专家咨询、实地调研等方式，开展大量研究，形成编制理论报告和《贵州省自然资源资产负债表编制制度（试行）》。

（二）因地制宜，持续创新探索

在准确把握国家方案，确保严格执行不走样的基础上，立足试点地区独特的自然资源，积极主动探索创新符合贵州实际、突出贵州特色、反映贵州优势的计量方法。例如，赤水市在试点中研究提出竹类资源储量推算方法，探索水库及地下水水质监测统计工作，探索林木和水资源缺失数据推算方法；六盘水市在试点中研究提出统一对矿产资源的编制方法，研究提出了统一对耕地地力评价单元赋值，构建富有成效的长效机制等工作思路；荔波县在试点中创新提出将典型的喀斯特地貌形成的大面积灌木林地纳入林木资源账户等。

（三）培训指导，强化技能素质

抓好试点工作的前提和基础是试点地区基层具体负责同志能够尽快熟悉方案和制度，掌握填报方法，每年省统计局都牵头组织培训会议，省自然资源、生态环境、水利、农业农村、林业等部门的专家专门对试点地区业务人员进行培训，同时组成多个调研组多次赴试点地区分类具体指导填报工作，督查工作推进情况。

（四）建立机制，保证数据质量

制定自然资源资产负债表工作实施方案，明确总体目标、总体要求、组织协调、时间进度、责任分工等方面的内容，对编制工作进行细化安排，并与相关省直部门建立工作协调机制，形成专人负责的工作推进常态化协调小组。建立联审评估机制，通过召开研究座谈会、数据审核评估会，组织各有关部门和试点地区对工作进展问题和经验进行深入研究，对自然资源账户和填表说明进行审核，评估数据的真实性、科学性、合理性，审核编表说明的格式、内容和表述规范。

三、主要成效

（一）统计模式实现了由单一部门核算向多部门合作核算的转变

编制自然资源资产负债表工作涉及内容多，基础来源广、编制技术复杂，为编制出高质量的自然资源资产负债表，相关部门深入研究、协同推动，抛弃以各部门提供基础数据，统计部门核算、评估的模式，实行多部门联审评估、多方面参与统计核算的统计模式，核算结果凝聚了各相关部门的共同智慧，统计模式、监测手段等方面实现了创新与突破。

（二）监测手段实现了由传统报送数据向高科技获取的突破

由于编表所需数据类型复杂，人工获取难度大、准确度不高，编表基础数据的采集更多地利用现代高科技手段，例如土地资源账户数据采用卫星遥感图像矢图叠加计算结合现场实地验证得到，水资源账户数据采用水文监测传感器自动测报并进行水量平衡计算等，使得数据的准确性和抗干扰性大大提升。

（三）立足贵州特色增加试点编表内容并获得国家认可和采纳

在全国第一轮自然资源资产负债表编制试点工作中没有包含矿产资源的内容，但贵州结合自身矿产资源丰富的现状，在先行开展试点工作时，将矿产资源资产负债表纳入探索研究的范畴，召开矿产资源资产负债表编制方案内部研讨会，在与相关部门论证的基础上，印发关于开展矿产资源资产负债表试编工作的通知，在六盘水市进行试编。试点研究成果得到了国家统计局的高度肯定，试点建议被国家采纳并在第二轮试点编制制度中得以体现。

贵州省探索构建严密的生态环境
督察执法融合监管体系

一、总体情况

贵州省创新环境监管工作制度及方式方法，坚持以主动发现整改生态环境突出问题为导向，从制度建设、检查方法、智能手段、执法举措上大胆创新，实施"三三制"工作法，推动督察执法"三个结合"融合监管，统筹实施问题整改"三挂打法"，加大高科技手段运用，建立了更加严密的生态环境监管体系，着力破解环境监管难问题，切实增强人民群众对生态环境保护工作的参与感、获得感。

二、具体做法

（一）推行"三三制"工作法，划出环境监管"路线图""责任链"，促进环境问题抓得住

推行"三三制"工作法，即在执法检查方式上，突出"巡查、明查、暗查"；在执法检查方法上，突出"访群众、查厂外、查厂内"。形成"条块结合、点面结合、干群结合、内外结合、上下结合"的"全方位、全流程、全链条、全环节、全社会"现场检查发现问题责任体系，推动"方法落地、责任到人、问题抓住"，确保有效锁定污染源。提出全过程落实访群众，将访群众作为现场检查的重要内容，贯穿问题排查、问题整治的始终，切实提高群众对生态环境保护工作的参与度、满意率。强化巡查在执法监管中的基础地位，将"双随机一

公开"执法检查与日常巡查和暗访暗查结合起来，开展污染源和自然水体、大气、土壤等环境要素的定期巡查，实施辖区内各类污染源和环境要素的全覆盖巡查。全面推行环境监管网格化管理，制定《贵州省生态环境系统网格员工作手册（试行）》，进一步压实压紧各级网格员的责任，推动"三三制"的落实落地。

（二）强化督察执法"三个结合"，形成一个"拳头"，有力推动突出生态环境问题整改

强化例行督察与专项督察、督察整改与监管执法、省级督察与中央督察"三个结合"，实行严查、严改、严督、严处、严考、严问责，推动责任落实。组织开展省级生态环境保护督察，同步集中曝光典型案例、拍摄警示片、开展"利剑2021—2025"专项行动，合力重拳打击生态环境违法问题。范围上，围绕3类区域、7个跨省、跨市（州）重点流域、11个重点行业企业开展排查，围绕14类严重环境违法犯罪行为开展集中打击。制度上，印发《贵州省生态环境保护督察实施办法》，在细化职责、统筹问题整改上明确了指导意见和工作要求。制定《贵州省生态环境保护行政执法典型案例发布制度（试行）》，发布23个典型案例；完善生态环境违法行为举报奖励制度，大幅提高奖励金额，增加奖励情形。力度上，深化与公安、检察机关紧密协作，强化与司法机关联动，建立各部门紧密配合的长效机制。技术上，以大数据+AI为技术支撑，创建污染源自动监控智慧监管体系，实现全省917家排污单位1 226个重点监控排口智能监控全覆盖。

（三）实行"三挂打法"，建立环环相扣的攻坚体系，统筹推进突出生态环境问题整改

统筹推进污染防治攻坚战、中央生态环境保护督察反馈问题整

改、"双十工程"等重点工作任务，实行挂牌督战、挂图作战、挂账销号"三挂"打法，有效落实问题整改的领导责任、部门责任、企业责任、个人责任，建立起目标任务系统明确、环环相扣的攻坚组织体系，推动解决突出生态环境问题。挂牌督战，自2020年开始，每年年初印发生态环境厅"厅领导包市（州）、处长包县"现场督办方案，开展每月集中攻坚，巡回督战，保证每月督战取得实效。挂图作战，实行清单制、台账化管理，统筹建立中央生态环保督察反馈问题、长江经济带生态环境警示片披露问题、省生态环保督察反馈问题等突出生态环境问题清单，将清单任务细化明确到每个县区、每个问题、每个责任人和责任领导，定期调度督办，建立问题整改月进展情况台账，定期分析研判重点难点滞后点，对于工作滞后、措施不力的，视情况采取函告、通报、约谈等措施。挂账销号，出台《贵州省生态环境保护督察整改工作实施办法》，规定了各类问题的整改销号程序，梳理了"政策措施、工程项目、关停搬迁、违法查处、环境风险、追责问责"六大类措施的具体销号内容，实现了国家层面指出问题和省级自查突出生态环境问题的全覆盖。

三、主要成效

（一）增强了生态环境监管整治力

集中发现和解决一大批生态环境问题，依法查处了一大批生态环境违法行为，切实维护了人民群众的环境权益。2021年全省累计排查发现各类问题7 625个，完成整改7 166个，整改完成率93.9%。全省查处的行政处罚案件共2 071件，罚款金额20 522.13万元，与2020年同期相比，行政处罚案件同比增加81%，处罚金额同比增加52.6%。

（二）增强了生态环境监管"硬实力"

贵州省污染源自动监控智慧监管体系拥有10项核心知识产权，通过了中国环境保护产业协会技术成果鉴定，经生态环境部信息中心等权威机构评定，认为该技术为污染源自动监控的监管和非现场执法水平的提升提供了有力支撑，整体技术达到国内领先水平。

（三）增强了生态环境监管"软实力"

"三三制"工作法得到生态环境部充分肯定，并以专刊形式向全国推广；《2021年贵州省生态环境问题警示片》得到省委、省政府主要领导的充分肯定。中央、国家及省级媒体多次对贵州生态环境监管工作进行宣传报道。国家通报各省2020年污染防治攻坚战成效考核结果，贵州再次获得优秀等次。

贵州省黔东南州全面构建传统村落司法保护机制

一、总体情况

贵州省黔东南州共有409个苗族、侗族村落被列入中国传统村落名录，数量占贵州省总数（724个）的56.5%，占全国总数（6 819个）的6.0%，是传统村落分布密集、保存完整、民族特色突出的地区。随着经济社会发展和时代变迁，部分传统村落原有生态及风貌遭到破坏。为遏制破坏传统村落现象蔓延，黔东南州法院主动延伸审判职能作用，积极探索机制以深入推进全州传统村落司法保护工作。

二、具体做法

（一）坚持理念先行

黔东南州法院牢记"要把传统村落保护好、改造好；要注重地域特色，尊重文化差异，以多样化为美，把挖掘原生态村居风貌和引入现代元素结合起来"的指示精神，结合黔东南州苗侗少数民族民风民俗，坚持理念先导、模式先试、品牌先创，创建传统村落司法保护工作组织、制度、保护、共治"四大体系"，坚持"保护优先、发展并行"为主的方针和原则，以司法之力守护传统村落，筑牢传统村落司法保护屏障，倾力打造传统村落保护的"黔东南样本"。

（二）将传统村落纳入环境司法保护范畴

将传统村落保护纳入公益诉讼工作范畴，将生态保护理念融入诉前、诉中、诉后，将保护范围延伸至传统民居、建筑风貌、古树名木、非物质文化遗产等领域，将保护机制从刑事惩戒拓展到民事赔偿、行政履职等方式，私益诉讼和公益诉讼齐头并进，保护手段更加立体广泛。审理了传统村落保护行政公益诉讼案：因榕江县栽麻镇人民政府对中国传统村落宰荡侗寨和归柳侗寨保护不力，怠于履行监管职责，榕江县人民检察院提起行政公益诉讼，2019年黎平县人民法院作出判决，确认被告榕江县栽麻镇人民政府不依法履行监管履职的行为违法，并判令其继续履行监管职责。2021年，雷山县法院发出全国首份传统村落司法保护令，督促当地群众自觉维护传统村落风貌布局，守护乡愁记忆。

（三）探索建立"传统村落司法保护法官工作站"制度

黔东南州传统村落散落分布于16个县、市，在地理分布上呈现"边、远、散"的特征，星星点点散落在雷公山脚、清水江边、月亮山麓、都柳江岸。为将传统村落司法保护的力度和广度最大化，黔东南州法院探索建立了"传统村落司法保护法官工作站"制度，在黔东南州30个重点保护传统村落建立了传统村落司法保护法官工作站。以传统村落集群中心为切入点，在环雷公山、环月亮山苗族、侗族原生态传统村落保护利用示范区先行试点，明确驻站法官，集中挂牌保护。全州两级法院共设立传统村落保护法官工作站126个。出台《全州法院传统村落保护法官工作站管理规程》，以制度指引的方式，将诉源治理深入传统村落，靠前实施基层综治调解，多元化化解矛盾纠纷。

（四）全面加强传统村落保护司法宣传

依托乡村振兴大环境，有序推动传统村落保护宣传工作，将《贵州省传统村落保护和发展条例》《黔东南苗族侗族自治州民族文化村寨保护条例》的宣传教育纳入"法律八进"重要内容。通过多渠道宣传，增强传统村落居民的自豪感和保护意识。全州法院注重整合民间资源，形成宣传合力，成立生态文明法治宣传队21个，吸纳民间歌手280名，引导群众守护传统村落。结合脱贫攻坚、乡村振兴工作优势，发动村民制定修改村规民约，通过案件巡回审理、法庭便民服务，督促当地群众自觉维护传统村落风貌布局，守护乡愁记忆，持续营造保护传统村落的良好氛围。

（五）全面强化协调联动，形成保护合力

严格督察，巩固保护成果。配合环境资源保护有关单位开展巡查、督察，及时纠正发现的问题，并提出司法对策和建议，助推环境资源保护呈良性态势发展。加强与检察机关的沟通协商，对于检察机关就传统村落保护提起的公益诉讼案件，依法高效办理，形成保护传统村落合力。

（六）及时总结经验，形成"法治模式"

针对辖区内传统村落众多、非物质文化遗产丰富的特点，出台《关于为传统村落保护提供有力司法服务和保障的意见（试行）》《关于为非物质文化遗产保护提供有力司法服务和保障的意见（试行）》，以制定专项规范性文件的方式，开启黔东南州传统村落和非遗保护的"法治模式"，将传统村落和非遗保护纳入环境资源司法保护范畴。

三、主要成效

黔东南州法院审理了全国首例传统村落保护行政公益诉讼案件，发出了全国首份传统村落保护司法保护令。开启传统村落和非遗保护"法治模式"的工作情况被写入了最高人民法院工作报告，工作成效得到了最高人民法院、省、州各级领导的批示和称赞。黎平县法院审理的以保护传统村落为目的的榕江县检察院诉栽麻镇政府传统村落保护行政公益诉讼案入选2019年度人民法院环境资源典型案例。黎平县法院在最高人民法院组织的环境公益诉讼典型案例研讨会上，作典型经验交流发言，获参会专家一致好评，为传统村落保护事业提供了"黔东南经验"。目前，传统村落保护理念已深入人心，随意大拆大建破坏传统村落风貌的现象明显减少。

贵州省检察机关与自然资源主管部门
协同推进土地执法查处

一、总体情况

加强耕地保护是我国的一项基本国策，检察机关以公益诉讼、行政非诉执行监督等方式支持推进土地执法工作，是发挥检察职能、保护国家利益和社会公共利益的重要途径。2020年，自然资源部、最高人民检察院确定贵州省为"在土地执法查处领域加强协作配合"的四个试点省份之一，毕节市七星关区、黔西县（现黔西市）为试点县区。贵州省、市、县（区）三级检察机关积极与自然资源部门沟通，按照最高人民检察院和自然资源部的安排部署，积极开展试点工作，取得一定成效。毕节市人民检察院在首例耕地保护民事公益诉讼案件中，提出复垦土地诉讼请求，得到法院当庭判决支持，有力助推行政机关保护耕地取得实际效果。2021年5月12至13日，新华社、法治日报、检察日报、毕节电视台等相关媒体记者到黔西市对该案进行采访报道。

二、具体做法

（一）提升政治站位，在强化组织中统筹开展工作

贵州省深入贯彻落实习近平总书记关于耕地保护的重要指示批示精神，坚持把试点工作作为一项重大政治任务来抓。一是及时安排部署，确保试点工作有序推进。贵州省人民检察院、毕节市人民检察院、试点区县人民检察院与自然资源部门分管领导安排部署，省人民检察

院和省自然资源厅提出具体工作要求，毕节市检察机关、自然资源部门、中级人民法院积极安排落实，找准护地、护农、护粮的切入点。二是成立专案组，强化部门协作。贵州省抽调省、市、县三级检察机关业务骨干组成专案组，形成以省院为指导、市院为主体、基层院为基础的一体化办案模式，将技术人员、法警加入办案组，配齐配强办案力量，推动试点工作走深走实。三是"借用外脑"，加强技术支持。在办案中充分发挥自然资源和规划局空间规划股和第三方中立技术机构的作用，有力地推进了工作的开展。

（二）灵活办案方式，在多元监督中提升案件质效

秉持多元化监督的理念，综合运用公益诉讼、行政检察和刑事检察职能，加强对土地的全方位保护。一是以行政公益诉讼协同推进土地执法查处。例如，自2013年10月以来，毕节市七星关区交通运输局为修建公路占用七星关区耕地开设临时采石场，采石场关闭后该局没有按照规定对被占用的耕地进行恢复治理，经过七星关区检察院发出诉前检察建议后，该局已履行恢复治理义务，修复了受损的土地资源。二是以民事公益诉讼支持土地执法查处。在行政机关依法履职后，违法主体仍不整改，致使社会公共利益持续受到侵害，或者违法主体的违法行为已经给社会公共利益造成损害的，通过民事公益诉讼督促责任主体履行修复义务。三是加强与公安机关和刑事检察部门的协作配合。黔西县鼎源建材有限公司违法占用农用地面积3.885 5公顷，已涉嫌刑事犯罪，自然资源部门将案件线索移送公安机关后，该公司恢复了被破坏的耕地，达到了保护耕地的目的。四是以综合检察建议促进行业治理。针对办案中暴露出的耕地保护方面存在执法监察力量弱、用地审批不规范、线索移送不及时、法律宣传不到位等监管漏洞，毕节市人民检察院在充分沟通的基础上，向市自然资源和规划局制作发送社会治理检察建议，促进行业综合治理。

（三）加强工作创新，在试点实践中探索经验做法

在土地执法查处领域开展公益诉讼协作试点工作是检察机关与自然资源部门的创新之举，需要在实践中探索不同的做法以形成可复制可推广的经验。一是调查方式和开庭模式创新。例如，在办理中国路桥西安实业发展有限公司生态破坏责任民事公益诉讼案件中，因为涉案企业在西安，加之疫情防控要求，毕节市检察机关采用远程询问的方式完成对企业负责同志的调查工作，协调法院通过远程方式进行开庭审理。二是听证方式创新。毕节市人民检察院对起诉的5个民事公益诉讼案件进行类案听证，同时对不能到现场的两个责任企业采取远程参与听证的方式。三是惩罚性赔偿工作创新。毕节市人民检察院通过收集企业的基础信用报告，将企业因污染环境受到行政、刑事处罚情况作为参考，调查企业的财力情况和经营情况，在民事公益诉讼中分梯次提出惩罚性赔偿金的数额。四是监督方式创新。探索诉前禁止令和诉讼保全，确保社会公共利益得到及时有效维护。例如，在办理贵州大西南矿业有限公司金沙县新化乡安能煤矿破坏耕地民事公益诉讼案件中，为防止侵害行为进一步扩大，毕节市检察院向人民法院申请诉前禁止令，要求当事人立即停止破坏耕地行为，为保证当事人造成的生态损失得到及时有效维护，向法院申请了诉讼保全，保证案件能执行到位。

三、主要成效

试点工作开展一年以来，贵州省毕节市检察机关共发现土地资源保护领域公益诉讼案件线索502条，其中由自然资源部门移送381条，立案办理公益诉讼案件52件。通过公益诉讼，保护农用地和耕地700余亩（其中基本农田44亩），林地318亩，拆除违法占用耕地的建筑物

3 611平方米，追缴耕地占用税和非法占地罚款38万余元。

（一）完善协作机制，进一步整合资源凝聚监督合力

一是建立起公益诉讼与行政执法衔接机制，省级印发《自然资源主管部门与检察机关在土地执法查处领域加强协作配合试点工作实施方案》，毕节市、县两级院与自然资源部门、法院签订《关于建立土地查处领域加强协作配合试点工作机制》等五个协作机制，实现行政执法与公益诉讼检察的信息共享，共同打击违法占用耕地行为。二是推动行政机关建章立制，针对自然资源部门在土地执法查处领域存在的执法监管力量弱、查处力度待加大、线索移送不及时两法衔接待强化等问题，制定印发毕节市县（市、区）自然资源主管部门领导班子和领导干部管理暂行办法、毕节市自然资源和规划系统干部轮岗交流制度、《关于印发毕节市自然资源和规划局完善早发现早制止严查处工作机制》等文件，形成土地执法查处领域工作合力。三是建立起多渠道人员交流制度，为进一步巩固执法监督效果，七星关区检察院与区自然资源局互派干部进行交流，黔西市检察院与市自然资源局开展同堂学习，毕节市人民检察院与毕节市自然资源部门组织全市两家单位进行案例研讨，促进检察机关与行政机关的相互学习、理解、配合和支持，优化干部队伍素质，提升耕地保护执法办案能力。

（二）强化案件效果，推动实现多赢双赢共赢

一是帮助协调解决依法用地难题，在办案过程中，既监督纠正企业的违法用地行为，又帮助企业完善用地手续，助力企业合法经营。二是支持企业行使正当权利，对于责任主体缴纳复垦保证金后又自行对违法占用的耕地进行复垦的，协助企业向自然资源局申请退回复垦保证金。三是将保护公益与促进企业持续发展相结合，根据最高人民

检察院提出的在办案中要兼顾企业发展、不能因为办理一个案件垮掉一个企业的要求，毕节市人民检察院将涉案企业作为检察机关的定点联系企业，为企业开展法治"体检"，实施全方位精准服务，尽力帮助协调解决企业实际困难，引导涉案企业守法合规经营。

（三）开展以案释法，发挥耕地保护专项警示教育作用

一是结合耕地保护民事公益诉讼案件的办理，组织开展旁听庭审警示教育活动，自然资源部门组织行政执法人员、企业代表旁听，检察机关邀请人大代表、政协委员、人民监督员参加旁听，将庭审过程置于公众的监督之下，同时通过现场旁听达到以案释法、警示教育的效果。二是在评估行政机关整改效果时，通过"实地查看+公开听证"的形式，让社会各界有效参与，监督检察机关依法履行职责，保障人民群众知情权、参与权和监督权相结合，让社会各界零距离体验公益诉讼办案实效，确保公平正义让人民群众看得见、听得到。三是毕节市检察机关、人民法院、自然资源和规划部门在复垦现场设立"贵州省毕节市耕地保护警示教育基地"，达到办理一案、警示一片、教育社会面的效果，引导企业及群众主动认识保护耕地的重要性，形成自觉保护耕地的良好氛围。

海南省数字化精准支撑领导干部
自然资源资产离任审计

一、总体情况

领导干部自然资源资产离任审计监督范围广、时空跨度大、发现问题难。传统审计方式方法费人、费时、效果差。为提高工作效率，精准发现问题，减少现场核查时间，减少对被审计单位的打扰，营造良好的干事创业环境和营商环境，海南省审计厅利用省域"多规合一"改革成果，以及政府信息共享系统的数据和资源，建成全省领导干部自然资源资产离任审计信息化平台。平台自2018年底投入使用至今，在全省领导干部自然资源资产离任审计及耕地撂荒、水源地保护、自然保护区管护等专项审计调查中均发挥了重要作用，疑点图斑现场核实准确率达七成以上。

二、具体做法

（一）建立"一库"，即时空数据库系统

由省审计厅依托省测绘地理信息局涉密内网，利用省域"多规合一"改革成果、基础地理信息、政务地理空间信息、地理国情监测、遥感影像等数据，整合全省各类资源环境数据信息而构建。其中，省域"多规合一"数据是系统的核心数据，在全省总体规划"一张蓝图"上，叠加了全省生态红线、耕地、林地、近岸海域和开发边界与建设用地等5种不断更新的实时数据图层，涵盖国土、海洋、农业、林业、水务、生态环境等多个领域。

457

（二）建立"一内"，即审计分析系统

依托时空数据库搭建。审计机关在测绘地理信息部门设立数据分析室，在涉密内网环境下，结合自然资源和生态环境审计事项，建立各种具有扩展性和开放性的审计分析、预警模型。在可视化操作界面中，对时空数据库和按需采集的外部数据进行综合关联处理和分析挖掘，生成审计分析预警疑点信息，并自动生成审计分析报告。

（三）建立"一外"，即审计作业系统

部署于省政务外网，将涉密审计分析系统产生的分析结果数据、疑点，交换至非涉密的外网，向全省范围内的审计组进行推送，指引现场核查。实现全省审计人员共用一套系统，共享数据资源，精准高效实施审计。

三、主要成效

（一）实现对全省自然资源资产的实时信息化监督，增强生态环境资源领域自我发现问题和自我纠错的能力

依托时空数据库对不同时点、不同来源的数据进行空间定位、叠加、分析，获得全省自然资源使用、损耗及其变动情况，多维度直观反映自然资源的数量、质量变化等信息，具有实时性、全过程、全覆盖的特点。通过"天上看、网上对、实地核"，快速发现和查处生态环境资源领域的问题和苗头趋势，发挥审计"治已病、防未病"的重要作用，保障习近平生态文明思想在海南自贸港建设中实践好，把国家生态文明试验区建设各项任务落实好。

（二）实现审计效能大幅提升

审计分析系统已建立涵盖土地、水、森林、海洋、矿产等资源种类的68个"分析算子模型"，数年来，在对海口、三亚、儋州等23个市、县（区）的领导干部自然资源资产离任审计中，累计发现疑似问题图斑7万余个，经审计核查发现3 223宗严重侵占、损毁自然资源资产问题，涉及面积43.27万亩。

（三）实现审计管理流程化标准化

审计作业系统以审计项目为载体，采用数字化管理模式，覆盖了审计作业的全过程。实现了从创建审计项目、编制审计事项、根据审计事项开展审计分析、分解审计事项疑点、审计取证、撰写审计报告到审计项目归档等审计作业流程的标准化管理和控制。既固化了审计现场管理流程，也优化了审计现场作业流程。在方便审计机关组织管理审计项目的同时，也规范了审计机关的权力边界，使自然资源资产审计流程规范化、透明化，减少对被审计单位的打扰。

（四）实现最严格的自然资源资产和生态环境保护审计制度

利用平台预警模型和预警功能，组织开展对生态保护红线、资源消耗上限和环境质量底线的无项目审计，牢牢守住海南的绿水青山。利用自然资源资产离任审计制度，推进对不同市县实行差别化考核的《海南省市县高质量发展综合考核评价方案》贯彻落实；利用自然资源资产离任审计成果，为按年度完善海南省市县高质量发展综合考核评价指标体系及时提供决策信息和意见。

海南省建立"环境资源巡回审判+
生态恢复性司法"机制

一、总体情况

海南法院系统积极践行习近平生态文明思想，充分发挥环境资源审判对生态文明建设的司法保障作用，设立并逐步完善省级全域环境资源巡回审判布局，加大环境资源司法覆盖面，下沉环境资源审判力量，推动实现环境资源司法零距离保护，创造性地采用生态恢复性司法机制，坚持惩戒与修复并重，努力呵护海南的绿水青山，切实扛起海南自贸港和国家生态文明试验区建设的司法担当。

二、具体做法

（一）覆盖生态环境保护重点区域

海南在省高院、省一中院、省二中院、海口中院、三亚中院、海口琼山法院、陵水法院设置7个环境资源审判庭基础上，着眼全省各区域生态保护的地域特点，着重在自然保护区、主要流域等生态保护核心区布局巡回审判机构，具体包括鹦哥岭、霸王岭、尖峰岭、吊罗山四大自然保护区及万泉河、三亚育才生态区环境资源巡回法庭6个，三沙群岛法院设立环境资源海上巡回法庭1个，从陆地、森林延伸到海洋、岛屿、岛礁，已形成海南全流域跨区域环境资源审判管辖布局。

（二）积极推行就地审判、就地宣传

坚持集中审判与巡回审判相结合，尽可能就地审理案件，方便群众诉讼。同时，针对部分基层群众因缺少相关法律知识而盲目猎捕、砍伐被判处刑罚问题，海南在环境资源巡回审判过程中通过甄选典型案例、"以案释法"形式进行环境资源法治宣传，为广大基层群众普及各类环境保护知识和环境法律知识。

（三）开展生态环境恢复性司法

改变以往对环境资源违法犯罪行为"一判了之"的做法，在环境资源巡回审判中针对盗伐林木罪、滥伐林木罪、非法占用农地罪三类案件，创新采用恢复性司法裁判方式，除判处被告人刑罚外，还判令其就地或异地补植林木、恢复土地原状、整治受污染水流等。同时，联动生态环境保护部门、林业部门、水务部门和科研院所等对修复效果进行评估，确保环境修复取得实效，形成"破坏—判罚—修复—监督"完整闭环。

（四）创设海事审判"三合一"

2017年三沙群岛法院设立了环境资源海上巡回法庭，充分彰显了司法主权，为进一步发挥环境资源审判宣传教育和犯罪预防的功效，三沙群岛法院环境资源海上巡回法庭经常深入岛屿向当地居民普法宣传，当地居民环境资源法治意识显著提升。2020年9月，省高级人民法院与省人民检察院联合印发《关于建立海上刑事案件个案指定管辖工作机制的意见（试行）》，法、检两家建立工作机制，将海南省法院具有管辖权的海上交通肇事、走私、破坏生态环境资源刑事案件通过个案指定方式，指定海口海事法院管辖。最高人民法院于2021年10月授予海南省高级人民法院对具有管辖权的发生在海上的破坏海洋生态环境资源犯罪案件指定管辖权。海口海事法院成为具备海事环境资源审判民事、刑事、行政三种职能的海事法院，充分体现了全方位最严司法保护的先进司法理念，海事环境资源三合一归口审理的集聚优势日益凸显。2022年5月6日海南省高级人民法院、海南省人民检察院、海南海警局联合印发了《关于特定海事刑事一审案件集中指定管辖试点工作的意见》，全面理顺了海上环境资源执法协作关系。海口海事法院审理的"文某（VAN）非法捕捞水产品案"入选2021年全国海事审判典型案例。

三、主要成效

（一）有效推动环境资源司法便民利民，让基层群众在家门口就能打上"官司"

海南推行全域环境资源巡回审判以来，为各巡回法庭配备了巡回审判车、巡回审判船舶，并配齐了移动审判设备，深入环境资源纠纷或环境资源犯罪案件发生地开庭审理或进行调解，减轻了当事人讼累，解决了边远山区群众告状难、部分当事人因不便利等原因无法到庭等问题。2018—2021年海南法院系统已设立的7个环境资源巡回法庭共审理各类环境资源案件387宗，其中环境资源刑事案件378宗、环境资源民事案件3宗、环境资源公益诉讼案件6宗。

（二）采取"审理一案教育一片"正向引导，基层群众的法治意识得到提升

各环境资源巡回法庭将庭审开到群众身边，把和群众生活最贴近

的案件作为典型案例公开审理，并先后开展法律知识宣讲70多次，发放法律知识和环境生态常识宣传手册2 500多册，有效提升了广大基层群众的环境法治和环境保护意识。2020年9月，海南省第一中级人民法院吊罗山环境资源巡回法庭在吊罗山当地公开开庭审理曾某等盗伐林木罪一案并当庭宣判，同时组织当地群众旁听庭审。此后近两年时间该区域再未发生涉林犯罪案件。

（三）扎实推进生态环境修复，生态环境资源得到有效保护

海南法院系统从有效保护环境资源角度出发，探索并试行恢复性司法裁判模式，充分发挥了环境资源执法司法联动机制作用，确保环境修复取得实效。2018—2021年全省法院判处缓刑采用恢复性司法的刑事案件共398宗，涉及被告人507人，依法判令破坏生态环境行为人承担修复费用约2 804万元，恢复生态补植树木182 168株，增殖放流鱼苗1 381 543尾，判令被告人修复农田204.58亩、判令修复林地220.387亩。

海南省创新海事审判工作机制
护航海洋生态文明建设

一、总体情况

作为集中管辖海南省海洋生态环境资源案件的专门法院，海口海事法院紧紧围绕海南自贸港建设大局，以海事审判"三合一"改革为突破口，构建跨部门、跨区域的海洋环保协作联合体，不断创新和完善海洋生态环境资源司法保护机制，发挥海事司法职能，努力满足人民群众美好生态环境需求，为海南建设国家生态文明试验区保驾护航。

二、具体做法

（一）实行海事审判"三合一"改革

建立海事刑事案件类案指定管辖制度。在最高人民法院的支持下，海南省委将推动海事审判"三合一"改革列为海南自由贸易港建设重点任务和制度集成创新任务，由海口海事法院牵头推进。2020年9月，省高级人民法院与省人民检察院联合印发《关于建立海上刑事案件个案指定管辖工作机制的意见（试行）》，初步建立起审判机关与检察机关之间海事刑事案件个案指定管辖的工作机制。2022年5月，省高级人民法院、省人民检察院、海南海警局联合印发实施《关于特定海事刑事一审案件集中指定管辖试点工作的意见》。为配套海事审判"三合一"改革，海口海事法院组建专业化审判团队、编制裁判指引、进行硬件改造升级、调整优化内设机构等。目前，"三合一"改革达成预定目标，海事刑事、行政、民事审判工作已进入常态化、制度化、规范化运作。

（二）搭建海洋环保协作平台，构建海洋环保共同体

一是构筑"跨域司法协作"平台。海口海事法院牵头与广州海事法院、北海海事法院签订合作协议，形成"北部湾—琼州海峡"海洋环境资源司法保护协作平台，共同为海南自由贸易港、粤港澳大湾区、西部陆海新通道建设营造良好的生态环境。二是构筑"环保联防联控"平台。通过"海洋生态环境保护的司法与行政互动"联席会议机制，畅通涉海行政机关与司法机关的工作衔接，建立联防联控机制，构建海洋环境资源保护共同体。三是建立"公益诉讼支持"平台。海南省高级人民法院、海南省人民检察院、海南省农业农村厅等七家单位联合签署《关于建立海洋生态环境资源公益诉讼工作协作机制的意见》，全方位、多角度支持海洋环保公益诉讼。

（三）破解堵点难题，支持公益诉讼

一是与海口市人民检察院签订《关于办理检察公益诉讼案件的意见》，规范海洋生态环境资源保护公益诉讼案件诉前程序、简化立案程序、提供便利的财产保全和行为保全服务、主动启动执行程序，便利检察机关行使职权，全力支持检察机关开展海洋环资公益诉讼。2019年来，海口海事法院共受理海洋环保民事、行政公益诉讼59件，在全省同期环资类公益诉讼案件中占比超过50%。二是与海南省法律援助中心签署《关于共建海洋环境资源公益诉讼案件法律援助工作机制的协议》，解决海洋环境资源公益诉讼案件法律援助覆盖缺失难题。

（四）建立强有力的海洋环保内控机制

海口海事法院成立了由党组书记、院长担任组长，各审判业务部门负责人为成员的海洋生态环境司法保护工作领导小组，专门研究审议本院海洋生态环境司法保护工作机制、研判重大疑难海洋环境资源案件，运用"三合一"组合拳的优势，全方位、立体化追究环境侵权行为人的多重法律责任。建立精品案件发现、培育、办理、宣传、考核机制，以精品案件不断引领提升海洋生态环境资源司法保护水平。

三、主要成效

（一）有力打击了海南海洋生态环境资源违法犯罪

2018年1月至2022年9月，海口海事法院共受理各类涉海洋生态环境资源案件270件，判决或调解确定侵权主体承担海洋生态环境资源损害赔偿5 000余万元，判令30名自然人在新闻媒体上公开赔礼道歉，对34个不主动履行生态损害赔偿义务的主体移送强制执行，支持行政机关在海洋生态环境资源领域行政处罚金额超过9亿元。同时，海事审判"三合一"改革落地见效，海事民事、行政、刑事案件集中归口至海事法院管辖，强化了法院对我国管辖海域的司法管辖，有力维护了我国海洋权益。截至2022年9月，海口海事法院已审理12宗海事刑事案件，有力震慑了海洋生态环境资源犯罪，首例刑事案件被写入2022年最高人民法院工作报告。

（二）有力支持了海南海洋生态环境资源保护工作

通过涉海洋生态环境资源案件的审理，依法支持当地政府对填海造地、沿海岸滩、非法采砂、三无船舶等开展专项整治工作，适用连带责任对非法采砂、非法捕捞售卖珍贵濒危海洋生物进行"全产业链"打击，依法支持行政机关撤销海域使用权证以及收回非法占用海域100余公顷，有力支持了海南省红树林、青皮林、珊瑚礁以及珊瑚、砗磲、海龟、文昌鱼等珍贵濒危海洋生物的保护工作。

（三）海洋环境资源精品案件频现，司法履职能力不断提升

海口海事法院先后有6宗案件获评全国环境资源典型案例、十大海事典型案例等全国性典型案例，1宗案例作为中国环境资源司法案例载于联合国环境规划署司法门户网站，并入选最高人民法院指导性案例，另有多宗案件入选海南法院环境资源审判典型案例和社会主义核心价值观典型案例。中央电视台新闻频道《东方时空》栏目、法制频道《现场》栏目、法治日报、人民法院报、海南日报、海口电视台等数十家央地媒体对海口海事法院海洋生态环境资源公益诉讼案件的审理情况进行了跟踪报道，社会反响良好。

第八章

推进碳达峰碳中和工作

————

国家生态文明试验区按照"把碳达峰碳中和纳入生态文明建设整体布局"的要求，以经济社会发展全面绿色转型为引领，以能源绿色低碳发展为关键，以重点领域减排为抓手，以技术创新为引擎，以碳汇能力全面提升为补充，以治理体系变革为保障，积极推动产业结构、能源结构、交通结构和用地结构调整，倡导简约适度、绿色低碳生活方式，使经济增长建立在有效控制温室气体排放的基础上。

福建省创新林业碳汇发展

一、总体情况

福建省立足森林资源优势，于2017年启动林业碳汇交易试点工作，将林业碳汇纳入碳排放权交易体系，推动工业生产向林业生态保护补偿。依托林业碳汇积极创新金融产品，开发了碳汇指数保险、碳汇远期组合融资等绿色金融项目，有效探索生态产品价值实现路径。

二、具体做法

（一）注重顶层制度设计，建立碳汇开发交易长效机制

坚持以改善生态环境质量、推动绿色发展为目标，建立可持续发展的碳汇交易制度体系。一是出台管理办法。制定《福建省林业碳汇交易试点方案》《福建省碳排放权抵消管理办法（试行）》，建立林业碳汇计量监测、项目开发、抵消和交易等全流程的政策体系。二是优选试点范围。选取三明、南平等山区森林资源丰富的20个林场开展试点，通过试点的辐射带动，促进林业碳汇发展。三是强化技术支撑。建立项目申报平台，实现项目在线申报、评审；依托中国林业科学院、福建农林大学等科研机构及其权威专家，建立项目评审专家库，为林业碳汇开发提供技术支撑。

（二）注重保护开发双赢，通过碳汇交易助力生态扶贫

一是优化林分结构。按照森林类型、起源和龄组选取430个森林样地，开展有机碳专项调查，构建林业碳汇监测体系，持续扩大阔叶林等碳汇量高的人工幼林种植面积，增强森林碳汇储量。二是扩大收益范围。将开发主体放宽到独立法人，碳汇计量往前追溯10年，碳排放抵消比例提高到10%（高于国家规定的5%），让林农多获利，激发林农保护生态的积极性。三是优先支持贫困地区。安排专项资金支持老区、苏区开发林业碳汇项目，并优先进行评审、备案，鼓励重点排放单位优先购买贫困地区碳汇，推动碳汇扶贫。

（三）注重产品开发运用，建立生态产品价值实现路径

积极研发碳汇项目方法学，探索森林资源价值实现机制。一是创新研发碳汇产品。在CCER基础上开发FFCER（福建林业碳汇），涵盖森林经营碳汇项目、竹林经营碳汇项目、人工碳汇造林项目等不同类型。二是推动纳入碳排放权交易体系。将福建林业碳汇纳入福建省碳市场，与福建省碳排放配额（FJEA）、CCER共同成为福建省碳市场的主要交易产品，允许重点排放单位、社会组织购买用于抵消排放，有效拓展了碳汇消纳渠道。

（四）注重碳汇创新发展，促进产业绿色转型升级

一是积极探索开发基于林业碳汇的金融支持工具和衍生产品。开发碳汇指数保险。通过科技手段监测与碳汇理论方法相结合，全国首单林业碳汇指数保险在龙岩市新罗区落地，为新罗区提供2 000万元碳汇损失风险保障。开展碳汇绿色融资和贷款。南平市顺昌县创新开发"碳汇质押+远期碳回购"模式，融资规模达2 000万元，打造远期碳

汇产品约定回购的综合融资项目；三明市将乐县森林资源开发公司通过碳汇收益权质押贷款100万元，用于提高林业固碳能力。二是探索碳汇标准化交易。永安市林业局借鉴国际核证碳减排标准（VCS）创新生成VCS林业碳汇项目，通过海峡股权交易中心挂牌出让完成福建省首单交易（金额256万元），用于林场自身扩大建设。

三、主要成效

（一）实现森林资源向生态资产的转化

累计实施碳汇林面积100多万亩，开发、备案碳汇项目23个，碳汇成交量379万吨，成交额达5 605万元，交易规模位居全国前列。带动碳汇金融投资达5 000多万元，形成了具有福建特色的林业生态产品价值实现路径。

（二）增强了森林资源的碳汇功能

通过实施林业碳汇试点，有力推动森林生态系统保护和修复，促进林分结构持续优化，增强森林碳汇储量和固碳能力。福建省森林面积1.21亿亩，森林蓄积量7.29亿立方米，森林覆盖率达66.8%，居全国首位，进一步增强南方地区生态屏障。

（三）支持"双碳"目标的实现

将林业碳汇交易纳入碳排放权交易体系，推动碳排放价格发现，促进重点行业企业减污减碳。同时，通过碳市场机制推动工业反哺林业，促进林业发展，提升森林生态系统整体固碳功能，为推进实现"双碳"目标奠定基础。

江西省宜春市系统推进
锂电产业集群发展

一、总体情况

江西省宜春市抢占"双碳"机遇，把握新一轮科技革命和产业变革有利契机，将锂电新能源作为首位产业，全面整合利用锂矿资源，强化技术攻坚，大力发展新能源产业，全力打造零碳产业高地。当前，宜春已基本形成了从锂矿原料，到碳酸锂、电池材料、锂离子电池及锂电应用，再到锂电池回收利用等完整的循环产业链条，推动宜春锂电新能源产业加速突破，全力创建国家级锂电新能源产业集群和国家级新型工业化锂电产业示范基地。2021年，宜春新能源（锂电）产业主营业务收入达到465亿元，同比增长40.2%；利润总额52亿元，同比增长157.6%。2022年1—5月，全市锂电新能源产业营业收入301.54亿元，同比增长71.4%。

二、具体做法

（一）强化顶层研究谋划，做优产业发展生态

一是高位推进。宜春成立新能源（锂电）产业发展领导小组，并将新能源（锂电）列为全市产业链链长制工作的首位产业链，统筹推进全市新能源（锂电）产业高质量跨越式发展。二是建立健全发展规划。宜春市选派人员深入青海西宁、四川遂宁等地调研，总结先进经验，全面摸清锂矿资源状况，制定出台《关于加快宜春市新能源（锂

电）产业高质量跨越式发展的指导意见（2021—2025）》《宜春市加快推进新能源汽车充电基础设施规划建设实施方案（2021—2023年）》等系列文件，开展新能源（锂电）产业发展规划编制，构建完善产业发展生态。

（二）聚焦项目招大引强，蓄积产业发展后劲

一是积极招商推介。先后在深圳、上海等地推介新能源（锂电）产业，举办中国锂产业市场形势研讨会暨锂行业供需见面会，2021年新签约新能源（锂电）产业链项目48个，总投资近900亿元。二是推动补链壮链。按照"高大上、链群配"的思路，全力对接服务宜春时代、江西国轩等重大项目落地建设。积极推进华电集团、中碳集团、省供电公司的综合能源公司等来宜落户，与宜春龙头企业合作建设区域能源"一网三中心一平台"（即绿色能源智能网、绿电服务中心、数字存储中心、储能运营中心和碳交易平台）。目前，宜春新能源（锂电）产业已形成龙头高昂的较为完整的闭环产业链条。三是加快项目建设。49个新能源（锂电）项目列入2022年省大中型项目，年度计划投资357亿元，项目个数和年度投资计划均实现翻番。截至2022年5月，宜春在建的锂电新能源项目60个，总投资1 094.11亿元。

（三）注重科技创新引领，培育产业发展动能

一是突出平台支撑。支持企业组建科技创新平台，着力提升产业链上下游企业创新能力。截至2022年6月，宜春新能源（锂电）产业共有国家地方联合工程研究中心1家，国家级科研平台1家，省级研发平台7家，省级创新平台23家，市级创新平台13家。二是加大技术研发。产学研用结合，宜春市政府与江西理工大学签署共建锂电新能源

产业研究院合作协议，发挥专业优势，解决一批制约产业发展的瓶颈问题。出台相关政策，实施"揭榜挂帅"、科技创新券等机制，支持一批企业开展技术攻关，形成一批关键成果，培养一批人才。三是注重培优扶强。新能源（锂电）领域现有瞪羚企业3家，高新技术企业45家，入库科技型中小企业52家。

（四）加强资源要素保障，优化产业发展环境

一是保障锂资源供应。与省地质局签订战略合作协议，对锂矿资源丰富地区开展地质勘查，目前已开展5个综合调查评价项目和1个区域性调查项目。二是保障用能、土地需求。统筹能耗指标，优先支持新能源（锂电）项目建设，2021年以来，共审核上报重大项目9个，能耗规模合计130余万吨标准煤；针对新能源（锂电）企业，实行用气"一企一策"，为江特集团争取到协议气价每立方米优惠0.40元以上，企业全年用气成本可减少2 000万元左右。2021年，为保障重点项目用地，共出让新能源（锂电）项目"标准地"9宗，总面积约1 664亩。三是强化产业人才支撑。组织开展华中科大、厦门大学等高等院校专场引才，建立长期锂电人才供需合作关系。同时积极推动江西国轩与宜春学院、宜春职业技术学院分别共同组建了新能源产业学院、国轩产业学院。个性化、订单式培养企业急需的锂电产业技能人才，实现"招生即招工，进校即进企"。四是建立审批绿色通道。锂电行业环评审批权限下放至市级审批，环境影响较小项目就近审批。启动容缺审批程序，向省能源局争取到宁德时代110kV变电站和国轩高科110kV变电站建设项目纳入江西省电网发展规划项目库，确保尽早开工按时供电，同时为企业节约电力线路建设成本4 000万元，建设周期缩短5个月。

三、主要成效

（一）锂电产业链条日趋完整

截至2022年6月，全市共有锂电新能源产业链企业137家，其中规模以上企业111家，拥有主板上市及上市企业控股子公司19家，涵盖锂资源采选、锂电池关键材料与零配件、锂离子电池、绿色高效储能电池、新能源汽车、锂电池回收等各个环节，产业链条规模日益壮大，产业链质量不断提升，基本形成了完整的产业链条。

（二）产业集聚效应不断提升

宁德时代、国轩高科、合众汽车、清陶能源、赣锋锂业等一批锂电行业头部企业和细分领域领军企业纷纷落户宜春，投资规模达近千亿元，促使宜春新能源（锂电）产业实现井喷式发展，锂电产业链上下游企业加速集群化、规模化发展。宁德时代、国轩高科项目的落地，吸引了诸多产业配套项目落户宜春，加快打通下游、带动上游，推动宜春新能源（锂电）产业基础加速迈向高级化、产业链加速走向现代化。

（三）产业科技支撑更加有力

宜春经开区国家锂电新能源高新技术产业化基地建设成效显著。宜春诸多锂电企业属于头雁企业、独角兽企业和瞪羚企业，在技术研发等领域具有突破引领作用。国轩高科高比能量动力锂离子电池的研发与集成应用项目、高安全高比能锂离子电池系统的研发与集成应用项目均被科技部列为重点研发计划项目。宁德时代研发的超高比能电芯重量能量密度突破300瓦时/千克，体积能量密度大于600瓦时/升，满足车辆轻量化、高比能双重要求，并率先实现批量装车应用。

江西省大余县创新推广户用光伏建设

一、总体情况

发展光伏产业是贯彻习近平总书记关于"四个革命、一个合作"能源安全新战略，深化能源供给侧改革的重要举措，对进一步构建保障有力、低碳节能、多能互补的新型能源消费体系具有重大而深远的意义。从2017年开始，江西省赣州市大余县启动了光伏产业扶贫工作，并带动其他城乡居民发展户用光伏。截至2022年5月，全县累计安装户用光伏9 485户16.54万千瓦，形成了"百村万户沐光"的美好景象。2022年1—5月，全县光伏发电量为5 269.55万千瓦时，为实现碳达峰碳中和提供了"绿色动力"。

二、具体做法

（一）坚持因势利导，引导规范发展

在光伏扶贫电站示范带动、金融支持等多重因素推动下，大余县户用光伏发展坚持因势利导，实施激励措施。出台建设管理办法，规范市场准入、规划建设、项目设计、安装服务、安全施工等方面，有序发展户用光伏。发挥金融支撑作用，引入"光伏贷"等金融产品，有5家银行出台了支持户用光伏建设相关金融方案。做好并网服务，县供电部门按照"四零四省"要求，进一步简化办事流程，积极做好户用光伏并网服务，对符合接入条件的，做到应并尽并。同时，按照"先接入、后改造"原则，加大对配电网投入，最大限度满足光伏并网

接入需求。

（二）坚持关口前移，严格项目准入

规范光伏安装市场秩序，大余县坚持服务关口前移，严把光伏资质关、安全关、监管关。制定了关于进一步加强户用屋顶分布式光伏发电建设管理的制度。把关配变容量安全性，光伏安装总容量原则上不超过所在台区配变容量的70%，如果配变台区光伏安装容量已满，则由县供电公司负责做好相应的改造，待有新增负荷空间，才能受理光伏安装业务。创新监管模式，初次受理户用光伏申请时，乡、村两级应组织对设计方案审核把关。竣工后从安全性和规范性方面进行验收，验收意见作为电网接入的主要依据。

（三）坚持建管并举，强化售后运维

确保户用光伏长期稳定发电，坚持建管并举，强化售后运维服务。实行线上线下一体化运维，建立了数据中控平台。对光伏电站进行实时监控，加强数据分析，精准消除电站故障。加强统筹协调，最大限度地满足光伏并网接入需求。

三、主要成效

（一）持续巩固拓展脱贫攻坚与乡村振兴有效衔接成果

将光伏安装融入农村风貌建设。2017年以来，大余县整合各类扶贫资金1.03亿元，撬动光伏贷资金1.08亿元，通过"产业补助＋银行贷款"的方式助推贫困户发展户用光伏，整合公共机构屋顶资源助推发展分布式光伏，共发展户用光伏4 009户26 553千瓦。贫困村年均增收10万元以上，非贫困村年均增收4万元以上，脱贫户年均光伏收益达5 000元以上，光伏产业发展成为全县脱贫和乡村振兴发展中的重要支撑产业，实现了节能、隔热、增收三赢。

（二）促进城乡居民建筑节能和增收

2021年，全县户用光伏发电约10 602.64万千瓦时，按光伏发电每千瓦时节约0.4千克标准煤计算，全县户用光伏2021年共节约42 410.55吨标准煤，产生电费收入约7 031.83万元，经济和社会效益显著。

（三）提升了电网应急保供能力

大余县光伏全部为分布式电站，具有安装和消纳方便、线损小等特点，所发电量全部被周边用户消纳，已成为大余县电源的重要补充。2021年，大余县户用光伏发电量占全年全社会用电量18%，使用光伏、风电等绿电的比例逐年提升。同时，在迎峰度夏和度冬期间，户用光伏发电项目对电网运行起到了良好的顶峰作用，电网可以相应地调整负荷管控措施，在电力安全保供方面作用显著。

江西省抚州市创新低碳惠民的
绿宝"碳普惠"机制

一、总体情况

随着城镇化建设步伐的加快以及民众生活水平的逐渐提高，居民日常生活消费逐渐成为江西省抚州市能源消耗和碳排放的重点领域之一。如何坚持"绿色低碳"与"共享发展"并进，推动绿色理念转化为自觉行为是抚州市推进生态产品价值实现、推进绿色发展需要解决的问题。2017年以来，抚州市创新构建并推行了碳普惠公共服务平台——绿宝。碳普惠制以"低碳生活有价值、生态产品有市场、绿色发展有希望"为核心理念，以政府引导、市场运作为方向，构建碳普惠公共服务（绿宝）平台，市民通过践行绿色生活理念，将绿色生活转换为碳积分，通过碳积分转化成优惠券，在购买绿色产品时可进行抵扣优惠，实现惠民。碳普惠工作产生了良好成效。

二、具体做法

（一）创新服务平台共享碳普惠生态圈

按照"一个平台、综合功能、面向大众、优政便民"的原则，基于"我的抚州"智慧服务App，后台数据直接计入碳账户，创新构建并推行了碳普惠公共服务平台——绿宝。市民群众只要下载"我的抚州"App，就能打开"绿宝"平台，通过手机号和身份证实行实名注册。平台设置了"绿色出行、低碳生活、公益活动、绿色消费"四大类12

个低碳应用场景，注册用户在发生绿色行为时能够折算相应碳币。例如，步行2 000步可获取1个碳币，骑共享自行车10分钟可获取1个碳币，乘坐公交车可获取1个碳币，每投放一次垃圾分类可获取1个碳币。碳币积累通过后台运算，直接存储至个人"碳账户"。

（二）引入激励机制鼓励公众参与

将碳普惠公共服务平台后台数据与相关平台实现对接，通过完善激励措施，引导市民践行绿色理念。一是公共资源激励。将已有的公共服务政策与碳普惠结合起来，通过碳普惠公共服务平台量化个人的节能减碳行为后，对市民的低碳行为给予一定奖励。市民在图书借阅、停车、骑乘共享单车等方面可直接用碳币进行折算减免，使市民得到实实在在的实惠。二是商业折扣激励。碳普惠公共服务平台选定具有一定资质的商家建立"碳普惠联盟商家"，涵盖餐饮、酒店、大型超市、4A级旅游景区、绿色农副产品在线销售企业、通信企业、书店等涉及群众生活的方方面面。同时，打通碳币计扣系统和商家支付系统，市民可以凭碳币到联盟商家兑换消费优惠。2021年，抚州市万达广场、硕果商城、铜锣湾商城、麻姑集团、大觉山景区等600多家企业支持参与商业激励活动。三是社会公益激励。市民注册登录后的每一次低碳生活行为数据都会被记录在案，并给予碳币奖励，碳普惠公共服务平台通过积分排名机制让用户可以随时了解身边朋友、同事、同学的低碳积分，攒碳币成为绿色达人的新时尚。为更好地激励市民践行绿色理念，抚州市还将碳币积累数量纳入"文明家庭""身边好人"等先进典型评选中，碳币可折算为相应分值，给评选"加分"，形成了践行绿色理念的良好社会风尚。

（三）打通市场循环链激活绿色商业活力

通过搭建碳普惠公共服务平台吸引了庞大的会员，拥有一批具有消费潜力且稳步扩大的用户群体。在"惠商"方面，通过利用碳普惠公共服务平台的影响力，切实提升了"碳普惠联盟商家"的品牌形象，扩大了商家品牌资产。特别是针对绿色农副产品在线销售企业，通过减少流通环节，搭建起了消费者与绿色农业间的桥梁，利用区块链使点对点之间的交换和合作成本大幅下降，带动了绿色经济发展。全市多家龙头绿色农产品企业正在策划推出"绿宝礼包"，对旗下几十种绿色农产品实行"绿宝价"试点，进一步打通市场循环链。同时，将碳普惠公共服务平台与全市建立的农产品质量安全可追溯平台和水产品智能管理中心联通起来，大力谋划发展"认养农业"，形成"碳普惠+认养农业"模式，有效促进农村绿色种养业发展，帮助农民增收，带动农民致富，打通"惠民、惠商、惠农"之间的可持续市场循环链条。

（四）培育绿色理念引领绿色生活

2017年抚州市将"低碳生活、绿色出行"写入了地方性法规《抚州市文明行为促进条例》，积极推动市民文明行为不断养成，把绿色理念融入城市血脉。成立了抚州市碳普惠公共服务（绿宝）平台运营推广领导小组，并制定了工作方案，落实了专项推广经费，为碳普惠公共服务（绿宝）平台持续推广提供保障。针对加入"碳普惠联盟"且碳币折算较多的商家，通过政策扶持等方式进一步优化企业成长环境，形成共建共享共赢的"同心圆"。将公民无形的绿色低碳生活方式转化为有形的绿色生活价值，以看得见、摸得着的激励举措，引导公民自觉践行低碳生活。

三、主要成效

（一）社会效益不断扩大

目前，平台吸引全省绿宝会员107万人，绿宝会员累计获得49 590

万多个碳币。联盟商家由200余家增长到600余家。"绿宝"碳普惠工作被国家发展改革委列入第一批《国家生态文明试验区改革举措和经验做法推广清单》,向全国推行。"低碳生活有价值、生态产品有市场、绿色发展有希望"理念逐步深入人心。"积碳分、兑碳币,乐享碳普惠"已经成为市民的共识,"碳普惠"已成为城市绿色生活共建共享的知名品牌。

(二)经济效益稳步增长

截至2022年6月底,市碳普惠办联合600余家碳普惠联盟商家开展30多场行政激励与商业激励碳币兑换活动,整合商业活动资金380余万元,表彰年度优秀绿宝会员、低碳达人、贡献突出的碳普惠联盟商家。逐步实现了"惠民惠商惠农,共建共享共赢"的目标,达到了"低碳行为"和"绿色消费"相结合的双赢。

(三)生态效益日渐凸显

碳普惠平台从绿色出行、低碳生活维度,以碳币价值实现来鼓励工作生活中碳排放较少的人,从而带动更多的人践行低碳生活。目前,在平台107万会员中,40%的会员参与绿色出行,14%的会员参与低碳生活,绿宝会员通过绿色出行与低碳生活总共累积碳普惠制核证减排量约9.8万吨。

贵州省创新推动绿色交通发展助力
碳达峰碳中和

一、总体情况

"十三五"以来，贵州省认真贯彻落实国家生态文明建设相关部署，守好发展和生态两条底线，加快绿色交通体系建设，绿色发展制度及政策体系日渐完善，绿色公路、绿色运输、绿色管理等各项工作全面推进，行业绿色发展转型取得积极成效。

二、具体做法

（一）强化绿色交通工作部署

一是强化组织领导。2018年成立以省交通运输厅主要领导任组长的全省交通运输生态环境保护工作领导小组，加快推进绿色公路建设，认真履行行业生态环保管理职责。二是加强规划引领。印发《贵州省"十三五"交通运输节能环保发展规划》《贵州省"十四五"交通运输节能环保发展规划》，包括生态保护、碳减排、绿色管理等重点任务，全面提升交通运输行业绿色发展水平。三是履行生态环保职责。按照"党政同责、一岗双责"的要求，将实施绿色公路建设纳入交通系统目标绩效考核，新建高速公路实行"一项目一方案"，全面推进绿色公路建设。

（二）实施"设计—建设—运营"全过程绿色公路建设

加强绿色设计，强化道路的生态防护设计、排水设计、耐久设计、养护管理便利性设计等。实施绿色施工与建设，推进施工期能耗技术监测信息系统、温拌沥青路面技术、沥青热再生和冷再生技术等应用，实现高速公路、普通国省干线废旧沥青路面材料回收率达到98%，循环利用率分别达到95%、80%以上。在运营期，加强隧道光伏智能照明技术，在新建、已建高速公路隧道推广使用LED灯，到2021年全省高速公路隧道LED灯使用率已达90%以上。打造绿色服务区，推进绿色出行"续航工程"，到2021年底完成86对高速公路服务区和停车区充电基础设施建设；推行高速公路服务区及管理中心一体化污水处理设备及回用系统，完善服务区污水接入周边市政污水处理系统，实现高速公路服务区污水"零排放"。

（三）推进绿色交通的技术创新

加大山区绿色公路建设难点技术的攻关力度，开发生态环境脆弱地带隧道安全环保进洞技术等20多项生态环保课题研究。编制形成《贵州山区生态脆弱地带绿色公路建设关键技术与示范》《贵州山区二级公路生态设计与施工技术指南》《贵州省普通国省干线畅安舒美示范公路创建指南》等10项生态环保标准规范，不断完善绿色交通技术体系，有效指导贵州省绿色公路建设。毕节至都格高速公路作为交通运输部科技示范路，开展了绿色建造科技示范，提出了山区高速公路生态保护与运营节能等关键技术。

（四）推动交通与旅游融合发展

开展交旅融合试点（示范）工程，结合地方地理人文环境，打造沪昆国高坝陵河大桥、平罗高速平塘大桥等"桥旅融合"示范工程；梵净山世界自然遗产地风景道、黔西市新仁至化屋旅游公路等"路旅融合"示范工程；千里乌江滨河度假带、清水江民族风情旅游带等"航旅融合"试点工程；沪昆国高龙宫服务区、杭瑞国高向阳服务区等"新型服务区"示范工程，提升贵州交旅融合品牌影响力。

三、主要成效

（一）完善生态环保组织机构

印发《贵州省交通运输行业生态环境保护工作领导小组成员单位职责分工方案》，明确各部门生态环保工作职责及任务分工，推动"党政同责、一岗双责"不折不扣落实到位，从规范项目建设、提高科学决策、夯实基础工作等方面，健全工作机制，完善制度规范。

（二）绿色低碳公路建设成效显著

绿色公路试点示范工程建设进展顺利，厦蓉高速公路都匀至安顺段列入全国绿色公路示范工程，为全省绿色公路建设起到了良好示范作用。绿色循环低碳公路建设成效显著，先后进行了道真至瓮安高速公路、盘兴至兴义高速公路两条绿色循环低碳公路示范建设，其中道真至瓮安高速公路实施了温拌沥青技术、可再生能源应用、施工机械低碳技术改造等节能减排项目，建设期累计节能32.76万吨标准煤；盘兴高速实施了服务区建筑节能、节能照明技术应用等多个重点支撑项目，总节能28.55万吨标准煤。

（三）健全交通与旅游融合发展运行机制

印发《贵州山地交通旅游工作联席会议制度》《关于加快推进交通运输与旅游融合发展的实施意见》，积极推进交旅融合项目落地，支撑贵州省全域旅游示范区创建，各地方加快推进旅游公路建设，建成赤水河谷旅游公路等一批旅游公路示范项目，为全省交通与旅游融合发展积累了丰富经验。

贵州省大力发展绿色数据中心
助力碳达峰碳中和

一、总体情况

贵州能源充沛、气候凉爽、地质稳定，数据中心能源利用效率（PUE）值在 1.35 以下，大大低于 1.5 左右的业界平均值，工业和信息化部授予贵州省"贵州·中国南方数据中心示范基地"称号，是国家认可的中国南方最适合发展数据中心的地区。2021 年，国家发展改革委、中央网信办、工业和信息化部、国家能源局批复贵州启动建设全国一体化算力网络国家枢纽节点，并规划建设贵安国家级数据中心集群。贵州枢纽在"双碳"目标下，大力推进数据中心绿色发展，充分发挥本区域在气候、能源、环境等方面的优势，发展高可靠、高能效、低碳数据中心集群。目前贵州已有 8 个绿色数据中心，是全国绿色数据中心最多的地区之一。

二、具体做法

（一）着力相关政策起草和出台，赋能数据中心绿色属性

2016 年，出台《中共贵州省委　贵州省人民政府关于实施大数据战略行动建设国家大数据综合试验区的意见》等"1+8"文件，明确提出"集聚一批绿色环保、低成本、高效率云计算数据中心，建成中国南方数据中心"的试验任务。2018 年 5 月，发布《贵州省数据中心绿色化专项行动方案》，提出"推进数据中心节能环保水平全面提升，构建绿

色、安全、节能、环保的新一代数据中心"。2022年，贵州省人民政府办公厅印发《关于加快推进"东数西算"工程建设全国一体化算力网络国家（贵州）枢纽节点的实施意见》，按照"集约高效，绿色低碳"等原则，构建"高安全、高性能、智能化、绿色化、低时延的面向全国的算力保障基地"。一系列关于数据中心绿色低碳发展的政策落地，加快布局合理、技术先进、绿色低碳、算力规模与数字经济增长相适应的新型数据中心发展格局的形成。

（二）调研全国首创的贵安洞库式数据中心，更大范围推广建设模式

2022年，贵安国家级数据中心集群首次提出洞库式数据中心概念，聚焦绿色节能指标，对数据中心上架率、机架密度、投资强度、PUE值、水利用效率（WUE）值等具体指标值作出具体要求，尤其PUE值、上架率采用分阶段控制的方式，更加强调"高效、节约"的低碳理念。在组织相关研究机构对贵安洞库式数据中心开展调研的基础上，进一步推广"贵安样本"建设模式，为下一步全省范围内系统性推进绿色数据中心建设提供经验和参考。

（三）部署算力输送通道提速行动，保持网络性能业界领先

规划建设贵阳·贵安国家级互联网骨干直联点，使其成为全国19个国家互联网一级骨干点之一，实现32个城市直联。建成根服务器镜像节点和国家顶级域名节点，成为中西部地区第1个根服务器镜像节点、西部地区第3个国家顶级域名节点。指导建成贵阳·贵安国际互联网数据专用通道，国际间互联网访问指标达到欧美发达国家水平。目前到粤港澳、长三角、京津冀、成渝地区的端到端单向时延分别为

13.49ms、23.19ms、32.16ms、6.98ms。促进降低算力使用成本，减少能源消耗。

（四）推动数据中心集约化、规模化发展，提升算力设施供给效率

推动数据中心向贵安新区集中，全省在建及投运重点数据中心31个，其中在贵安新区布局新建超大型、大型数据中心9个，成为全球超大型数据中心最集聚的地区之一。积极引入国家部委、金融机构、央企和互联网头部企业等数据中心，实现算力大规模集群化部署。通过数据中心集约化、规模化运作，改善算力的供给效率，帮助高耗能产业节能降碳。

三、主要成效

（一）建成了西南地区最具竞争力的低碳数据中心集群

贵安华为云数据中心采用自然冷却技术和余热回收利用技术把能效比降到1.12，处于业界领先水平；苹果数据中心通过太阳能、风能、沼气等可再生能源发电措施，实现100%可再生能源利用率；腾讯数据中心创新使用间接蒸发换热+冷水蒸发预冷技术，PUE低至1.1以下，是业内PUE水平最优的数据中心之一；富士康绿色隧道数据中心凭借独特的自然风散热设计，PUE值低至1.05，获得了全中国第一个能源与环境设计先锋奖（LEED）铂金级殊荣。

（二）成功打造了一批绿色低碳试点示范数据中心

中国电信云计算贵州信息园、贵州国际金贸云基地数据中心、中

国联通贵安云数据中心、贵州高新翼云数据中心、中国移动（贵州）数据中心、中电西南云计算中心6个项目入选首批国家绿色数据中心。中国联通贵安云数据中心和中国电信云计算贵州信息园入选2021年国家新型数据中心典型案例，其中中国联通贵安云数据中心入选安全可靠类大型数据中心，中国电信云计算贵州信息园入选绿色低碳类大型数据中心。

贵州省安顺市建立"碳账户"助力产业绿色低碳发展

一、总体情况

为深入贯彻落实党中央、国务院关于碳达峰碳中和重大决策部署，助力实现碳达峰碳中和目标，充分发挥金融撬动经济绿色发展的作用，2022年4月起，贵州省选取安顺市试点打造"一库双网一平台+企业碳账户"金融支持经济绿色高质量发展融资模式。该模式主要是通过"安顺市中小企业信用信息系统"（即"库"）采集企业基本信息和碳减排数据，包括企业用电、用水、用煤、用气等能源消耗水平数据，再通过"安顺市金融服务实体经济综合平台"（即"平台"）开展企业碳核算、碳评估和碳服务等场景应用。该模式为企业提供从碳征信画像，到碳减排量核算、评估再到线上申请碳金融产品融资的"一站式"绿色金融服务模式。

二、具体做法

（一）构建"人民银行＋政府部门＋银企"的组织体系，制定具体工作方案

一是成立工作小组，2021年以来，人民银行安顺市中心支行牵头成立了安顺市企业碳账户试点建设专项工作小组和安顺市个人碳账户试点建设工作小组，搭建了人民银行牵头、多部门配合、银企主动参与的碳账户建设工作组织体系。二是印发政策文件，2022年印发了《安

顺市个人碳账户试点建设工作方案》《安顺市依托"一库双网一平台"开展企业碳账户试点建设工作方案》，为碳账户试点建设工作作出具体部署。

（二）构建"好上加好"激励政策，推动绿色资金支持绿色发展高效化

一是根据企业近三年碳评估和碳排放强度情况，为企业碳账户标识绿色、蓝色、黄色、红色四个等级，指导金融机构为碳账户评估结果为绿色和蓝色的企业制定优惠利率贷款政策，年化利率较同期限同档次普通贷款利率下浮10～30个基点。二是针对碳排放较高的企业，综合考虑碳排放强度变化和碳评价指标得分情况，给予优惠利率贷款支持该类企业低碳转型。三是创新"绿蓝名单＋政策工具"执行"好上加好"的优惠利率贷款政策。针对碳评估结果为"绿蓝"的企业，若同时申请使用人民银行货币政策工具的，在绿色贷款优惠利率的基础上，实际执行利率再给予下浮减点的优惠，年化利率可在同期限同档次贷款市场报价利率（LPR）基础上累计下浮10～75个基点。

（三）构建绿色金融和转型金融信贷识别机制，提高企业信贷需求对接精准度

一是制定绿色金融服务备选项目库。建立信息共享机制，将企业碳排放、污染排放、环境违法违规记录等信息纳入中小企业信用信息数据库，依据碳排放强度等信息为企业标记绿色等级，将表现良好的优质项目纳入绿色金融服务备选项目库，帮助金融机构识绿辨绿。截至2022年6月，备选项目库累计项目71个，在库项目累计授信42.07亿元。二是综合运用"企业碳足迹＋碳评价"，探索为转型企业和转型项目提供转型金融支持。探索通过监测碳密集型企业融资情况、资金

投向和企业碳足迹等指标，结合企业碳制度建设、碳减排计划等定性和定量指标，帮助金融机构判断该企业或项目是否努力转型并配套转型金融产品。

三、主要成效

（一）"碳账户＋政策工具"助力绿色贷款精准滴灌

一是创新"企业碳账户＋碳减排工具"大力发展清洁能源。截至2022年10月，发放"企业碳账户＋碳减排工具"累计授信4.25亿元，预计每年可节约14万吨标准煤。二是创新"碳账户＋普惠金融"促进绿色金融和普惠金融融合发展。截至2022年10月，发放"碳账户＋普惠金融"贷款余额1 714万元，加权平均利率约4%，累计减少二氧化碳排放51.79吨。三是"企业碳账户＋政策性开发性金融工具"推动仓储物流业转型升级。截至2022年10月，发放"碳账户＋政策性开发性金融工具"贷款余额1.03亿元，5年期以上加权平均利率3.27%。例如，中国农业发展银行安顺市分行采用"碳账户＋政策性开发性金融工具"模式向黔中绿色仓储物流基地建设项目投放农发基础设施基金5 472万元，实际执行5年期以上LPR下浮103个基点。

（二）"碳账户＋信贷产品"撬动绿色金融服务实体经济提质降价

积极拓展"碳账户＋"应用场景，推动"个人碳账户＋企业碳账户"并行发展，形成了依托"一库双网一平台＋企业碳账户"切实为实体经济让利、依托"低碳黔行＋个人碳账户"促进居民绿色低碳生活的多维度绿色金融服务模式。个人碳账户应用方面，截至2022年10月底，依托"个人碳账户"研发的碳金融产品"低碳生活贴息贷"累计授信52笔，金额230.1万元，借款人全额免利息支出。"低碳黔行"小程序累计注册人数2 619人，减排次数27 216次，发放碳积分117.7万分，累计减排51.79吨。企业碳账户方面，截至2022年10月，指导金融机构研发碳账户挂钩产品3种，累计授信9.02亿元，贷款余额6.27亿元，加权平均利率4.4%。

（三）"碳账户＋转型金融"带动碳密集型企业绿色低碳转型

对首批碳账户企业开展碳评估，包括12家年能耗量在1万吨标准煤以上的碳密集型规模以上企业，其中3家企业被评定为绿色企业，3家企业被评定为蓝色企业。截至2022年10月，依托碳账户向碳密集型企业发放低碳转型类贷款4笔，贷款余额1.35亿元，占首批入库企业贷款余额比重为20.96%，累计减少二氧化碳排放32 732.78吨。例如，中国建设银行安顺市分行向贵州红星发展股份有限公司发放贵州省内首笔依托"企业碳账户"贷款4 000万元，年化利率3.1%，低于1年期LPR0.55个百分点，将帮助企业减少二氧化碳排放8 276.89吨。

海南省大力推广装配式建筑

一、总体情况

发展装配式建筑是建造方式的重大变革，是推进绿色低碳发展的重要举措。培育装配式建筑产业，实现建筑业转型升级，发展标准化设计、工厂化生产、装配化施工、一体化装修、信息化管理，可以从源头上减少建筑材料生产、现场施工等所带来的资源能源消耗，降低建筑建造环节的碳排放，减少环境污染。海南省委、省政府将装配式建筑作为国家生态文明试验区建设的标志性工程之一高位推动，省住建部门牵头实施，通过不断完善配套政策、建立标准体系、完善产能布局、加强示范引领、加强督导考核、强化能力建设等多措并举，狠抓工作落实。在海南建筑业技术、人才和能力整体水平不高，装配式建筑几乎零基础的条件下，海南省装配式建筑规模实现连续四年翻番。

二、具体做法

（一）构建政策保障体系，完善顶层设计

2017年海南省政府出台《关于大力发展装配式建筑的实施意见》（琼府〔2017〕100号），该文是全国唯一一个以省政府名义印发的推动装配式建筑发展的实施意见。随后，相继印发装配式建筑"十四五"规划、产业发展规划、装配率计算规则、示范管理办法、专家管理办法、责任考核办法等相关配套政策。2018年海南省建立了出住建厅牵头的包括省发展改革委、省自然资源和规划厅等部门在内的省级装配

式建筑推进工作联席会议制度，各市县政府此后也相继建立了相应的联席会议制度。2022年4月海南省政府办公厅印发《关于进一步推进海南省装配式建筑高质量绿色发展的若干意见》，引领海南省装配式建筑进一步高质量绿色发展。

（二）构建闭合监管机制，狠抓项目落实

构建装配式建筑建设环节的闭合监管机制，确保项目落地。出台《海南省装配式建筑实施主要环节管理规定（暂行）》，对基本建设程序涉及的项目立项、获取土地施工许可到竣工验收等各主要环节层层把关，抓实项目落地工作。省委组织部牵头连续举办两期装配式建筑领导干部专题培训班，抓好关键少数能力建设。省委、省政府通过专项督查、督导、约谈等方式，推动装配式建筑工作层层抓落实。2021年进一步明确装配式预制构件生产、销售环节由市场监管局进行监管，相关质量标准体系由住建、工信、市场监督等主管部门共同制定，项目建设过程中，预制构件的现场安装及其工程质量由各市县建设工程质量监督机构进行监管。

（三）构建地方标准体系，加强技术支撑

针对海南省热带岛屿特点和高温、高湿、高腐蚀的自然环境，高地震设防烈度、强台风等地质气候特点，以及发展装配式建筑存在的技术困难，印发《海南省装配式建筑标准化设计技术标准》《海南省建筑钢结构防腐技术标准》《海南省装配式建筑工程综合定额（试行）》《海南省装配式混凝土预制构件生产和安装技术标准》等地方标准，初步建立了海南省热带海岛环境下的装配式建筑标准技术体系，涵盖了主体结构、围护结构、机电管线、内装修、定额等主要领域以及预制构件生产、安装、监管、验收等主要环节，因地制宜全方位加强技术支撑。

（四）实行负面清单和正向激励相结合，推动项目建设

基于海南省的实际情况，装配式建筑从主体结构水平构件起步，再到竖向构件和装配式装修，技术上稳步推进；在项目推进层面，政府投资项目本着"应作尽做"的原则推广装配式建造方式，对社会投资项目则从早期鼓励、部分要求（2019年）逐渐过渡到负面清单管理。2022年起，具备条件的新建建筑原则上全部采用装配式方式进行建造。同时，对符合条件的商品住宅项目给予容积率奖励和增加建设计划指标扶持。

三、主要成效

（一）提高建筑工业化水平，促进建筑绿色发展

大力发展装配式建筑是海南省推进建筑业转型升级，推动自贸港高质量发展，满足广大群众对高品质生活的向往，深化落实"双碳"目标的又一实践载体。与传统建造方式相比，装配式建筑在降低碳排放、减少污染、节能节材、缩短施工周期、提升建筑品质等方面有着明显优势。海南省装配式建筑面积由2018年起步阶段的82万平方米、2019年的435万平方米、2020年的1 100万平方米增加到2021年的2 280万平方米，装配式建筑规模连续四年逐年翻番快速发展。

（二）催生新产业，激发新动能

根据《海南省建筑产业现代化（装配式建筑）发展规划（2018—2022）》，积极引导并推进全省预制构件产能布局。2020年印发了《关于统筹全省装配式建筑构品部件产业基地项目建设审批事项的通知》，

统筹全省装配式建筑生产基地布局。除澄迈、定安、万宁现有的以及三亚在建的装配式建筑产业化基地外，装配式建筑部品部件的新增产能原则上统筹集中布局到临高金牌港开发区，打造集研发、设计、制造、运维等全产业链发展的新型建筑产业园区，逐步形成"1+N"的全省装配式建筑产能布局。目前，海南全省已投产的构件生产基地共33家，其中混凝土预制构件生产基地26家，设计年产能约229万立方米/年；钢构件生产基地7家，设计年产能约46万吨/年。另外还有5家在建，1家拟建。

海南省建立电力市场化交易
"气电联动"新模式

一、总体情况

近年来，海南省积极推进"清洁能源岛"建设，致力于构建清洁低碳、安全高效的能源体系。因气电上网电价较高，海南气电面临成本疏导难等难题。为助推"清洁能源岛"建设，海南推动天然气与电力联动发展，积极推进市场化改革，探索引入气电以完全市场化方式参与电力中长期交易，充分发挥市场在资源配置中的决定性作用，推动市场提供更大资源供给的同时，进一步盘活整个海南气电产业链条，为如期实现海南碳达峰碳中和的目标打下坚实的基础，也提供了自贸港高标准市场体系建设鲜活范例。

二、具体做法

（一）确立"计划基数＋市场增量"的思路

为稳定气电企业的预期，研究提出"计划基数＋市场增量"的新思路，在省统调机组发电量调控目标中明确给予气电机组一定的调峰基数电量，其余发电量作为增量全部参与市场化交易。基数电量为气电机组提供"低保"收入，"增量"收入则需要通过市场竞争获取。

（二）修订电力中长期交易规则，破除气电入市障碍

根据国家发展改革委、国家能源局联合修订印发的《电力中长期交易基本规则》，结合海南实际及时修订印发海南电力中长期交易规则，做好与国家基本规则的衔接配套，进一步为海南扩大电力中长期交易规模、丰富交易品种、规范交易行为提供规则保障，推动了气电和用户顺利入市。

（三）创新实施"气电联动、合作共赢"的机制

气电企业在保本价之上参与市场化交易成功获取了增量，提高了年度发电利用小时数，维持了企业基本运营，但生产成本特别是燃料成本仍然较高，使气电企业在市场竞争中依然不具成本优势。而上游油气企业同样苦于天然气不能稳产增供、设施利用率不高的局面。通过积极协调，油气和发电上下游企业达成"以价换量"，形成共同联手合作的共赢局面，有利于用市场化方式挖掘气电竞争潜力，使海南气电产业持续发展可期。

三、主要成效

气电参与市场化交易后，可通过市场化竞争挖掘潜力、提高发电利用小时数，有效缓解企业经营压力和投资成本回收难等问题。2020年气电联动减轻全社会购电成本压力约1.9亿元；2021年首批次交易中，气电企业的市场成交电量27.69亿千瓦时，交易均价每千瓦时约0.444 4元，比计划价降低约0.221 4元。初步测算，仅该批交易就减少海南全社会用能成本约6.13亿元。上游的油气企业通过气电市场化交易额外增加了销售气量约6亿立方米，按照每立方米2元的气价估算，

油气企业将增加营业收入约12亿元。"计划基数+市场增量""气电互动、合作共赢"新思路新机制在实践中得到了检验,机制活力得到了进一步验证,为从供气、发电、购电到用电的整个产业链的良性循环打下了良好基础,在理顺上下游产业链关系、降低全社会用能成本等方面起到了积极作用。

海南省儋州市打造绿色港航守护碧海蓝湾

一、总体情况

洋浦港位于海南省西北部儋州市洋浦经济开发区内，是北部湾临近国际主航线的深水良港，是太平洋与印度洋黄金水道的关键节点，是海南省重要出海口和国家一类开放口岸，也是我国西部陆海新通道与21世纪海上丝绸之路交汇的国际航运枢纽。洋浦港共有生产性泊位45个，码头泊位总长9979米，年通过能力1.13亿吨。港航线总数39条，其中外贸航线18条，内贸航线21条，形成"兼备内外贸、通达近远洋"的航线新格局，成为高水平对外开放的一扇"新大门"。2022年4月，习近平总书记到洋浦国际集装箱码头小铲滩港区考察时强调，振兴港口、发展运输业，要把握好定位，增强适配性，坚持绿色发展、生态优先。为促进洋浦港航业绿色循环低碳发展，形成生态文明建设长效机制，儋州市以习近平生态文明思想为指引，以资源节约集约利用为导向，坚持绿色发展、生态优先，以绿色港口、绿色船舶、绿色航道、绿色运输组织方式为抓手，加快推进洋浦绿色港航发展，提升港航业基础设施绿色发展水平，推动形成港区人与自然和谐发展新格局。

二、具体做法

（一）建设生态友好的绿色航运基础设施

落实新发展理念，统筹做好顶层设计，进一步优化港口、航道、锚地布局和功能分工，完成洋浦港区国际集装箱码头区域规划修订和规划环评，将绿色环保作为岸线审批的重要前提，合理确定港口岸线开发规模与开发强度。在航道工程和码头施工运营中严格落实环保措施，优先采用生态影响较小的整治技术与施工工艺，加大生态友好型新材料、新结构的应用，加强航道水深测量和信息发布，减少运营产生的环境影响。对造成显著生态影响的已建航道工程采用生态护岸、增殖放流等措施，开展陆域水域生态环境修复工作。

（二）推广清洁低碳的绿色航运技术装备

对港口实施节能环保技术改造，加快淘汰能耗高、污染重、技术落后的设备，提升码头前沿和堆场装卸设备的自动化水平，实现港口智能化生产作业。大力推动港口岸电基础设施建设，制定港口岸电实施方案和配套补贴资金管理方案，建立岸电建设组织落实机制，高标准完成洋浦港码头岸电设施建设。加快推广节能环保船型，开展船舶受电设施建设，新建船舶全部具备岸电受电能力，加装船舶油气收集系统和尾气污染治理装备，完善船舶能效管理体系。创新绿色运输组织方式，推行新能源重卡替代燃油拖车，加强新能源汽车充换电配套基础设施建设，打通港口集疏运"最后一公里"。

（三）提升绿色航运治理能力

建立多部门联合监管机制，组成联合督察整治小组，开展海上巡航码头联合执法，加强对港口企业和到港船舶污染物排放的监管，实现部门联动、多元共治。建立和推行船舶污染物接收、转运、处置监管联单制度，做好港口、船舶污染物与城市公共污染物处置设施的衔接，实现船舶污染物接收、转运、处置的闭环管理。强化信息共享，进一步提升水上船舶溢油及危险化学品泄漏事故应急处置能力建设。

三、主要成效

（一）港口航运行业生态环保取得明显成效，航运基础设施生态友好程度明显提升

逐步建立一批绿色港口、绿色船舶、绿色航道和绿色运输组织方式示范项目，2020年底洋浦港实现了码头岸电全覆盖，2022年初洋浦国际集装箱码头港口纯电牵引车全面替代纯燃油拖车，绿色低碳生产方式转型成效显著，推进了港口航运行业绿色低碳发展的建设进程。用制度保护生态环境，建立完善港口、船舶污染综合治理机制和联合监管机制，提高港口航运行业生态环境治理现代化水平和生态环境监管执法效能。

（二）推动港口航运行业绿色低碳发展，实现减污降碳协同增效

在加强港口、船舶污染防治，强化陆域海域污染协同治理，加快推动港口航运行业绿色低碳发展的背景下，逐步实现高排放船舶、车辆的淘汰、退出，减少燃油燃烧，优化能源消耗结构，推动能源清洁低碳转型，港口和到港船舶污染物排放得到有效控制，实现了港口航运行业氮氧化物、硫氧化物、悬浮物、二氧化碳排放量大幅降低，推动落实"双碳"目标。

海南省探索红树林蓝碳开发与保护

一、总体情况

红树林作为国际认可的三大滨海蓝碳生态系统之一，具有防风消浪、促淤保滩、固岸护堤、沉降污染、调节气候、净化海水和空气、维护生物多样性等功能。开展红树林等碳汇相关研究，探索其生态产品价值，对实现碳达峰碳中和、应对气候变化等具有重要意义，也是对"两山"转化路径的积极探索。《国家生态文明试验区（海南）实施方案》提出要"创新探索生态产品价值实现机制"，同时提出"开展海洋生态系统碳汇试点"。开展红树林等蓝碳生态产品价值实现机制研究是对二者的有机统一。海南首个蓝碳生态产品交易于2022年5月完成签约，标志着海南自贸港蓝碳资源价值转化取得突破。

二、具体做法

（一）积极推动红树林保护修复

一是印发《海南省加强红树林保护修复实施方案》，全面推进红树林科学保护和修复，"十四五"期间新增红树林面积2 000公顷，修复红树林面积3 200公顷。二是加大对红树林生态系统保护力度，在已有的10个红树林自然保护区基础上，建立了3个国家级和1个省级红树林湿地公园。三是积极开展红树林修复工程，2021年度完成新增红树林湿地437公顷。

（二）全面开展红树林生态系统碳库调查

一是调查全省红树林碳库基线。2020年开始，海南省组织开展海南省红树林生态系统碳汇本底调查。按照国际认证的技术方法开展了红树林分布区域碳库基线调查。二是评估典型区域红树林碳汇增量及潜力。2021年，组织开展海口市三江农场红树林修复区47个小班的群落特征和5个样地土壤碳库调查，获得红树种类、树高、基径、密度等数据800余个，科学核算修复1年后的碳汇增量。同时开展三江农场增汇潜力调查，查明三江农场宜林面积约600公顷，占海口市宜林区域的40%，是目前三江农场红树林修复面积的3.5倍。

（三）加强蓝碳发展研究支撑

一是设立研究平台，成立海南国际蓝碳研究中心，承担"开展蓝碳科学技术及政策研究，推进蓝碳相关试点示范，推动蓝碳国际国内交流与合作"职责。二是积极开展蓝碳发展路线图研究，推动将蓝碳发展纳入省生态环境保护、应对气候变化及海洋经济发展等"十四五"规划。三是印发《海南省推进林业碳汇工作方案》及《海南省海洋生态系统碳汇试点工作方案（2022—2024年）》，对红树林碳汇开发工作作出具体安排。

（四）探索蓝碳交易

一是按照国际认可的方法开发碳汇项目。联合清华大学和厦门大学专家团队，按照清洁发展机制（CDM）下的"退化红树林生境的造林和再造林（AR-AM0014）"方法对三江红树林修复工程进行碳汇项目开发。项目碳汇量包括植被及沉积物碳汇，项目正式运营后，5年、10

年及40年的计入期内预计可分别实现约0.3万吨、1.2万吨及9.7万吨二氧化碳减排量。二是积极推动蓝碳交易。在三江红树林修复碳汇项目的基础上，协调碳汇项目的利益相关方，明确交易主客体，探讨交易资金用于生态保护修复的路径。海南国际蓝碳研究中心积极开展项目审定与核查，推进基于自愿减排项目的海南省首单蓝碳交易，探索蓝碳生态产品价值实现路径。

三、主要成效

（一）建立工作平台，探索蓝碳开发路径

在现阶段国家碳排放权交易相关制度暂未对蓝碳项目开发及交易有明确规定的条件下，海南围绕落实国家气候外交整体战略，依托海洋大省丰富的蓝碳资源，推动红树林修复碳汇项目交易。在此基础上，总结梳理项目开发和交易的工作方法及经验，识别关键过程，积极推动制定蓝碳开发交易管理办法、蓝碳项目审定核证指南等，为规范蓝碳项目登记、交易、结算等活动探索路径、提供指导。

（二）将生态产品价值实现和"双碳"工作有机结合，形成良性互动

通过红树林碳汇项目开发，对新增红树林碳汇进行交易，一方面实现其生态产品价值，另一方面将所获收益用于红树林生态系统保护及蓝碳相关研究，从而实现二者的良性互动，实现"绿水青山"向"金山银山"的转换。

（三）推动文化知识传播与社区参与

蓝碳对于领域外的专家学者及普通大众来讲是一个新鲜事物，认知度相对较低。通过碳汇项目开发，一方面推动蓝碳文化和知识传播，另一方面推动蓝碳示范学校、社区及科普示范基地建设，提高社会公众对蓝碳的关注与认知。同时，构建了社区参与的蓝碳资源保护和修复模式。

海南生态软件园"碳"索节能之道

一、总体情况

海南生态软件园总体规划面积15.58平方公里，是承接海南自贸港政策的首批重点园区之一。海南生态软件园从筹划建园之初就秉承绿色发展理念，在产业选择方面先后经历了培育软件信息产业、互联网产业到数字经济产业的迭代创新。在自贸港国际化背景下，园区坚持以高价值、高效能、低耗能、低排放、零污染为特征的可持续发展模式，秉承"创新、协调、绿色、开放、共享"新发展理念，从规划生态城市角度入手，从低碳产业和低碳社区方向切入，实现绿色发展、科学发展。从产业选择、空间布局、交通规划、绿色建筑，再到高绿量环境生态保护与建设，海南生态软件园全方位试水绿色园区建设，努力在海南自贸港和国家生态文明试验区建设背景下，走出一条可持续发展园区建设的新路子。

二、具体做法

（一）推行绿色规划

围绕园区产业布局，构建产城融合的城市空间形态，在园区空间用地上构建微城市、生态村、街坊、合院等四级城市空间体系，核心地带布局城市级公共服务设施，引导居民形成独特生活圈层，减少对外部的依赖和降低碳排放。充分融合园区不同圈层居民生活工作轨迹，设计空间流线，让出行更便利、生活更低碳。通过发展绿色生态技术，建设生态低碳社区。

（二）布局绿色产业

园区定位数字贸易策源地、数字金融创新地、中高端人才聚集地，重点发展"一区三业"，即创建国家区块链试验区，用区块链等技术赋能数字文体、数字健康、数字金融等低环境影响高经济收益的服务产业。

（三）发展绿色交通

以共享为原则打造城市交通体系。在一期办公区实行"集中停车楼＋电瓶车交通"的基础上，创新编制了未来交通专项规划，构建不同空间圈层多样化的共享交通方式选择，将公交、慢行、共享出行以及停车设施的创新指标纳入园区法定控制性详细规划予以实施，以实现多种交通方式的零距离转换衔接。规划建设贯穿园区的自行车道和跑步道，可通达每栋建筑，满足使用自行车、平衡车等低碳出行方式场景。

（四）应用绿色建筑

推进绿色设计与建设，综合节能效果在现行规范基础上提升18%。构建户外、半户外、室内等不同制冷分区，产业办公区均采用水蓄冷集中能源站的空调方式，空调制冷面积降低23%；学习当地火山岩房屋特点，充分利用建材特点，构建独特遮阳体系；挖掘地区气候与传统居民建筑的构建经验，设置复合的内部使用空间系统，从整体上最大限度地利用自然采光和自然通风，自然通风增加17%，自遮阳率达到87%；采用光伏发电作为建筑电源之一。

（五）打造花园景观

延续传统园林"因地制宜"的思想，尊重并利用现有地形地貌，尽可能保留原始农林用地、湿地、瀑布等资源，调节雨洪、涵养水土。道路系统绿化丰富，在自然空间中设置户外活动场地，建筑内部结合生态景观设计多样化的非正式交流空间，既满足高质量的生活工作需求，也提升园区的固碳能力和生物多样性；排水2/3以上采用自然生态草沟排水方式，减少了使用管材造成的碳排放；开放公益植树活动和苗木认领，鼓励居民共同参与绿色园区的建设。

三、主要成效

（一）建设产城融合发展的样板和标杆

海南生态软件园以低碳产业为引领的产业生态模式，在园区运营中取得良好的成绩，2020年疫情之下，园区企业数量、收入、税收均实现100%的增长；2021年，园区收入破千亿元，税收超100亿元，同比增长164.6%；入园企业超过12 684家；投资百亿元建设了园区物理空间，实现"在公园里工作，在生活中创新"的愿景；"幸福的城市 成事的幸福"，园区已经成为海南自贸港产城融合发展的样板和标杆。

（二）建设高效绿色低碳的国际化数字经济产业园

园区强调生态绿色的概念，生态空间占比超过2/3。园区已开发城市建设用地3.3平方公里，2021年产值强度5.77亿元/公顷，税收强度0.43亿元/公顷（远高于2020年度国家级高新类开发区825.71万元/公顷的平均值），二氧化碳排放强度低于2.0千克/万元产值（计算年度总电、水、气用量），人均二氧化碳排放低于1吨/人，是适应生态环境、面向未来经济发展、高效低碳的国际化数字经济产业园区。

后　记

　　本书由国家发展和改革委员会资源节约和环境保护司牵头组织，福建、江西、贵州、海南省发展改革委及海南省生态环境厅共同编写。国家发展和改革委员会资源节约和环境保护司司长刘德春、副司长刘琼为本书编撰给予了指导。参与本书具体编撰工作的人员有：陆冬森、张雨宇、姜南、汤毅、卢楷、钟凌鹏、李杰玲、田莹、刘小坤、魏爱霞、王晨野、王敏英、马淑杰、苏利阳、谢海燕、孟小燕等。参与本书审读的人员有：王毅、王学军、温宗国、杨春平。在编写过程中，福建、江西、贵州、海南省各级发展改革、生态环境、自然资源部门，中国国际工程咨询有限公司、中国科学院科技战略咨询研究院、中国宏观经济研究院、中国计划出版社等单位给予了大力支持。在此，谨向所有给予本书帮助支持的单位和同志表示衷心感谢。

　　受时间、经验、编者水平等因素限制，本书难免存在不足和疏漏之处，敬请广大读者对本书提出宝贵意见。

本书编委会

2023年2月